MINISTÈRE DE L'AGRICULTURE

DIRECTION GÉNÉRALE DES EAUX ET FORÊTS

EAUX ET GÉNIE RURAL

ÉTUDE

SUR

LE SAUMON DES EAUX DOUCES DE LA FRANCE

CONSIDÉRÉ AU POINT DE VUE DE SON ÉTAT NATUREL

ET DU REPEUPLEMENT DE NOS RIVIÈRES

PAR

M. LE Dᵉ LOUIS ROULE

PROFESSEUR AU MUSÉUM NATIONAL D'HISTOIRE NATURELLE

PARIS

IMPRIMERIE NATIONALE

1920

ÉTUDE

sur

LE SAUMON DES EAUX DOUCES DE LA FRANCE

CONSIDÉRÉ AU POINT DE VUE DE SON ÉTAT NATUREL

ET DU REPEUPLEMENT DE NOS RIVIÈRES

MINISTÈRE DE L'AGRICULTURE

DIRECTION GÉNÉRALE DES EAUX ET FORÊTS

EAUX ET GÉNIE RURAL

ÉTUDE

SUR

LE SAUMON DES EAUX DOUCES DE LA FRANCE

CONSIDÉRÉ AU POINT DE VUE DE SON ÉTAT NATUREL

ET DU REPEUPLEMENT DE NOS RIVIÈRES

PAR

M. LE Dr LOUIS ROULE

PROFESSEUR AU MUSÉUM NATIONAL D'HISTOIRE NATURELLE

PARIS

IMPRIMERIE NATIONALE

1920

Cette étude, consacrée au Saumon (Salmo salar L.) tel qu'il se présente aujourd'hui dans l'ensemble de nos eaux douces, comporte deux parties : l'une scientifique, l'autre économique. La première sert de base à la seconde. La partie scientifique a pour objet d'établir les données principales de la vie du Saumon dans les cours d'eau français ; elle expose les recherches que j'ai effectuées à ce sujet pendant neuf années consécutives (1911-1920), et que la guerre, si elle les a ralenties, n'a point interrompues. La partie économique, s'aidant de la documentation précédente, a pour but de discuter et de fixer les principes d'une méthode rationnelle de repeuplement, afin de remédier aux dommages causés par la diminution croissante de cette importante espèce de nos poissons migrateurs et d'accroître la valeur des ressources de pêche offertes par nos eaux.

Je tiens, avant de commencer l'exposé de mes recherches, à présenter l'hommage de ma reconnaissance aux Institutions et aux personnalités qui ont bien voulu les faciliter. A côté de l'Administration des Eaux et Forêts, de son Directeur général, M. Léon Dabat, qui s'est intéressé à l'exécution de mon travail avec une constante sollicitude, et de ses Agents, je mentionnerai les Comités de la Caisse des Recherches scientifiques, de la fondation Roland Bonaparte, du legs Loutreuil, et l'Académie des Sciences qui, après avoir inséré dans les Comptes Rendus les plus importants des résultats obtenus, a décerné à mes études sur les Poissons migrateurs le Grand Prix des Sciences Physiques pour 1919. Je suis heureux d'être parvenu au but sous de tels auspices.

Ce travail donne une réponse générale, en ce qui concerne notre pays, au programme d'investigations proposé en 1912 aux régions riveraines de la Baltique par le Conseil permanent international pour l'exploration de la mer. Les résultats qu'il contient et les questions qu'il soulève nécessiteront une revision de ce programme dans son application aux autres pays à Saumons. A l'égard du nôtre, ils offriront une base aux observations plus spéciales et plus détaillées qui pourront porter sur nos divers bassins hydrographiques pris isolément.

ÉTUDE

SUR

LE SAUMON DES EAUX DOUCES DE LA FRANCE

CONSIDÉRÉ AU POINT DE VUE DE SON ÉTAT NATUREL

ET DU REPEUPLEMENT DE NOS RIVIÈRES.

PREMIÈRE PARTIE.

LES MIGRATIONS, LE DÉVELOPPEMENT ET LA CROISSANCE DU SAUMON

DANS LES EAUX DOUCES DE LA FRANCE.

AVANT-PROPOS ET DIVISION DU SUJET.

I. Études actuelles sur le Saumon. — La documentation scientifique sur le Saumon a fait, dans les quinze ou vingt dernières années, des progrès considérables; elle a grandement modifié les opinions antérieures. Grâce à l'emploi de méthodes rigoureuses et précises, elle peut désormais certifier l'exactitude des résultats obtenus. Les recherches qu'elle nécessite ont attiré, dans la plupart des pays fréquentés par ce poisson, l'attention de naturalistes nombreux. Il suffira de rappeler les noms de Calderwood, Esdaile, Holt, Hutton, Johnston, Malloch, Masterman, Patton, pour les Îles Britanniques; de Dahl et de Landmarck pour la Norwège; de Hoeck pour la Hollande; de Bean, Greene, Mac-Murrich, Moser, pour les Etats-Unis. Les travaux de ces auteurs sont mentionnés dans l'index bibliographique qui termine le présent mémoire.

Les méthodes employées par eux sont celles dont on a l'habitude de se servir dans les études modernes sur l'Océanographie et l'Ichthyologie. A l'égard du Saumon, elles ont consisté essentiellement à examiner les principales particularités des migrateurs, et à suivre les principaux phénomènes des migrations, au moyen de lectures d'écailles et d'observations d'individus préalablement marqués; puis à corroborer ces données fondamentales grâce à des statistiques raisonnées de dimensions, de poids, de répartition des sexes, faites dans des pêcheries à grand rendement.

II. Études sur le Saumon en France. — La France, jusqu'ici, a moins contribué que les autres pays à ces études nouvelles, bien que le XIXᵉ siècle ait vu paraître chez elle, sur le Saumon, un certain nombre de travaux de haute valeur. Il convient, parmi eux, de citer surtout ceux de Coste, dont la réputation méritée subsiste toujours.

On doit relever ensuite ceux de Brocchi, Bureau, Henneguy, Kunstler, pour plusieurs notions relatives au rythme des migrations ou à la durée de l'élaboration des produits sexuels, et ceux de Raveret-Wattel, Violette, pour leur application à la pisciculture. Les documents obtenus à l'aide des techniques nouvelles remontent à une époque assez récente; ils sont dus à Esdaile et à moi-même.

La principale cause d'une telle réserve doit être cherchée, sans doute, dans la diminution croissante du Saumon chez nous. Jadis abondant au point de constituer une importante ressource alimentaire, ce poisson migrateur continue toujours à fréquenter la plupart des cours d'eau qu'il parcourait autrefois, mais il s'est déjà retiré de plusieurs d'entre eux, et son peuplement dans les autres est devenu fort minime au regard de ce qu'il fut. Les recherches à son endroit deviennent par là sinon plus difficiles, du moins plus longues et plus malaisées. Leur intérêt subsiste néanmoins : autant pour vérifier les notions acquises par ailleurs, que pour leur en ajouter de nouvelles, et pour établir d'après leur enseignement un choix convenable de moyens propres à repeupler nos rivières.

Toutefois, si nos cours d'eau se montrent inférieurs aujourd'hui à ce qu'ils furent jadis quant à la quantité de la production, en revanche ils offrent une diversité de qualités que l'on ne rencontre point à un tel degré dans les autres pays à Saumons. Ainsi certaines de nos rivières, régulièrement parcourues par des individus migrateurs, possèdent des frayères où ces derniers vont pondre; alors que d'autres, pourtant peu éloignées et peu différentes en apparence, n'ont ni frayères, ni reproducteurs. Ainsi encore, tous les bassins hydrographiques dépendant de la Méditerranée manquent de Saumons, tandis que les rivières encore pourvues aboutissent exclusivement à l'océan Atlantique et à la Manche.

Une telle diversité donne à l'étude du Saumon dans nos eaux une importance de premier rang, car elle permet d'aborder et de résoudre mieux qu'ailleurs des questions de la plus haute valeur, notamment celles qui touchent à la migration elle-même ainsi qu'à son déterminisme.

III. **Division du sujet.** — La première partie du présent travail comprend trois chapitres. Le premier traite des caractères morphologiques des Saumons migrateurs; la recherche principale porte ici sur l'examen des écailles, car la situation particulière de nos cours d'eau empêche d'effectuer avec toute la précision nécessaire des dénombrements, des évaluations de longueurs fréquentes et des statistiques sur un chiffre suffisant d'individus.

Le deuxième est consacré à la biologie des migrateurs et à l'étude du phénomène de la migration.

Enfin, le troisième expose les phases du développement post-embryonnaire, et celles de la première croissance en rivière, suivies jusqu'à la migration de descente à la mer.

Le Saumon est ainsi envisagé, dans ces trois chapitres, selon toutes les modalités et les péripéties de son existence en eau douce. La marche logique selon l'ontogenèse eût été de commencer par l'éclosion, de suivre le développement jusqu'à la descente, puis, après l'interruption répondant à la vie de croissance en mer, de reprendre le migrateur, pour l'étudier ainsi que sa migration. Mais, dans ce qui nous est actuellement accessible des choses naturelles, les circonstances se présentent d'une autre façon. Elles font bloc, et se succèdent sans interruption, depuis l'entrée des reproducteurs en rivière pour leur migration ascendante, jusqu'au départ de leurs descendants, en passant par la ponte, l'éclosion et la première croissance de ces derniers. Cette succession des phénomènes naturels domine la scène. Il est donc nécessaire d'en tenir compte et de s'y conformer pour l'exposition des phénomènes eux-mêmes.

CHAPITRE PREMIER.

LES CARACTÈRES MORPHOLOGIQUES DES SAUMONS MIGRATEURS.

§ 1. — MISE AU POINT PRÉLIMINAIRE.

I. **Migration du Saumon en général.** — Le cycle migrateur du Saumon, considéré dans son ensemble, présente sensiblement les mêmes particularités générales dans tous les bassins hydrographiques de la France que fréquente ce poisson. Sauf une interruption, ou une atténuation, à l'époque des eaux relativement tièdes et basses du plein été, interruption plus longue et mieux marquée dans les régions méridionales de notre pays que dans celles du Nord, la montée a lieu pendant l'année entière, tout en offrant des alternatives de plus ou de moins, et même des arrêts, selon des conditions variables tenant aux migrateurs eux-mêmes comme aux circonstances qui les entourent. En fait, les Saumons ne bornent pas leur pénétration en eaux douces, comme on l'admet souvent, ni leur déplacement dans ces dernières, aux quelques semaines qui précèdent immédiatement la ponte; bien au contraire, la plupart d'entre eux séjournent longuement dans les rivières. Ceux, par exemple, qui sortent de la mer et entrent dans un fleuve pendant l'hiver devront habiter ce fleuve ou ses affluents durant l'année entière, car ils ne participeront à la ponte qu'au cours de l'hiver qui suivra, et ils ne retourneront à la mer qu'après la ponte accomplie.

Cet acte a lieu vers la fin de l'automne et le début de l'hiver. Sa date principale est en décembre; ses limites extrêmes sont d'habitude en novembre et janvier. Des contestations ont parfois surgi à son sujet, et plusieurs auteurs l'ont placée à diverses autres époques de l'année (voir Brocchi, 1892). Cette erreur provient de ce que l'on a confondu la montée elle-même et le déplacement des reproducteurs, qui s'effectuent dans les diverses localités d'un même bassin durant l'année presque entière, avec la ponte et la fécondation, qui s'opèrent exclusivement au moment indiqué. Cette ponte a lieu dans des localités spéciales, non pas indifféremment réparties, mais situées habituellement au voisinage des têtes des bassins, et fort éloignées par suite des embouchures où les individus doivent s'introduire lorsqu'ils quittent la mer. La montée consiste en cette ascension vers les frayères, plus ou moins coupée de repos et de retours, et à cette conduite sur les lieux de ponte. Elle représente la partie active et principale de la migration entière; l'autre partie, celle du retour à la mer en cas de survie, étant presque passive et de courte durée. Les individus qui l'accomplissent montent pour se reproduire, et non dans un autre but, puisqu'ils l'effectuent avec continuité jusqu'à leur venue sur les frayères et jusqu'à la fécondation : ce dernier acte marquant la fin de la montée et le début du retour à la mer. Les Saumons sont, pour cette raison, les mieux caractérisés des migrateurs potamotoques, en ce sens que, par rapport aux autres, leur cycle de migrations est le plus précis, le plus complexe et le plus étendu.

J'ai déjà exposé à plusieurs reprises (1914) les arguments qui m'ont fait créer le terme « potamotoque » pour le substituer à celui d'« anadrome », souvent usité jusqu'ici, ou à ceux de « potamodrome » et d'« anagame » proposés par divers auteurs (Gilson, Boulenger). Les migrateurs auxquels toutes ces expressions s'appliquent offrent cela de commun qu'ils vont de la mer dans les eaux douces pour y frayer, puis, la ponte achevée, qu'ils retournent à la mer. Si le terme d'« anadrome » convient à la première partie du voyage, il ne convient plus à la seconde, ni au déplacement des jeunes qui descendent les rivières pour aller opérer leur vie de croissance en mer; ce terme, n'ayant point d'acception précise ni complète, ne saurait donc être conservé. Il en est de même pour celui de « potamodrome », qui ne tient pas compte de la vie marine. L'expression « anagame » a contre elle son imprécision étymologique, bien qu'elle mentionne avec justesse le fait capital, qui est celui de la reproduction. Aussi le qualificatif le plus exact est-il celui de « potamotoque », dont les deux racines ($\pi o\tau\alpha\mu\delta s$ « eau courante », $\tau\delta\kappa os$ « enfantement ») expriment avec netteté la condition biologique essentielle du phénomène, qui est la reproduction en eaux douces.

II. **Les Saumons migrateurs et leurs divers types.** — Bien que la migration de montée embrasse dans l'année une vaste durée, les individus qui l'accomplissent diffèrent entre eux selon des périodes assez bien tranchées. On peut distinguer, chez nous, les trois catégories principales que l'on a reconnues ailleurs dans les pays limitrophes : les grands reproducteurs d'automne et d'hiver, les reproducteurs moyens de printemps et d'été, enfin les petits reproducteurs d'été. Dans l'ensemble, la taille des migrateurs nouvellement introduits, qui passent par les estuaires et remontent les principales artères des bassins hydrographiques, diminue progressivement de la mauvaise saison à la saison chaude. Les grands reproducteurs d'hiver (*Saumons frais*, *Saumons bleus*, *Saumons argentés*) sont des individus des deux sexes de forte taille avec prédominance fréquente des femelles. Il en est de même pour les reproducteurs moyens moins volumineux. Les petits reproducteurs d'été (*Saumonceaux*, *Madeleineaux*, *Garbillots*, *Castillons*) sont presque tous des mâles. Les uns et les autres sont également appelés à participer à la ponte de la fin de l'automne et du début de l'hiver; leur livrée se modifie à cette époque, surtout chez les mâles, par suite de la présence et de l'extension variable d'un pigment roussâtre (*Saumons rouges*, *Saumons courants*). L'acte accompli, amaigris et épuisés (*Charognards*, *Saumons refaits*, *Bécards* surtout pour les mâles à museau hypertrophié), ils retournent aux eaux marines en cas de survie.

Les individus venant de pondre correspondent aux *Kelt* des Anglais, comme les Saumonceaux ou Madeleineaux à leurs *Grilse*, et comme les grands et moyens reproducteurs à leurs catégories saisonnières (*Spring Salmon*, *Summer Salmon*, *Autumn Salmon*).

En somme, et pour tout considérer, la migration du Saumon dans nos eaux est un phénomène périodique à cycle annuel, en ce sens que chaque année rappelle exactement, selon les saisons, les mêmes circonstances dans les mêmes lieux.

Il n'est pas étonnant, par suite, que l'on ait appliqué à chacun des individus pris en lui-même, pour son déplacement, ce caractère de périodicité annuelle que l'on constate dans la totalité du phénomène migrateur. On en est venu à admettre depuis longtemps que chaque individu accomplit chaque année une migration reproductrice aboutissant à la fécondation, et que son existence se consacre à un va-et-vient régulier, annuel, de la mer aux eaux douces. Une pareille extension à la vie individuelle de ce que l'on constate d'un phénomène collectif ne reposait sur aucune preuve directe concernant les sujets eux-mêmes; mais elle s'accordait si bien avec l'état général des choses qu'on lui a toujours accordé la plus large créance, et qu'elle est, aujourd'hui encore, acceptée par beaucoup sans aucune restriction.

III. Opinions récentes sur la migration du Saumon. — Pourtant, en 1889 et 1891, des objections furent élevées par Kunstler et par Bureau contre cette opinion habituelle ; elles se basaient sur des observations faites par ces auteurs sur les Saumons de la Dordogne et de la Loire. Leur argument principal tenait à l'état d'immaturité

Fig. 1. — *Écailles avec une seule zone complète de principale croissance en mer*, ayant pour formule $p + Tt + (T)$. Ces écailles sont celles des Saumons d'un été, ou Madeleineaux. — A droite, écaille d'un Madeleineau mesurant 60 centimètres de longueur totale ; à gauche, écaille d'un Madeleineau mesurant 50 centimètres de longueur totale. — Grossissement : 10/1. — Voir dans le texte, p. 10 et suiv.

Les écailles de cette figure, comme celles des figures suivantes, ont été prélevées dans une même région : au-dessus de la ligne latérale et au-dessous de la 1re dorsale.

sexuelle qu'ils constataient chez les individus entrant en rivière pendant l'automne, avant la ponte, et qui empêche ces êtres de participer à cette dernière, en les obligeant à demeurer en eau douce pendant une année entière pour ne s'employer qu'à la ponte suivante. De ce fait, ces reproducteurs ne pouvaient frayer que de deux ans en deux ans. Aussi, généralisant leurs données premières, ces naturalistes en sont-ils venus à proposer pour le Saumon une théorie de migration bisannuelle, et à la substituer à la théorie habituelle, ou de la migration annuelle, généralement adoptée.

Ces vues nouvelles ont été combattues par Brocchi (1892), partisan de la théorie ancienne ; mais cet auteur ne donne à leur encontre, comme à l'appui de son propre sentiment, aucune constatation effective. Aussi ont-elles impressionné un certain nombre d'observateurs ultérieurs, et d'autant mieux que l'on put se convaincre de la réalité des longs séjours des Saumons en rivière, comme de l'impossibilité pour ces poissons d'accomplir un va-et-vient annuel. Ainsi Violette (1902) exprime à ce sujet, dans un passage de son travail, l'opinion que l'on acceptait assez volontiers à cette époque :

« 2°, 3°, 4° remontes, au début de l'hiver qui termine la 4°, 6°, 8° année; 2°, 3°, 4° fraies, dix à douze mois après la remonte; 3°, 4°, 5° descentes à la mer, deux mois environ après la fraie. Et ainsi de suite. L'animal paraît pouvoir effectuer jusqu'à 6, 8 et 10 migrations; mais la rareté actuelle des sujets existant dans nos eaux rend difficile de contrôler le fait ».

Or, si ces deux théories, l'ancienne et la nouvelle, diffèrent quant à la durée de la migration, en revanche elles s'accordent sur l'existence même d'une migration périodiquement répétée. La périodicité annuelle ou bisannuelle, et le va-et-vient régulier de la mer aux eaux douces, renouvelé à plusieurs reprises dans le cours de l'existence, constituent, chez l'une comme chez l'autre, et dans leur esprit, le phénomène fondamental et général qui domine toute la biologie du Saumon. C'est ce principe que les constatations faites à l'étranger dès les premières années du siècle, sur des individus marqués, ou d'après des lectures d'écailles, ont renversé. Elles ont montré, en effet, que la majorité des Saumons ne monte en eau douce et ne pond qu'une fois dans la vie.

Le retour périodique, loin d'être général, appartient seulement à une minorité restreinte, se borne souvent à un second voyage, et ne paraît point dépasser le troisième ou le quatrième. En fait, notamment chez les reproducteurs femelles, la ponte, laborieusement préparée par une longue élaboration sexuelle nécessitant plusieurs mois, conduit l'individu à une telle déchéance vitale que son recommencement devient difficile. La majorité des Saumons n'a qu'une montée (Monodromiques) et qu'une ponte. C'est le retour périodique et annuel du phénomène collectif de cette montée et de cette ponte qui a fait admettre un retour similaire pour chaque individu; alors que, dans la réalité, au lieu de reproducteurs revenant à plusieurs fois et grandissant à mesure, ce sont, chaque année, des reproducteurs nouveaux et de tailles différentes qui sortent de la mer et entrent en eau douce pour la première et unique fois.

Ce changement complet d'appréciation mérite d'être considéré avec soin quant à nos rivières, à cause de sa double importance scientifique et économique, en s'appuyant sur des arguments précis et objectifs. Esdaile et moi, en 1912-1913, avons publié séparément les résultats obtenus dans des lectures d'écailles, faites par Esdaile sur des Saumons du bassin de la Loire, et par moi sur des Saumons de Bretagne. Ces résultats ont corroboré ceux que l'on avait déjà obtenus à l'étranger, et que d'autres naturalistes ont ensuite confirmés. En ce qui me concerne, et pour aboutir à une précision plus grande, j'ai poursuivi ces études jusqu'en 1919. Ce sont elles que j'expose dans les paragraphes suivants.

IV. **Écailles du Saumon et leur lecture.** — Il est inutile de traiter ici en leur entier, avant cet exposé, les notions auxquelles ont abouti les études effectuées sur les écailles par la lecture de leurs lignes de croissance. Ces considérations ont déjà fait l'objet de nombreux mémoires, surtout chez les auteurs de langue anglaise, et elles ont prêté récemment, de la part de Masterman (1913), après Turnbull (1909) et Esdaile (1911), à une critique judicieuse et serrée, dont j'approuve pleinement les points principaux. J'estime à leur exemple qu'il faut se borner, dans les lectures d'écailles, aux indications d'ensemble, et qu'il ne faut point y chercher des renseignements trop minutieux ni accorder trop d'importance à l'évaluation du nombre des lignes, comme le voudrait Malloch (1909-1912). Il me suffira donc de mentionner les données strictement nécessaires à cet exposé même, et à la compréhension des moyens que je propose d'employer pour évaluer le statut vital de l'individu, comme pour l'exprimer brièvement à l'aide de formules dont je préconise l'usage.

Une écaille de Saumon, examinée par transparence sous un faible grossissement (10 à 15 diamètres suffisent à la plupart des cas), montre qu'elle est constituée par l'apposition concentrique et régulière de minces bandes circulaires, distinctes sur la majeure partie de leur étendue. La croissance de l'écaille s'effectue par l'adjonction successive de nouvelles bandes à l'extérieur de celles qui existaient déjà. Les bandes les plus internes sont donc les plus anciennes et les premières formées au début de l'existence de l'individu; les plus externes sont les plus récentes et les dernières produites. Elles se manifestent à l'œil grâce à leurs fins intervalles de séparation, qui correspondent à des arrêts momentanés dans la production de la substance de l'écaille, pendant lesquels les éléments sécréteurs se reconstituent, et qui apparaissent comme autant de lignes concentriques, auxquelles on peut donner, étant donnée leur nature, le nom de « lignes de croissance ».

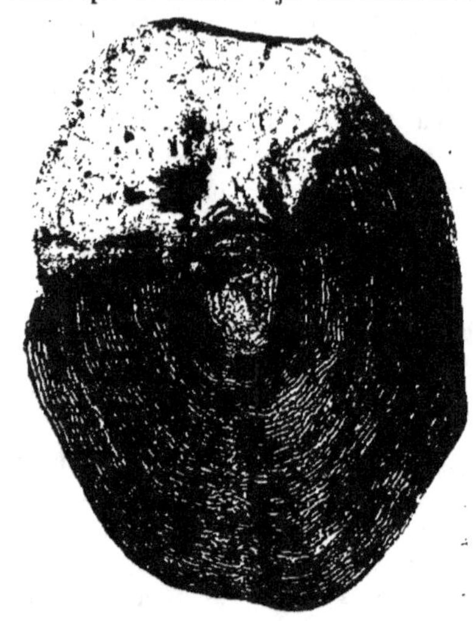

Fig. 2. — *Écaille avec une seule zone complète de principale croissance en mer*, ayant pour formule $p + Tt + (T)$, prise sur un Madeleineau mesurant 62 centimètres de longueur totale. — Grossissement : 10/1. — Voir dans le texte, p. 11 et suiv.

Or, dans toute écaille, ces lignes ne sont point également distantes, ce qui revient à dire que les bandes successives d'accroissement ne sont pas égales les unes aux autres. Deux phénomènes doivent être relevés à ce propos : d'une part, l'état des bandes les plus internes ; d'autre part, la succession par groupes, dans le reste de l'écaille, de bandes larges et de bandes étroites.

Sur le premier point, l'écaille entière se divise en deux parties inégales : un centre assez restreint, et un champ plus vaste qui l'entoure. Le premier est un centre de formation, en ce sens que les bandes d'accroissement du champ s'ordonnent concentriquement par rapport à lui; il est situé hors de la région centrale géométrique de l'écaille, et ne coïncide pas avec elle, l'écart étant souvent assez grand. Il se compose de bandes fort étroites, et présente par conséquent des lignes de croissance très serrées. L'observation a démontré que sa période de production correspond à la première existence potamique de l'individu, c'est-à-dire à la période de l'alevinage en eau douce, ou période juvénile, avant la descente de l'alevin à la mer sous la forme de Tacon. On peut souvent reconnaître en lui une subdivision complémentaire, exprimant le nombre d'années (2 le plus souvent) passées par l'alevin dans sa rivière natale.

Le champ plus vaste, qui entoure le centre juvénile, correspond à la vie de croissance en mer, ou période thalassique de l'existence de l'individu. Les bandes d'accroissement qui le composent, plus amples que celles du centre, appartiennent à deux catégories, les unes plus larges, les autres plus étroites, qui ne se distribuent pas irrégulièrement. Elles s'assemblent à plusieurs pour constituer des zones à bandes larges et des zones à bandes étroites, qui se succèdent avec régularité en alternance. En partant du centre potamique pour aller vers la périphérie, on voit d'abord une zone à bandes larges, puis une zone à bandes étroites, puis une deuxième zone à bandes larges, et ainsi de suite selon la taille de l'écaille et, par suite, celle de l'individu en fonction de son âge. Les constatations faites à leur sujet permettent d'admettre que chaque zone à bandes larges correspond, chez l'individu, à une période de croissance rapide concordant avec la belle saison, où la facilité d'alimentation est plus grande grâce aux déplacements des essaims planctoniques servant de proie; et que chaque zone à bandes étroites correspond à une période de faible croissance, en raison de la pénurie alimentaire de la mauvaise saison. En somme, les premières sont des zones estivales, les secondes, des zones hivernales, et chaque association binaire, dans l'écaille, d'une zone estivale et d'une zone hivernale, correspond sans doute, pour l'individu quant à son âge à une période annuelle ou de douze mois.

De plus, si l'individu quitte la mer ou le milieu thalassique pour entrer en rivière et pénétrer dans le milieu potamique afin d'y pondre, il cesse de grandir; partant, ses écailles interrompent leur croissance. Puis, à cause de l'état de dépérissement progressif où le met l'achèvement de l'élaboration sexuelle, la plupart de ses écailles se frangent plus ou moins sur leurs bords, et portent des éraillures marginales. Si l'individu retourne en mer par la suite, s'il continue à vivre et à grandir, ses écailles produiront de nouvelles bandes d'accroissement autour des bords éraillés, et ces derniers, conservés à leur place dans le champ de l'écaille, constitueront une *marque de ponte* qui attestera de la venue en eau douce et de la reproduction probablement accomplie.

A cela se bornent, à mon sens, les indications que l'on peut supputer d'après les écailles, du moins celles auxquelles il est permis d'accorder créance sans enfreindre la précision scientifique. On peut connaître toutefois, par leur moyen, les principales particularités de la vie des Saumons : l'âge avec une approximation suffisante, le nombre des périodes de principale croissance, et le fait ou non d'une ou de plusieurs pontes antérieures en eau douce. Ces indications suffisent à établir ce qu'il y a de plus important, pour la présente étude, dans le cycle biologique de ces Poissons.

V. Établissement des formules d'écailles. — Je propose, dans l'exposé qui va suivre, de lire l'écaille d'après le nombre des zones à bandes larges ou de forte croissance, et non d'après celui des zones à bandes étroites ou de croissance faible. Ceci revient, dans l'application, à compter l'âge des individus par *étés*, et à agir pour les Saumons comme on le fait ailleurs pour les Carpes. Les raisons s'équivalent dans les deux cas, puisque la croissance principale a lieu pendant la saison estivale, et cela depuis l'éclosion, qui, à son tour, se produisant à la fin de l'hiver ou au début du printemps, règle ainsi d'été à été la marche prédominante de l'accroissement. Le terme *été* est pris ici, ainsi qu'il en est pour la Carpe, non pas dans l'acception stricte du trimestre compris entre le milieu de juin et le milieu de septembre, mais dans le sens plus général et plus étendu de saison estivale, embrassant, outre l'été proprement dit, tout ou partie du printemps avec le début de l'automne.

Je propose au surplus, dans un but de simplification et d'abréviation, d'exprimer par des formules les indications fournies par les écailles. Le centre, formé pendant la vie potamique juvénile, y sera désigné par la lettre p; il compte ordinairement, dans l'évaluation de la croissance et de l'âge, pour deux années entières comprenant deux étés complets, depuis l'éclosion de l'alevin en février-mars jusqu'à sa descente, deux ans plus tard, en avril, sous la forme de Tacon. Quant au champ thalassique ou de croissance en mer, les zones à bandes larges ou de forte croissance seront désignées par la lettre T, et les zones à bandes étroites ou de faible croissance par la lettre t. En ce qui concerne l'individu, sa croissance principale et prédominante ayant lieu pendant les périodes estivales où se déposent les lignes des zones T, c'est au dénombrement de ces zones qu'il convient de s'adresser pour évaluer avec justesse cette croissance même, et non à d'autres moyens tels que la numération habituellement employée des zones hivernales. À leur tour, les marques de ponte, qui correspondent à un retour à la vie potamique, à un séjour en eau douce pour la reproduction, et par suite à une interruption de croissance, sont désignées par la lettre P. Chaque marque est intercalée à sa place dans la formule, de telle sorte qu'il suffira de lire cette dernière pour avoir, avec le nombre complet des étés thalassiques ou des périodes de principale croissance de l'individu auquel appartient cette écaille, l'aperçu entier de son statut vital depuis son éclosion jusqu'à sa capture.

Ainsi une écaille portant un champ où l'on reconnaît deux zones à bandes larges alternant avec deux zones à bandes étroites aura pour formule $p + 2Tt$. Ceci revient à dire que l'individu, dans l'existence thalassique continue qu'il a menée depuis sa descente Taconienne jusqu'à la montée reproductrice où il s'est fait prendre, a subi deux périodes de principale croissance alternant avec deux périodes hivernales de croissance ralentie. Sa formule totale peut se démembrer de la manière suivante :

$$p + T + t + T + t = p + 2Tt.$$

Son âge, en comptant p pour deux étés, peut s'évaluer à 4 années complètes. La ponte à laquelle il aurait pu participer sans sa capture se serait effectuée au cours de sa cinquième année.

L'écaille d'un autre individu, portant un champ avec quatre zones à bandes larges et une marque de ponte aura pour formule : $p + 3Tt + P + T$, la marque de ponte étant placée entre la 3ᵉ zone hivernale et la 4ᵉ zone estivale. Ceci revient à dire, dans ce nouveau cas, que l'individu a subi de façon continue trois périodes de principale croissance en mer, après quoi il a interrompu sa croissance pour aller pondre en eau douce, et pour retourner ensuite à la mer où il a effectué une nouvelle et quatrième période de principale croissance. Sa capture fut faite pendant une seconde montée reproductrice équivalant à une seconde interruption de croissance. Sa formule démembrée serait

$$p + T + t + T + t + T + t + P + T.$$

Son âge approximatif serait de 7 années complètes, la première fraie ayant eu lieu au cours de la 6ᵉ année, et la deuxième devant avoir lieu pendant la 8ᵉ année.

VI. Les deux âges du Saumon. — Les considérations précédentes conduisent à estimer, au surplus, que l'évaluation de l'âge d'un individu n'exprime point l'état réel de sa croissance. Il n'en est point pour le Saumon, ni pour les autres espèces de Poissons à croissance discontinue, comme il en est pour les animaux supérieurs dont l'accroissement procède avec plus de régularité. Ici l'augmentation en dimensions et en poids ne s'effectue guère que pendant les périodes estivales thalassiques, la période potamique juvénile n'ayant à cet égard qu'une faible valeur. et, de plus, les années de ponte comptant pour zéro. L'individu du premier exemple précité, dont l'âge est de quatre années complètes, n'a effectué le plus considérable de sa croissance que pendant les deux périodes estivales thalassiques de son existence. De même. celui du second exemple, dont l'âge est de sept années, ne s'est vraiment accru que pendant trois étés de vie en mer; un autre individu également âgé de sept ans, mais qui n'aurait pas pondu et n'aurait point subi l'interruption corrélative. se serait maintenu dans les eaux marines pendant quatre années consécutives. et son corps eût augmenté davantage. La croissance dépend ici du nombre des étés marins, et non d'autres circonstances; elle doit donc s'évaluer par rapport à lui. ou en fonction de lui, non point en rapport de l'âge total.

Ceci entraîne à accorder deux âges aux Saumons, ou plutôt à envisager leur statut vital de deux manières : l'une, de l'âge total ou *chronologique;* l'autre, de l'âge de croissance ou *épidosique.* en reprenant à cet effet une vieille expression. Le premier exprime le nombre complet des années écoulées depuis l'éclosion; le second, celui des périodes de principale croissance ou des étés thalassiques. Celui-ci donne seul, quant aux dimensions ou au poids, une mesure juste; celui-là ne fournit qu'une appréciation moins certaine, car il tient compte des années juvéniles et de celles de la ponte, dont l'appoint pour l'accroissement est minime ou nul. Ainsi. dans les exemples précités, le premier individu aura un âge chronologique de 4 années et un âge épidosique de 2 étés, le second un âge chronologique de 7 années et un âge épidosique de 3 étés; l'exemple complémentaire et relatif à un autre individu âgé de 7 ans. mais dont l'écaille ne porterait aucune marque de ponte, donnerait un âge chronologique de 7 années pour un âge épidosique de 4 étés.

VII. — Les paragraphes de l'exposé suivant sont successivement consacrés : à l'étude des écailles des reproducteurs en migration de montée (§ 2); à celle de l'élaboration sexuelle (§ 3); enfin à l'établissement du cycle migrateur des Saumons de notre pays (§ 4 et dernier du présent chapitre).

§ 2. — LES REPRODUCTEURS EN MIGRATION DE MONTÉE ET LEURS ÉCAILLES.

Ce paragraphe contient la description des divers types d'écailles que j'ai pu étudier. et leur classement logique selon les âges épidosiques. Il se termine par une récapitulation, avec dénombrement, des observations que j'ai effectuées à ce sujet.

I. **Écailles avec une seule zone de principale croissance en mer** (*âge épidosique d'un été*). — Ces écailles répondent à la formule $p + Tt + (T)$. Ceci signifie qu'elles portent, de dedans en dehors : un centre potamique. plus une zone complète de forte croissance thalassique suivie d'une zone de faible croissance ou d'hiver, laquelle est parfois suivie à son tour d'un début d'une nouvelle zone de forte croissance que la montée en eau douce a interrompue.

La zone complète de forte croissance thalassique **T** comprend en moyenne une vingtaine à une trentaine de lignes concentriques. Elle porte souvent, mais non toujours,
de la 8°-10° ligne à la 12°-15°, une fausse zone de faible croissance. La véritable zone
hivernale de faible croissance *t* est relativement peu étendue; elle comprend ordinairement 6 à 10 lignes. Une seconde zone de forte croissance (T), incomplète, et réduite
à son début, l'entoure et forme le bord de l'écaille. Cette zone complémentaire, qui
comporte, suivant le cas, une demi-douzaine à une douzaine de lignes, commence par

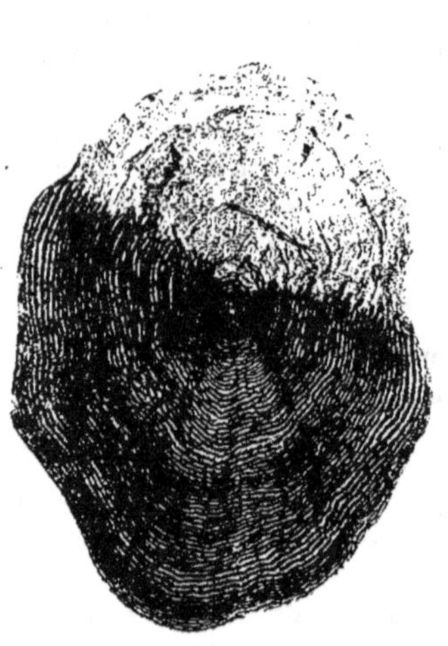

Fig. 3.   *Écailles avec deux zones de principale croissance en mer*, répondant à la formule $p + 2Tt$. — Ces écailles ont été prélevées sur des Saumons mâles de 2 étés,
appartenant à la catégorie des *petits Saumons de printemps*. — A droite, écaille d'un
individu mesurant 83 centimètres de longueur totale (Vienne, en avril); à gauche,
écaille d'un individu de 80 centimètres (Vienne, en mai). — Grossissement : 10/1.
Voir dans le texte, p. 12 et suiv.

des bandes larges et des lignes espacées; puis, en approchant du bord, on voit les
bandes s'amincir et les lignes se rapprocher peu à peu jusqu'au bord lui-même, où elles
sont presque contiguës. Elle peut manquer. Lorsqu'elle existe, elle est exiguë, d'où son
expression par le terme (T). L'âge épidosique est d'un été.

Ce type d'écailles est propre aux Madeleineaux (Saumoneaux, Castillons, Garbillots) ou *Grilse* des Anglais. Ces individus mesurent en moyenne 50 à 65 centimètres
de longueur totale, pour un poids de 2 à 3 kilogrammes. Leur montée principale a
lieu en juillet, avec début en juin, parfois en mai, et continuation en août si les eaux
restent assez hautes. Ceux dont j'ai examiné les écailles étaient tous de sexualité mâle,
et en état marqué de prolifération testiculaire. Ainsi, celui dont l'écaille est représentée
par la figure 2, pris dans la Laita (Bretagne) le 7 juillet 1914 (longueur totale, 62 centimètres; poids, 2 kilogr. 450), portait deux testicules longs et épais mesurant 125 et
148 millimètres de longueur sur 8 ou 10 millimètres de diamètre.

On classe parfois parmi les Madeleineaux, à l'exemple de divers auteurs étrangers, des individus pris à la fin du printemps ou en été, mesurant 6o à 7o centimètres de longueur pour 3 à 4 kilogrammes de poids. Ce classement est souvent erroné, car ces poissons, qui appartiennent aux deux sexes, ressortent du type suivant : leurs écailles portent deux zones complètes de forte croissance en mer et deux zones hivernales. Le véritable Madeleineau de notre pays est celui dont l'écaille montre une seule zone complète de forte croissance, comprise entre le centre potamique et une zone unique de faible croissance hivernale. Telle est sa définition précise, qui ne diffère de celle de Willis-Bund (1912) pour le Grilse que par le report du terme définissant à la zone de forte croissance.

La définition du Grilse par Willis Bund est la suivante : « petit saumon dont l'écaille porte l'indication du séjour d'un hiver en mer ». La définition que je propose peut s'écrire ainsi : « petit saumon dont l'écaille porte l'indication d'une seule saison complète de principale croissance en mer; la montée en eau douce ayant lieu au début de la deuxième saison consécutive de principale croissance ».

En considérant le statut vital de l'individu suivant les données fournies par la lecture de ses écailles, on doit estimer que les Madeleineaux, chronologiquement, comptent trois années révolues d'âge, et qu'ils ont passé en mer, avant de remonter en rivière, une période d'un peu plus d'un an. Leur maturation sexuelle et la fraie consécutive ont lieu dans leur quatrième année. Capturés en juin-juillet, au moins pour la plus grande majorité d'entre eux, ils étaient descendus à la mer l'année d'auparavant, en avril-mai; leur vie thalassique, inscrite sur l'écaille par une zone complète de forte croissance, une zone hivernale de croissance ralentie, et parfois le début d'une seconde zone d'été, embrasse donc un espace de quatorze à quinze mois. Pendant ce laps de temps, leur longueur totale a passé de 12-15 centimètres à 6o-65 centimètres, et leur poids de 4o ou 5o grammes à 2 ou 3 kilogrammes. Leur longueur totale s'est donc accrue du quintuple, et leur poids est devenu au moins 4o ou 5o fois plus élevé. Cette croissance, à en juger d'après l'écaille, s'atténue lors de la pénétration en eau douce, et ne tarde pas à s'arrêter (fig. 1, 2, p. 5 et 7).

II. **Écailles avec deux zones de principale croissance en mer** (*Âge épidosique de deux étés*). — Ces écailles appartiennent à deux types, l'un privé de marque de ponte, l'autre pourvu d'une telle marque. Le premier répond à la formule

$$p + 2Tt,$$

le second à la formule

$$p + Tt + P + T(t).$$

Je n'ai pas eu l'occasion, dans mes recherches, de trouver ce dernier, sauf sur un Charognard femelle (fig. 12). Il existe cependant parmi nos migrateurs de montée, et on pourra le rencontrer dans nos eaux, car l'une des écailles du type suivant (à trois zones de principale croissance en mer) montre une marque de ponte après le premier terme Tt; cette écaille a donc appartenu au type de cette seconde formule avant de revêtir le sien propre. Les auteurs anglais, du reste, ont eu à plusieurs reprises l'occasion d'observer des Saumons qui, ayant frayé comme Grilse, remontaient après un séjour en mer de plusieurs mois à une année, et dont les écailles se conformaient, par conséquent, à la formule

$$p + Tt + P + T(t).$$

1° Les individus de cette catégorie dont les écailles manquent de marque de ponte, et qui, étant vierges par suite, effectuent leur première montée en rivière, sont actuellement dans nos cours d'eau les plus nombreux. Ces écailles montrent, de dedans en dehors : le centre potamique; une première zone principale de forte croissance ou d'été; une première zone de faible croissance ou d'hiver; une seconde zone principale de forte croissance; une seconde zone de faible croissance. Selon les individus, cette dernière constitue le bord même, ou se continue par les premiers linéaments d'une troisième zone de forte croissance, qui n'a pu s'achever ni se compléter du fait de la pénétration en eau douce.

Ces individus appartiennent aux deux sexes. Ils mesurent en moyenne 70 à 85 centimètres de longueur totale pour un poids de 5 à 7 kilogrammes. Leur entrée principale a lieu de février-mars jusqu'à juillet-août. Ils équivalent aux petits Saumons de printemps et d'été des auteurs anglais. Leur âge épidosique doit s'évaluer à deux étés. Il est permis d'estimer que la maturation sexuelle et la ponte ont lieu, en ce qui les concerne, dans leur cinquième année. Ainsi l'individu dont

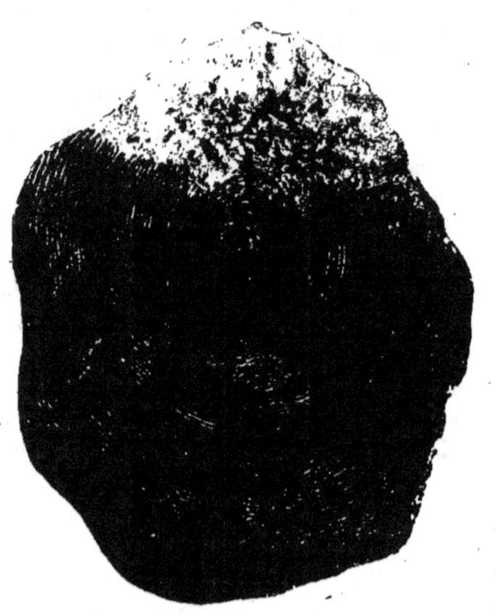

Fig. 4 — *Écaille avec deux zones de principale croissance en mer*, répondant à la formule $p + 2Tt$. — Cette écaille a été prélevée sur un Saumon femelle de deux étés, appartenant à la catégorie des *petits Saumons de printemps* (Aven, en mai). — Grossissement : 10/1. — Voir dans le texte, p. 12 et suiv.

l'écaille est représentée par la fig. 3 (à droite), ayant été pris dans la Vienne le 16 avril 1919, on peut admettre que son éclosion avait eu lieu à la fin de l'hiver 1915, et qu'il était resté en eau douce, comme alevin, jusqu'au printemps de 1917, où il est devenu Tacon. Étant alors descendu à la mer, il y a demeuré pendant deux années entières comprenant deux périodes estivales à forte croissance et deux périodes hivernales; puis, à la fin de l'hiver et au début du printemps de 1919, il a effectué sa montée en eau douce afin de participer, s'il n'eût été capturé, à la ponte de l'hiver 1919-1920, dans la cinquième année de son âge (fig. 3, 4, p. 11 et 13).

2° Les choses changent en ce qui concerne les individus dont les écailles, selon la formule

$$p + Tt + P + Tt,$$

montrent une marque de ponte. Ceux-ci ont effectué, comme Madeleineaux, une montée et une fraie au cours de leur quatrième année. Descendus ensuite à la mer, cette quatrième année étant révolue, une seconde période estivale de forte croissance thalassique a eu lieu au début de leur cinquième année. S'ils remontent pour la seconde fraie dès la fin de cette période estivale, ils peuvent encore contribuer à la fécondation dans des conditions semblables à celles des précédents, et leur formule sera

$$p + T t + P + T.$$

Mais s'ils remontent plus tard, cette participation est retardée d'un an, et l'on doit conclure que leur seconde fraie a lieu dans leur sixième année d'âge, conformément à la formule

$$p + T t + P + T (t).$$

Ainsi le fait de frayer en qualité de Madeleineau retarde d'un an, au cas de survie de l'individu, la venue de la seconde période de principale croissance. Cette dernière a lieu pendant la cinquième année d'âge chronologique pour les individus à formule

$$p + 2 T t,$$

et pendant la sixième pour ceux de la formule

$$p + T t + P + T(t).$$

III. Écailles avec trois zones de principale croissance en mer (*Âge épidosique de trois étés*). — Ces écailles appartiennent à trois types : l'un privé de toute marque de ponte, qui est celui des individus vierges; un autre pourvu d'une seule marque de ponte, qui est celui des individus ayant frayé déjà une fois; le dernier portant deux marques de ponte, pour les individus ayant déjà frayé deux fois.

1° Les écailles du premier type, caractérisé par l'absence de marque de ponte, ont pour formule $p + 3 T t$. Elles montrent successivement, en partant de l'intérieur : le centre potamique; une première zone T de principale croissance thalassique; une première zone t de faible croissance hivernale; une deuxième zone T de principale croissance; une deuxième zone t de faible croissance; une troisième zone T de principale croissance; enfin, une troisième zone t de faible croissance, qui constitue le bord même de l'écaille. Ces diverses zones se succèdent avec continuité et régularité, exprimant ainsi que l'individu auquel appartient cette écaille a passé en mer trois années consécutives sans aucune interruption ni retour en rivière. Sa vie de croissance dans l'Océan a eu lieu sans arrêt pendant toute cette période.

Les trois zones T de principale croissance ne s'équivalent point à l'égard de leurs dimensions ni du nombre de leurs lignes constitutives. La largeur de la première zone T compte pour le quart environ, et parfois davantage, de la largeur totale du champ thalassique : cette zone contient en moyenne 16 à 22 lignes, c'est-à-dire moins que sa correspondante des Madeleineaux et des Saumons avec écailles à 2T (les écailles étant toujours prélevées dans la même région, au-dessus de la ligne latérale et au niveau de la première nageoire dorsale). La deuxième zone T comprend 10 à 13 lignes; et la troisième, 8 à 10 en moyenne.

Une diminution similaire s'observe pour les zones de faible croissance. La première, qui est la plus large, comprend aussi le plus grand nombre de lignes; la troisième, par contre, est la moins étendue et la moins bien pourvue.

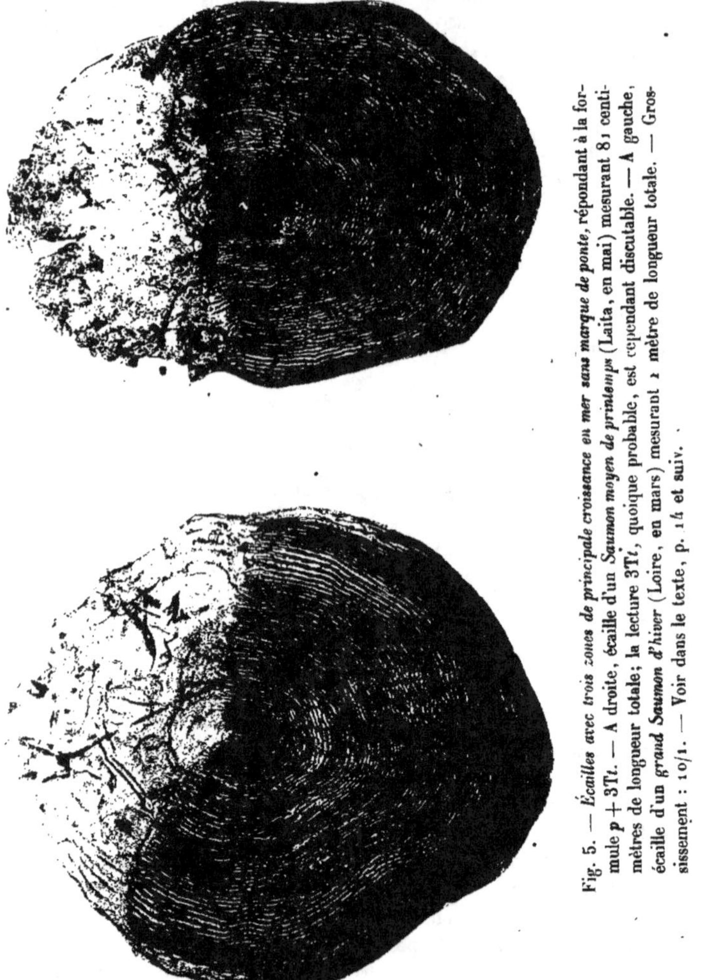

Fig. 5. — *Écailles avec trois zones de principale croissance en mer sans marque de ponte*, répondant à la formule p + 3Tt. — A droite, écaille d'un *Saumon moyen de printemps* (Laïta, en mai) mesurant 81 centimètres de longueur totale; la lecture 3Tt, quoique probable, est cependant discutable. — A gauche, écaille d'un grand *Saumon d'hiver* (Loire, en mars) mesurant 1 mètre de longueur totale. — Grossissement : 10/1. — Voir dans le texte, p. 14 et suiv.

Cette disposition résulte du mode même de la croissance. Les écailles s'élargissant pour accompagner l'amplification totale du corps, ce dernier croît en volume tandis que les premières grandissent seulement en surface. Aussi l'amplification volumétrique, tout en suivant une marche presque constante, comme l'indiquent les poids respectifs des individus, ne se traduit-elle pas, quant à l'extérieur du corps, par une progression similaire en longueur ni en surface, mais par une progression de plus en plus lente. Une nouvelle considération au sujet de la croissance est offerte par la comparaison entre les zones correspondantes des écailles 3T avec celles des écailles 2T et 1T. Les zones T, et notamment la première, sont habituellement plus larges et plus riches en lignes sur les écailles 1T que sur les écailles 3T. La conséquence en est, si l'on applique à la croissance des individus ce que l'on relève de celle de leurs écailles, que les Madeleineaux (écailles à 1T) ont grandi plus rapidement pendant la première année de vie thalassique que les Saumons à montée plus tardive, et que, chez ceux-ci, les individus capables de remonte après deux années marines consécutives (écailles 2T) ont eu à leur tour une croissance plus rapide que les présents individus dont l'accession aux eaux douces s'effectue seulement après trois années de vie en mer. On peut donc admettre, bien que les constatations objectives fassent défaut sur ce sujet, qu'il en est pour les Saumons pendant leur croissance marine comme pour leurs alevins dans la vie potamique, et comme pour les Truites : les individus diffèrent mutuellement comme rapidité de croissance; et, dans le même laps de temps, des différences notables de dimensions s'établissent entre eux. En outre, les plus prompts à grandir sont aussi les plus précoces sexuellement.

Les Saumons pourvus d'écailles à formule $p + 3Tt$ ne sont autres que les grands reproducteurs d'hiver et de printemps. Ils appartiennent aux deux sexes. Leur entrée principale a lieu en décembre-janvier jusqu'à mars-avril; quelques-uns cependant s'introduisent en rivière jusqu'au début de l'été. Leur longueur moyenne est comprise entre 90 centimètres et 1 mètre ou un peu plus. Leur poids habituel va de 8 à 11 ou 12 kilogrammes. On peut estimer leur âge épidosique à trois étés.

Leur montée et la reproduction consécutive ont lieu dans le cours de la sixième année de leur âge chronologique (fig. 5, p. 15).

2° Les écailles qui, portant une marque de ponte, appartiennent aux individus ayant déjà frayé une fois, ont pour formule $p + 2Tt + P + Tt$. La ponte précédente a eu lieu après une période pleine 2Tt, correspondant à deux années complètes de croissance thalassique. L'écaille montre ainsi, depuis l'intérieur : le centre potamique; une première zone T; une première zone t; une deuxième zone T; une deuxième zone t; une marque de ponte; une troisième zone T; une troisième zone t. Si l'âge épidosique est encore de trois étés thalassiques, l'âge chronologique comporte une année de plus que dans le cas précédent, celle de la ponte. On peut donc attribuer aux individus porteurs de ces écailles six années d'âge chronologique, la première ponte ayant eu lieu au cours de la cinquième année, et la seconde devant s'effectuer au cours de la septième année. Les proportions en poids et en longueur sont sensiblement celles des individus à formule $p + 3Tt$, avec majoration quant au poids (fig. 6. p. 17).

3° Les écailles portant deux marques de ponte appartiennent aux individus qui ont déjà frayé deux fois; elles ont pour formule $p + Tt + P + Tt + P + Tt$. Les deux pontes précédentes ont eu lieu successivement, la première après la première période pleine Tt, la seconde après la deuxième période Tt consécutive. L'écaille montre depuis l'intérieur : le centre potamique; une première zone T; une première zone t; une marque de ponte; une deuxième zone T; une deuxième zone t; une marque de ponte; une troisième zone T; une troisième zone t. L'individu avait frayé une première fois comme Madeleineau, et une deuxième fois comme petit Saumon de deux étés thalassiques. Tout en lui laissant encore, pour son âge épidosique, l'évaluation comportant trois étés de principale croissance, on peut présumer que son âge chronologique porte deux années de plus, et qu'il compte actuellement sept années pleines. La troisième ponte, si la capture n'avait pas eu lieu, devait s'effectuer au cours de la huitième année (fig. 7, p. 19).

Les proportions en poids et en longueur sont supérieures a celles des individus du type précédent.

Il convient de remarquer, dans ces écailles à marques de ponte, que la troisième zone T est relativement large, et que les intervalles de ses lignes n'ont pas toujours une disposition régulière. Ces faits dénotent peut-être une croissance qui, prolongée au delà d'une durée d'une année, offrirait d'abord quelque lenteur en raison de l'état dépressif où se trouve l'organisme après la ponte, et présenterait ensuite des irrégularités selon les modalités de l'assimilation. Cette présomption, assez acceptable d'après les circonstances en cause, expliquerait les lignes serrées qui suivent immédiatement la deuxième marque de ponte, les autres lignes serrées qui se présentent aussi vers le milieu de la zone, et la largeur excessive de certaines bandes. Quant à l'étroitesse de la troisième zone hivernale t, elle s'explique du fait que ces Saumons ont une montée précoce, en plein hiver.

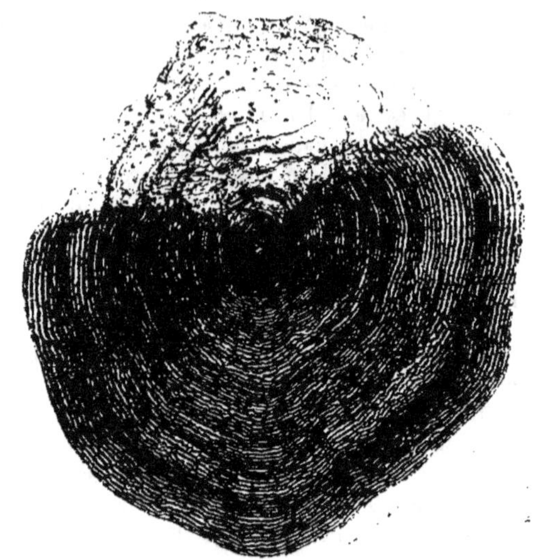

Fig. 6. — *Écaille avec trois zones de principale croissance en mer et une marque de ponte*, répondant à la formule $p + 2Tt + P + Tt$, prélevée sur un *Saumon moyen de printemps* femelle (Adour, début de juillet) mesurant 85 centimètres de longueur totale. — Grossissement : 10/1. — Voir dans le texte, p. 16.

IV. **Écailles avec quatre zones de principale croissance en mer** (*âge épidosique de quatre étés*). — Je n'ai point eu l'occasion, dans mes recherches, de rencontrer des individus munis d'écailles sans marques de ponte, vierges par suite, ayant passé avec continuité dans la mer quatre périodes de principale croissance, et portant la formule $p + 4Tt$. Ces individus existent pourtant, car on en a signalé ailleurs; Masterman (1913, fig. 20) a même figuré une écaille dont la formule serait $p + 6Tt$. Ceux que j'ai pu observer portaient des marques de ponte antérieure. Leur nombre, du reste, se réduit à deux : l'un dont les écailles montraient une seule marque de ponte; l'autre dont les écailles avaient deux marques.

1° Les écailles du premier (fig. 8, p. 21) se disposaient selon la formule

$$p + 3Tt + P + Tt,$$

l'unique marque de ponte se trouvant placée après la troisième zone hivernale de faible croissance. L'écaille montrait ainsi depuis l'intérieur : le centre potamique ; une première zone T de principale croissance comprenant une vingtaine de lignes, régulière et privée de fausse zone de faible croissance ; une première zone hivernale t de croissance ralentie ; une deuxième zone T de principale croissance, portant vers le milieu de sa largeur quatre à cinq lignes serrées et simulant une fausse zone de faible croissance ; une deuxième zone hivernale t de croissance ralentie ; une troisième zone T de principale croissance, que la marque de ponte a rognée sur une grande partie de son étendue ; une troisième zone hivernale t de faible croissance limitée pour le même motif à un faible espace ; une marque de ponte, qui coupe obliquement la troisième zone Tt et une grande part de la deuxième. après en avoir fait disparaître ce qui la débordait ; enfin une quatrième zone Tt formant le bord de l'écaille, et conservée en entier. Cette dernière, comme sa correspondante de la précédente catégorie, ne montre guère de différences accentuées entre les larges bandes intérieures et les bandes plus étroites qui occupent le bord même. Ce fait s'accorde avec la remarque de Masterman (1913), que la distinction entre les diverses zones s'atténue progressivement, et qu'il est souvent difficile, par suite, de discerner la succession et d'établir l'âge d'après les écailles chez les très gros Saumons. Il faut prélever un grand nombre de ces dernières, et les examiner toutes afin de s'arrêter aux mieux caractérisées, pour parvenir à un résultat acceptable en les comparant entre elles.

Le présent individu a été pris dans la Loire, à Cosnes, le 17 mars 1919. Son aspect général montrait que son entrée en eau douce était récente. Il mesurait 1 m. 12 de longueur totale, et pesait 11 kilogr. 150. On peut présumer, d'après les indications de ses écailles, que, son éclosion ayant eu lieu vers la fin de l'hiver 1912, sa descente à la mer sous la forme de Tacon fut effectuée au printemps de 1914. Il passa ensuite dans la mer, d'une façon continue, trois années pleines correspondant à trois périodes de principale croissance. Il a effectué une première montée en 1917 pour participer à la fraie de l'hiver 1917-1918 ; il appartenait alors à la troisième catégorie des migrateurs, et plus spécialement, dans cette catégorie, au type $p + 3T$. Ayant survécu à la fraie, et étant revenu à la mer au début de 1918, il a subi une nouvelle et quatrième période de principale croissance thalassique. Il en fut ainsi pendant l'année 1918 ; puis, au début de 1919, cet individu est revenu en rivière pour une deuxième montée, afin de participer à la fraie, de l'hiver 1919-1920. C'est pendant cette montée qu'il a été capturé. Son âge épidosique comportait alors quatre périodes thalassiques de croissance prédominante, et son âge chronologique sept années révolues depuis l'éclosion, la première montée reproductrice ayant eu lieu au cours de la sixième année, et la dernière devant s'effectuer au cours de la huitième.

2° Je me bornerai à mentionner brièvement le deuxième individu, que je connais seulement par ses écailles faisant partie de l'intéressante série recueillie par M. Henriquet, Inspecteur des Eaux et Forêts de Bayonne, et obligeamment soumise par lui à mon examen. Cet individu, pris dans le bassin de l'Adour (Gave) en février 1915, était un mâle pesant 15 kilogrammes et demi, et mesurant 1 m. 12 de longueur. Son écaille présente des caractères ambigus qui rendent sa lecture difficile. Elle montre quatre zones de principale croissance thalassique dont la première a les bandes les plus étroites. Elle montre également deux marques de ponte, l'une après la deuxième zone Tt, l'autre après la troisième zone T*t*. L'individu aurait ainsi effectué deux montées reproductrices avant celle où sa capture fut opérée. Elle présente en outre, sur une partie de son étendue, entre la deuxième zone T*t* et la troisième, une zone complémentaire qui paraît dépendre de la deuxième zone hivernale et indique peut-être, de la part de l'individu, quelque va-et-vient du milieu thalassique au milieu potamique dans la préparation de

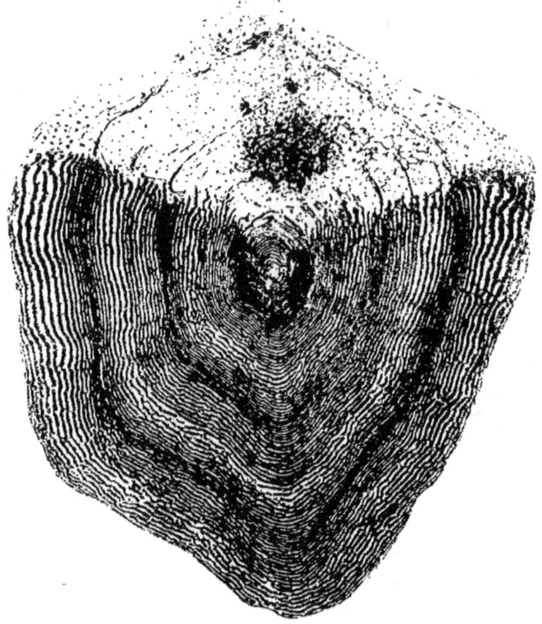

Fig. 7. — *Écaille avec trois zones de principale croissance en mer et deux marques de ponte*, répondant à la formule $p + Tt + P + Tt + P + Tt$, prélevée sur un *grand Saumon d'hiver* (Adour, en janvier; écaille communiquée par M. l'Inspecteur Henriquet) mesurant 95 centimètres de longueur totale. — Cette écaille est rendue remarquable par la grande largeur de la plupart de ses lignes de croissance. — Grossissement : 10/1. — Voir dans le texte, p. 16.

la première ponte. Quoi qu'il en soit, cette écaille appartient à la quatrième catégorie, et, étant pourvue de deux marques de ponte, sa structure s'exprime par la formule

$$p + 2Tt + P + Tt + P + Tt.$$

Les individus ainsi caractérisés ont commencé par faire partie du type

$$p + 2Tt + P + Tt$$

de la troisième catégorie, puis, ayant pu accomplir leur deuxième fraie, et ayant survécu, ils sont revenus en mer pour une nouvelle période de croissance, suivie d'une troisième montée (fig. 9, p. 23).

2.

V. Les catégories des Saumons migrateurs de montée. — Le résumé des descriptions précédentes peut s'exposer brièvement et simplement.

Les Saumons migrateurs, dans leur montée, appartiennent, comme on le sait depuis longtemps, à plusieurs catégories que l'on distingue d'après les dimensions et le poids de l'individu comme d'après l'époque des entrées en rivière. Mais, à mon sens, ces catégories diffèrent surtout entre elles par les modes de leur croissance, c'est-à-dire par le nombre des périodes de principale croissance en mer ou des étés thalassiques. Ces périodes étant inscrites sur les écailles, il est possible d'établir, selon les indications de ces dernières, un classement précis et scientifiquement fondé.

On doit donc distinguer parmi les migrateurs que j'ai pu observer dans nos rivières : une première catégorie pour les individus d'un été thalassique qui pénètrent en eau douce (Madeleineaux de printemps et d'été) ; une deuxième catégorie pour les individus de deux étés (moyens Saumons de printemps et d'été) ; une troisième catégorie pour les individus de trois étés ; et une quatrième pour ceux de quatre étés (grands Saumons d'hiver). La taille et le poids augmentent de la première catégorie à la quatrième, pour aboutir dans cette dernière, et dans la troisième, à des individus atteignant et dépassant 1 mètre de longueur totale pour 12 à 15 kilogrammes comme poids.

En outre, il conviendrait d'établir une cinquième catégorie et une sixième pour les Saumons géants de cinq et de six étés ou plus, relativement rares, parfois signalés par les auteurs à titre accidentel, et dont les dimensions comme le poids dépassent les limites précédentes. Je n'ai pas eu l'occasion d'observer de tels individus dans nos eaux.

Chacune de ces catégories présente plusieurs types différents, selon que ses ressortissants ont déjà procédé, ou non, à une fraie antérieure, inscrite sur l'écaille par une marque de ponte. Dans chacune d'elles, le type le plus fréquent, ou le plus nombreux, est celui des animaux vierges, qui n'ont pas frayé auparavant, et dont les écailles ne portent aucune marque. Les individus à écailles marquées sont plus rares, et surtout ceux qui, portant deux marques, attestent ainsi qu'ils ont déjà frayé deux fois avant la montée de leur capture. Sur 87 individus dont j'ai examiné les écailles de 1912 à 1919, je n'en ai rencontré que 9 munis de marques de ponte, et, sur ces 9 exemplaires, 2 seulement en avaient deux, les autres n'en ayant qu'une. Sans accorder à ce dénombrement, que les circonstances ne m'ont pas permis de faire plus complet ni régulièrement série, une précision numérique qu'il ne saurait avoir, et sans me baser sur lui pour établir un pourcentage, il est toutefois légitime d'en conclure que les migrateurs qui montent pour la première fois sont de beaucoup les plus nombreux. Par voie de conséquence, comme ces migrateurs vierges appartiennent à toutes les catégories, on doit admettre, en outre, que les migrations renouvelées constituent l'exception. En somme, la grande majorité, parmi les Saumons de notre pays, ne monte en rivière qu'une fois.

Il convient de remarquer que la périodicité, dans les cas exceptionnels où elle se présente, a lieu, selon l'étude des écailles, après un intervalle d'une année thalassique pleine. La deuxième montée ne s'effectue point dans l'année même qui suit celle de la première ponte, mais dans l'année subséquente. Ainsi, pour ces rares exemples de migrations répétées, l'opinion habituelle, relative à la périodicité annuelle, est erronée. La périodicité bisannuelle, comme l'ont reconnu Kunstler (1889) et Bureau (1891), serait la plus usuelle.

Quant au dénombrement des catégories, et à leur importance **en** tant que chiffre d'individus, les pratiques de la pêche dans notre pays, et la faiblesse des rendements,

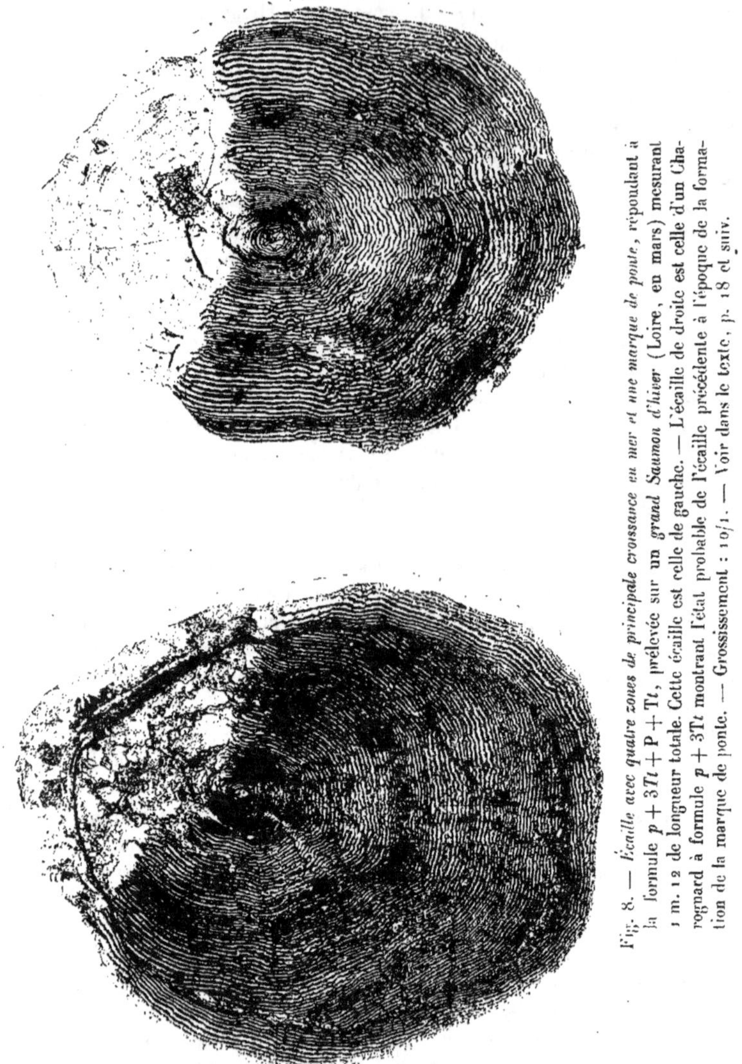

Fig. 8. — *Écaille avec quatre zones de principale croissance en mer et une marque de ponte,* répondant à la formule $p + 3Tt + P + Tt$, prélevée sur un grand *Saumon d'hiver* (Loire, en mars) mesurant 1 m. 12 de longueur totale. Cette écaille est celle de gauche. — L'écaille de droite est celle d'un Chagnard à formule $p + 3Tt$ montrant l'état probable de l'écaille précédente à l'époque de la formation de la marque de ponte. — Grossissement : 10/1. — Voir dans le texte, p. 18 et suiv.

ne permettent actuellement que des conjectures. Si j'en juge toutefois d'après mes observations et les renseignements recueillis, les Saumons les plus fréquents et les plus nombreux que l'on voit le plus souvent sur les marchés sont ceux de la deuxième catégorie ou de deux étés thalassiques. Viennent ensuite les Madeleineaux ou Saumons d'un été (première catégorie), parfois plus abondants temporairement, mais dont la saison de montée et de pêche est plus restreinte. Dans ces deux catégories, et surtout dans la première, j'ai plus souvent observé des mâles que des femelles. Quant à la troisième catégorie, et éventuellement à la quatrième, capturés en hiver dès l'ouverture de la pêche, elles sont moins bien pourvues comme chiffre de représentants ; les femelles y prédominent parmi les individus vierges ou à leur première montée. Quant à ceux dont les écailles possèdent des marques de ponte, c'est l'inverse qui se manifeste, et les mâles l'emportent.

Ces considérations, exposées telles qu'elles résultent de ces constatations sur les Saumons des eaux françaises, s'accordent avec celles auxquelles ont abouti ailleurs les minutieuses études faites grâce aux facilités offertes par les grandes pêcheries des pays plus septentrionaux. Ainsi le régime biologique de ce poisson migrateur, s'il présente parfois quelques différences selon les bassins et les climats, possède cependant une règle invariable quant aux dispositions essentielles et générales, qui se correspondent partout.

§ 3. — L'ÉLABORATION SEXUELLE ET LA REPRODUCTION.

Les notions exposées dans le précédent paragraphe conduisent à examiner, comme complément, plusieurs autres questions concernant le séjour du Saumon en eau douce. Elles prouvent, en effet, que la montée a lieu, dans notre pays, pendant la plus grande partie de l'année, et qu'elle entraîne à la fois des individus de plusieurs catégories ou de plusieurs âges, pour se terminer uniformément par l'acte reproducteur vers la fin de l'automne et l'entrée de l'hiver. Il reste donc à rechercher si l'élaboration sexuelle, qui aboutit à cette reproduction, se lie toujours à la pénétration en rivière, et si toutes les catégories, malgré leur diversité, participent également à la fraie. Mes observations me permettent de répondre à ces questions, qui touchent également à celle de la durée de la vie en eau douce, et à celle de l'existence possible de plusieurs races de Saumons.

I. **Élaboration sexuelle.** — On admettait jadis, et beaucoup admettent encore, que la plus forte entrée des Saumons en rivière a lieu en automne pendant les deux ou trois mois précédant la fraie, et que ces individus, qui sont de grande taille, prennent à cette fraie une part effective. Bureau (1891) fut un des premiers à s'élever contre cette opinion, et à en démontrer l'erreur ; ayant examiné, dans la saison incriminée, les Saumons qui venaient de pénétrer en Loire, il a constaté leur état sexuellement immature, et a prouvé ainsi qu'ils ne pouvaient participer à la ponte prochaine. Ces observations furent vérifiées et complétées par Henneguy, quelques années plus tard (1895-1901). Ce dernier fit remarquer l'opposition qui s'établit, au sujet de l'état sexuel, entre les grands individus de montée récente que l'on prend d'octobre à janvier dans la basse Loire et les individus de taille similaire que l'on pêche aux mêmes dates dans les régions élevées du bassin, sur les frayères. Ceux-ci sont matures, et pondent ou ont pondu ; alors que ceux-là sont immatures, les mâles ayant de petits testicules, et les femelles portant dans leurs ovaires des œufs dont le diamètre égale seulement 1 à 2 millimètres. Les deux groupes sont distincts par conséquent, et le dernier ne saurait passer au premier à cause du synchronisme. D'autant mieux qu'une mention supplémentaire, donnée par Henneguy, tend à accorder au Saumon une lenteur évidente d'élaboration sexuelle : les individus pêchés à Nantes, de février à juillet, possèdent

Fig. 9. — *Écaille avec quatre zones de principale croissance en mer et deux marques de ponte*, répondant à la formule $p + 2Tt + P + Tt + P + Tt$, prélevée sur un grand *Saumon d'hiver* (Gave d'Oloron, en février; écaille communiquée par M. l'Inspecteur Henriquet) mesurant 1 m. 12 de longueur totale. — Cette écaille est celle de droite. Celle de gauche est celle d'un Charognard à formule $p + 2Tt$, montrant l'état probable de l'écaille précédente à l'époque de la formation de la première marque de ponte. — Grossissement : 10/1. — Voir dans le texte, p. 18.

des organes sexuels d'autant plus développés que la saison est plus avancée. Il fut donc établi, depuis ces travaux, que les Saumons qui entrent en eau douce pendant l'automne et pendant l'hiver ne peuvent contribuer à la ponte immédiate, et doivent, par suite, séjourner en rivière pendant l'année entière, pour ne prendre part qu'à la ponte suivante. Mes observations conduisent à corroborer cette notion, en lui ajoutant quelques compléments.

L'opposition établie entre les deux groupes précités ne tient pas seulement à l'état sexuel, mais encore à l'état général de l'organisme, à la pigmentation et à la conformation des écailles. Le groupe des Saumons d'entrée récente, en automne et au début de l'hiver, se localise dans les parties basses du bassin hydrographique, non loin de l'estuaire; il comprend exclusivement des individus de grande taille, de gros poids et de forte corpulence, dont les tissus sont chargés de matières grasses de réserve; les teintes bleu verdâtre foncé du dos, blanc nacré des flancs et du ventre, sont nettes et franches, semées de quelques tâches brunes et noires auprès et au-dessus de la ligne latérale; les écailles ont leurs bords entiers. Par contre, les Saumons des parties élevées du bassin où se localisent les frayères appartiennent, aux mêmes dates, à toutes les catégories, depuis celle des Madeleineaux jusqu'à celle des grands reproducteurs; leur corps, à cette époque de la fraie, a perdu de son poids, et la chair de sa fermeté; les matériaux de réserve ont disparu en grande partie; la pigmentation dorsale s'est atténuée; la teinte du ventre et des flancs est jaune grisâtre plus ou moins clair; des taches d'un pigment brun roussâtre se montrent çà et là en quantité variable; le museau est hypertrophié, surtout chez les mâles, et converti en un bec crochu plus ou moins gros (Bécards), enfin les écailles ont pour la plupart leurs bords éraillés ou irrégulièrement détruits par places. Ces individus sont parvenus, en effet, au degré ultime de l'élaboration sexuelle, alors que ceux du premier groupe ne présentent encore aucune de ces modifications. Celles-ci se produisent progressivement pendant le séjour en eau douce. C'est alors que s'opèrent le développement des éléments sexuels et le transfert à ces derniers des matériaux de réserve accumulés dans l'organisme.

Ce changement s'accomplit peu à peu, depuis la pénétration en rivière des individus immatures jusqu'au mois de novembre et de décembre consécutifs, où la fécondation et la ponte ont lieu. J'ai pu suivre plusieurs phases successives de l'élaboration, en 1913 et 1914, sur des Saumons pêchés en Bretagne, dans la Laïta et l'Aven, grâce à l'aimable obligeance de M. l'Inspecteur des Eaux et Forêts Fatou. Mes constatations ultérieures, d'après d'autres provenances, se sont accordées avec ces premières données, qui portent sur les dimensions des testicules pour les individus mâles, et sur le diamètre des ovules pour les femelles.

Chez les premiers, pendant la montée d'hiver et du printemps, l'épaisseur moyenne des cordons testiculaires varie de 6 à 8 millimètres; elle augmente en été, notamment chez les Madeleineaux, où elle atteint 10 à 12 millimètres; elle s'accroît surtout en automne, avant la fraie, où j'ai trouvé, sur un grand individu mature de 3 étés et de o m. 94 de longueur totale, des testicules mesurant en longueur 240 et 250 millimètres sur 36 et 38 millimètres d'épaisseur. Chez les femelles, la plupart des œufs, en hiver, ne dépassent point 1 millimètre de diamètre; au printemps, le diamètre habituel atteint 1 millim. 5 et parfois 1 millim. 8; au début de l'été, les femelles de montée nouvelle restent encore dans ces limites, mais celles d'entrée déjà ancienne ont des œufs mesurant 2 millim. 5 à 3 millimètres; puis, comme chez les mâles, l'accroissement principal et final a lieu en automne, avant la fraie, où les ovules parviennent à leur taille ultime, et deviennent déhiscents. Ensuite, la fraie accomplie, les testicules vidés des mâles diminuent leur épaisseur de moitié environ, tout en conservant leur longueur; tandis que les ovaires se rétractent plus fortement, et ne contiennent dans leur trame, les gros ovules mûrs ayant été expulsés presque en entier, que de très jeunes ovules mesurant pour la plupart o millim. 3 à o millim. 5 de diamètre.

On peut admettre, en définitive, que l'élaboration sexuelle s'effectue de façon presque identique dans les diverses catégories des Saumons migrateurs, et qu'elle comporte quatre phases successives. La première est celle de préparation; elle a lieu pendant les périodes hivernales thalassiques de croissance ralentie, au cours desquelles l'individu se trouve dans cet état de réplétion nutritive auquel la plupart des auteurs récents font allusion, et qui se caractérise par l'abondance des matières grasses de réserve accumulées dans l'organisme. Cette première phase débute en mer; c'est alors que la pénétration en eau douce se prépare, et parfois s'accomplit. La deuxième phase est celle de l'élaboration proprement dite, qui peut commencer en mer, mais qui s'accentue surtout pendant le séjour en eau douce, au printemps et en été; le jeu du métabolisme transporte les matériaux de réserve aux glandes sexuelles qui s'accroissent, pendant que les masses musculaires et les viscères digestifs diminuent ou dégénèrent. La troisième est celle de la maturation, qui a lieu en rivière pendant l'automne, conduit les éléments sexuels à leur achèvement, et se termine par la fraie. La quatrième est la phase post-reproductrice où, en cas de survie, les glandes sexuelles diminuent de volume, et ne contiennent que des éléments jeunes, auxquels une élaboration nouvelle est nécessaire pour une fraie ultérieure.

Cette succession de phases s'accorde, dans l'ensemble, avec un changement de milieux pour l'individu, et une suite de déplacements, qui constituent le cycle migrateur. De la première à la troisième, l'individu quitte le milieu thalassique et pénètre dans l'estuaire d'un bassin hydrographique. Parvenu ainsi dans le milieu potamique, il remonte progressivement le fleuve, ou ses affluents, pour toujours s'éloigner davantage de l'estuaire, et arriver finalement sur les frayères, habituellement placées dans les rivières et ruisseaux voisins de la tête des bassins; au fur et à mesure de ce déplacement, la préparation sexuelle fait place à l'élaboration proprement dite. Puis survient la maturation.

Ce voyage de montée ne se déroule point avec continuité ni régularité; il comporte des pauses plus ou moins longues, et même des retours partiels; il s'accomplit cependant, pour se terminer sur les frayères dans la seconde moitié de l'automne. La maturation s'achève alors, et la fraie s'effectue. Ensuite, durant la quatrième phase, l'individu fait le voyage en sens inverse, et, si les circonstances le favorisent, retourne à la mer.

On peut conclure de cette succession de phénomènes que la migration du Saumon se lie à sa reproduction, et que la première, loin d'être livrée au hasard comme on l'admet parfois en considérant seulement la pénétration en rivière pendant la phase de préparation, est déterminée au contraire par la nécessité de la seconde.

II. **La participation à l'acte reproducteur.** — Il est permis de se demander, par surcroît, si toutes les catégories d'individus sont également propres à la reproduction, si elles y participent effectivement, et si, en définitive, la capacité de frayer se trouve indépendante, ou non, de l'âge des migrateurs. La réponse à cette question pourrait être donnée par une étude de Charognards, mais laisserait encore quelque suspicion, car l'acte reproducteur lui-même n'aurait pas été constaté. La solution la plus acceptable est donc celle que procure l'examen d'individus dont la fraie aurait été vraiment observée, en elle-même d'abord, ensuite dans la viabilité de ses produits, ainsi qu'on peut le faire au moyen des opérations de la fécondation artificielle, à la condition que la provenance des reproducteurs soit connue avec exactitude. Grâce au bon vouloir de M. l'Inspecteur Fatou, une série de cette nature m'a été soumise pendant la période de ponte 1912-1913; les reproducteurs avaient été pêchés dans la Laïta et l'Aven (Bretagne) en octobre et novembre, pendant leur phase de maturation, et conservés jusqu'à la fin décembre, où tous furent à point pour la fécondation artificielle à laquelle on a procédé avec succès. Les individus que j'ai examinés étaient au nombre de 5, 3 mâles et 2 femelles; ils avaient tenu pleinement leur rôle sexuel.

Le premier mâle était un Madeleineau mesurant 55 centimètres de longueur totale; ses écailles avaient pour formule $p + Tt$. Le deuxième était un Saumon de deux étés thalassiques, ou de la deuxième catégorie, à formule d'écailles $p + 2Tt$; quelques éraillures autour de la première zone hivernale tendaient à faire admettre pour lui la possibilité d'une ponte ancienne à l'état de Madeleineau; il mesurait 81 centimètres de longueur totale. Le troisième était un grand reproducteur de la troisième catégorie, ou de 3 étés thalassiques, à formule d'écailles $p + 3Tt$; il mesurait 94 centimètres de longueur totale. Ces trois mâles, tous parvenus à maturité, ont également donné du sperme, qui a servi à féconder les ovules des deux femelles (fig. 10 et 11, p. 27 et 29).

L'une de ces dernières appartenait à la deuxième catégorie. Ses écailles montraient les lignes de deux étés thalassiques; elles offraient également, autour de la première zone hivernale, une bande éraillée et cicatrisée dénotant une ponte ancienne, consécutive à la première année de vie en mer; la longueur totale était de o m. 87. La seconde femelle, un peu plus courte que la précédente. car elle mesurait seulement o m. 74. présentait bien sur ses écailles les lignes complètes de deux étés thalassiques, mais la grande largeur de quelques portions conservées des parties marginales, et le nombre élevé de leurs lignes, permettaient d'admettre la possibilité d'un troisième été selon la formule $p + 3Tt$ (fig. 12, p. 33).

L'examen de ces écailles a fourni en outre plusieurs renseignements sur la production de la « *marque de ponte* ». Comme on peut s'en assurer par la comparaison de leurs photographies avec celles des écailles prélevées sur des individus de montée récente, les bords chez tous les participants à la fraie sont éraillés et partiellement détruits. La destruction atteint une plus vaste étendue des bords inférieur et supérieur de l'écaille que des autres. Il en résulte que la perte en substance frappe inégalement les lignes marginales, et donne souvent au nouveau bord une direction oblique et irrégulière par rapport à l'ancien. Quant à la destruction en elle-même, il se peut que ce phénomène si remarquable, dont on ne voit guère ailleurs l'équivalent à un tel degré, soit ici causé en partie par effritement mécanique pendant la diminution du corps en épaisseur; mais, à en juger d'après l'apparence, comme d'après ce fait qu'il s'accomplit surtout pendant la phase de maturation où le corps est encore assez épais, il semble plutôt qu'il y ait en cela un cas de résorption, plus ou moins lié à l'excrétion par la voie tégumentaire et au métabolisme sexuel.

Ces considérations ont pour objet de montrer que les diverses catégories de Saumons migrateurs sont également capables de participer à la ponte, et que ces catégories, malgré leurs différences, d'autre part, d'âge et de dates d'entrée, arrivent en même temps à la maturation sexuelle. Ayant ainsi possibilité de se croiser, elles se croisent effectivement. Ceci empêche d'accepter l'hypothèse proposée par Husson (1911-12), qui consiste à regarder la plupart des catégories de Saumons (cet auteur en établit cinq : Madeleineaux ou d'un hiver en mer, Petits Saumons de printemps ou de deux hivers en mer, Petits Saumons d'été ou de trois hivers avec montée précoce, Grands Saumons d'été ou de trois hivers avec montée plus tardive permettant l'alimentation pendant la troisième année marine, Très Grands Saumons, ou de quatre années et plus) comme répondant à autant de races distinctes. Sans insister sur les objections multiples que que l'on peut adresser à cette opinion, les constatations précédentes montrent avec évidence que ces catégories n'ont de valeur que celle de groupements par âges, et rien d'autre.

III. **Particularités de la reproduction du Saumon.** — Ces diverses notions font ressortir, au sujet de la reproduction du Saumon, deux particularités essentielles, que l'on ne retrouve point chez les autres poissons migrateurs potamotoques, ou qui sont chez eux moins prononcées : la lenteur de l'élaboration sexuelle, et la longue durée du séjour en eau douce lié à cette élaboration. Ces deux faits donnent à la reproduction du Saumon sa caractéristique et, pourrait-on ajouter, sa profonde originalité.

L'élaboration sexuelle débute, chez les migrateurs déjà parvenus en eau douce, dès la fin de l'hiver et le printemps. On peut constater alors la turgescence commençante des glandes sexuelles et l'amplification des ovules. La fraie consécutive à la maturation n'aura pourtant lieu qu'en décembre,

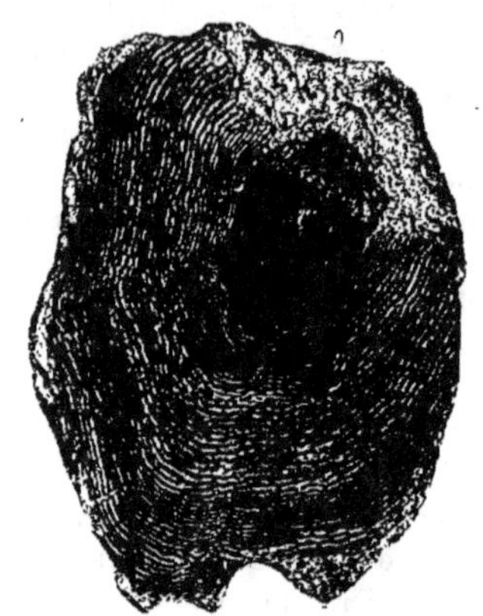

Fig. 10. — *Écaille d'un Madeleineau charognard* d'une longueur totale de 55 centimètres. — Grossissement : 10/1. — Voir dans le texte, p. 26 et suiv.

en novembre au plus tôt. Le séjour en eau douce, quoique d'une longueur de temps relativement considérable, varie toutefois selon les catégories et, dans chacune de ces dernières, selon les individus eux-mêmes. Ces divergences tiennent à ce fait que la date de la ponte est sensiblement reportée à la même époque pour tous les reproducteurs, alors que les dates d'entrée en eau douce diffèrent grandement d'une catégorie à l'autre, et même d'un individu à l'autre dans chaque catégorie. Le maximum de durée, en ce sens, est offert par les grands individus immatures qui pénètrent en rivière dès le milieu de l'automne, en octobre ou en novembre, et qui devront attendre dans leur nouveau milieu la fin de l'année suivante, en décembre, avant de retourner à la mer s'ils survivent ; la durée de leur séjour égale donc 13 à 14 mois, et même davantage, 15 ou 16 mois, si l'on tient compte de la période consécutive à la ponte où ces individus, devenus Charognards, accomplissent leur voyage de retour. Le minimum est donné par les Madeleineaux, qui entrent en eau douce pendant le mois de juillet ou celui d'août, pour frayer dès la ponte prochaine, et ne restent donc en rivière que cinq ou six mois avant de redescendre à la mer. Les autres catégories occupent une situation intermédiaire, et dans chacune d'elles, comme dans les précédentes, les individus les plus hâtifs se trouvent astreints à un plus long séjour que les autres plus tardifs.

Ces évaluations conviennent à la plupart des rivières françaises à Saumons. Elles changent quelquefois à l'égard des pays plus septentrionaux, où la montée ne s'interrompt pas complètement pendant les mois d'été. Il en résulte que des migrateurs entrant en août, ou même en septembre (Madeleineaux, Saumons d'été), sont peut-être capables de participer à la fraie du mois de décembre ou du mois de janvier suivants, et ne restent en rivière que quatre à cinq mois. En France, l'interruption à peu près complète de toute pénétration pendant la période des basses eaux estivales, et la précocité plus grande des migrateurs, rendent les divergences plus nettes et plus accentuées.

La longue durée de ce séjour, qui, en certain cas, excède une année complète, entraîne donc comme conséquence la présence synchrone, dans un même bassin hydrographique, et en des régions distinctes, d'individus appartenant à une même catégorie mais provenant d'entrées différentes et espacées d'un an. Les grands reproducteurs immatures, qui entrent en novembre et décembre d'une année quelconque, se trouvent placés dans le même bassin que ceux de leur catégorie qui, étant entrés un an auparavant, sont en ce moment occupés à pondre sur les frayères. Le fleuve, qui contient dans ses eaux des individus similaires et d'âges différents, porte ainsi les nouveaux venus immatures dans ses parties basses voisines de l'estuaire, tandis que les autres, matures, fraient dans ses parties élevées, à la tête du bassin. Ceci conduit à distinguer parmi les Saumons de tout bassin hydrographique deux sortes de migrateurs pour chacune des catégories, et surtout pour celles à longue durée de séjour: les récents, qui viennent de quitter le milieu thalassique et de pénétrer dans le milieu potamique; et les anciens, dont la date de pénétration est plus reculée.

§ 4. — Le Cycle migrateur du Saumon dans notre pays.

La course migratrice du Saumon forme, dans nos eaux, un circuit complet et un cycle fermé. L'individu éclôt en rivière, sur les frayères où ses géniteurs ont déposé leurs œufs; il passe auprès de ces frayères une période d'alevinage, d'une durée habituelle de deux années; puis il descend à la mer, où il effectue sa vie de croissance; après quoi il retourne en eau douce, pond dans les régions à frayères, et redescend à la mer en cas de survie. Tel est le cycle ordinaire et réel, bien différent de celui que l'on admet d'habitude, en accordant une importance prépondérante aux retours accidentels de quelques individus, et en croyant à la périodicité régulière d'un va-et-vient établi de la mer aux frayères et des frayères à la mer. Ce cycle migrateur principal doit, pour sa compréhension, être envisagé de plusieurs manières: d'abord en lui-même et dans ses caractères fondamentaux; ensuite dans ses particularités, selon les individus, selon sa façon d'être dans le temps et dans l'espace pour un même bassin hydrographique, enfin selon ses diverses dispositions de bassin à bassin.

I. **Le Cycle migrateur principal et ses caractères fondamentaux.** — Le cycle entier comprend deux parties: l'une potamique ou d'eau douce, l'autre thalassique ou marine. Cette dernière est exclusivement consacrée à la croissance prépondérante de l'organisme. La première, par contre, se subdivise en deux parties complémentaires: l'une juvénile ou de l'alevin, consécutive à l'éclosion sur les frayères; l'autre reproductrice, ou de l'être apte à frayer, et consécutive à un séjour préalable en mer, sauf pour quelques alevins mâles attardés en eau douce. Chacune de ces trois périodes vitales de l'organisme se lie à un milieu déterminé et, dans l'état présent de nos connaissances, ne paraît pas pouvoir s'exclure de cette obligation. Le cycle migrateur est représenté par la série des déplacements que l'individu, passant d'une période à une autre, doit effectuer pour passer aussi d'un milieu à l'autre. Ces déplacements consistent en descentes,

Fig. 11. — *Écailles de Charreyards mâles.* — À droite, écaille d'un *grand Saumon d'hiver* mesurant 94 centimètres de longueur totale, répondant à la formule $p + 3Ti$. — À gauche, écaille d'un *petit Saumon de printemps* mesurant 81 centimètres de longueur totale, répondant à la formule $p + 2Ti$. — Grossissement : 10 1. — Voir dans le texte, p. 26.

ou trajets dirigés de l'eau douce à la mer, et en montées, ou trajets dirigés de la mer à l'eau douce.

1° *Première vie potamique (Alevin).* — La vie potamique juvénile ou de l'alevin a, dans les eaux douces françaises, une durée habituelle de deux ans, ou plus exactement de vingt-cinq à vingt-six mois. L'éclosion des œufs ayant lieu ordinairement en février et mars pour des pontes faites en décembre-janvier, les alevins restent en eau douce, dans la région des frayères, pendant toute l'année correspondante, puis toute l'année suivante; ils commencent ensuite leur troisième année par descendre à la mer en avril-mai. Cette période entière, depuis l'éclosion, embrasse donc une durée continue de vingt-cinq à vingt-six mois. Une minorité, pourtant, anticipe ou retarde sur ce délai; les plus précoces descendant après treize ou quatorze mois de vie potamique. les plus tardifs après trente-sept ou trente-huit mois. Ceux-ci, en France, sont moins communs que ceux-là. Les alevins de descente sont désignés, selon les localités, par les noms de Tacons, de Tocans, et de Glizik pour la Bretagne.

La descente principale, dans l'existence du Saumon, est celle du Tacon allant à la mer. Tous les individus normalement l'effectuent, et ils y procèdent en pleine vigueur vitale. Ils descendent par bandes depuis les régions élevées des frayères, et parviennent progressivement à l'estuaire. Ils suivent alors le flux et le reflux pendant un petit nombre de marées, puis vont en mer et disparaissent. La descente, dans la plupart de nos bassins, s'espace sur une durée de trois à six semaines; le gros des passages a lieu en avril. D'habitude, les premières troupes comprennent des individus plus petits que les autres.

2° *Vie thalassique (Croissance principale)*. — La vie thalassique succède immédiatement, sans intermédiaire, à la vie potamique juvénile. Elle se caractérise essentiellement par une croissance poussée à l'excès. L'alevin, pendant sa période potamique de deux années, n'atteint finalement qu'un poids de 40 à 50 grammes, celui du Tacon à sa descente : soit un accroissement annuel moyen de 20 à 25 grammes. Par contre, l'individu qui remonte après une année de vie thalassique pèse 2 à 3 kilogrammes; celui de deux étés, 5 à 7 kilogrammes; celui de trois étés, 8 à 12 kilogrammes; celui de quatre étés, 12 à 15 kilogrammes. Le taux d'accroissement annuel moyen peut donc s'évaluer, en mer, à 3 ou 4 kilogrammes, soit plus du centuple de ce qu'il est en eau douce.

On ne possède aucune connaissance directe sur l'habitat des Saumons dans les eaux marines françaises. Les rares individus accidentellement pêchés en mer l'ont été au voisinage des embouchures et au moment de pénétrer dans l'estuaire; ils ne peuvent donc fournir aucun renseignement précis. Il est pourtant loisible d'avoir sur ce point quelques aperçus, en les basant sur des indications de diverses sortes, les unes négatives, d'autres positives. Les premières se ramènent à ce fait que les engins de pêche, quels qu'ils soient, traînants ou flottants, fixes ou mobiles, avec ou sans appâts, malgré leur nombre et leur puissance, ne capturent jamais de Saumons en mer, bien que des prises d'autres espèces peu répandues aient lieu parfois à titre exceptionnel. On peut donc admettre, d'après cela, que les Saumons se tiennent hors des zones battues par ces engins, et, par conséquent, que leur habitat se trouve en pleine eau, au-dessus du fond, vers les confins du plateau continental, ou au delà de ces limites. Cette appréciation est corroborée par un argument positif tiré de l'état de la pigmentation chez les individus récemment arrivés de la mer. On voit, dans leur livrée, une teinte uniforme bleu-verdâtre foncé couvrir la face dorsale du corps, alors que les flancs et le ventre se font remarquer par une atténuation très sensible et même par le défaut de tout dépôt pigmentaire. Or il en est ainsi chez la plupart des poissons bathypélagiques fort nageurs, les grands Scombridés par exemple, qui poursuivent leurs proies en pleine eau. Si l'on ajoute à ce fait celui de l'évident phototropisme négatif que montrent les Saumons dans leurs séjours en rivière, on en vient à présumer que ces poissons, en mer, sont des bathypélagiques de profondeurs moyennes, menant dans leur milieu une existence comparable à celle des Truites des lacs dans leur habitat. Ils se tiendraient loin au large, et en pleine eau, non pas au voisinage des côtes, ni auprès du fond, et ne fréquenteraient nos eaux littorales que pour les traverser dans leurs migrations. Leur vie de croissance thalassique se passerait en haute mer.

3° *Deuxième vie potamique (Reproduction)*. — Cette croissance s'interrompt lors du retour en eau douce et de la reproduction. L'opposition est formelle chez le Saumon entre l'accroissement somatique et la genèse sexuelle. Non seulement le premier cesse de s'accomplir, mais encore les matériaux de réserve élaborés à sa faveur passent alors aux appareils de la seconde. De plus, l'individu quitte les eaux marines, et revient aux eaux douces pour son voyage de montée.

Le reproducteur, pendant le séjour en eau douce, subit dans son milieu intérieur les modifications connues, que nombre d'auteurs, depuis les travaux de Miescher-Ruysch (1881), ont signalées à plusieurs reprises. Ces phénomènes sont ceux du métabolisme lié à l'élaboration sexuelle et à l'utilisation par les glandes reproductrices des matériaux de réserve accumulés dans le corps. L'alimentation en eaux douces est insignifiante et exceptionnelle; l'estomac est habituellement vide, les parois digestives sont en partie dégénérescentes. Certaines pratiques de pêche montrent que le Saumon, au début de son retour, réagit encore à la vue d'une proie et peut mordre à des appâts; mais ces réactions sont peu fréquentes, et les autopsies révèlent habituellement que l'estomac est vide, sans aliments, ou renferme en petite quantité des débris quelconques, non digérés, parfois végétaux. L'unique travail d'assimilation est celui des réserves nutritives accumulées pendant la croissance thalassique; l'organisme les dépense dans la montée pour la genèse sexuelle.

Cette genèse, comme on l'a vu ci-dessus, est lente. Le séjour en rivière qui lui correspond nécessite un laps de temps compris, selon les individus, entre quatre ou cinq mois et quinze ou seize mois, si l'on tient compte de la phase préliminaire de préparation et de la phase complémentaire de descente après la ponte. Les individus, pendant qu'elle s'effectue, et surtout vers la fin, perdent leur livrée brillante; leurs couleurs ternissent, des taches de pigmentation roussâtre se montrent sur leur corps; leur museau s'hypertrophie à divers degrés; leurs écailles s'éraillent sur les bords. Ces transformations s'accentuent principalement pendant la saison d'automne, qui est uniformément, pour tous les Saumons établis en rivière, celle de la maturation sexuelle; elles leur donnent un aspect fort différent de celui qu'ils avaient aux premières époques de leur montée. La fraie, chez tous, a également une date uniforme; elle a lieu, dans nos rivières, vers la fin de l'automne et le début de l'hiver, surtout en décembre.

Les frayères, dans nos bassins hydrographiques et quelle que soit leur étendue, sont situées pour la plupart dans les parties élevées de ces derniers et auprès de leur tête, souvent dans des rivières assez étroites ou même de petits ruisseaux, toujours en eau courante, non point en eau stagnante, ni dans les régions élargies et basses du fleuve ou de ses affluents. Le migrateur, dans sa montée, est donc obligé de parcourir le bassin presque entier pour parvenir de l'estuaire aux frayères. La longueur de ce trajet varie grandement d'un bassin à l'autre. Son minimum, dans notre pays, est offert par les petits fleuves côtiers de la Bretagne et du littoral de la Manche, où, chez certains, plusieurs frayères sont placées seulement à 25 ou 30 kilomètres de l'embouchure. Son maximum est présenté par la Loire, et par son affluent supérieur l'Allier, où cette distance atteint 700 à 800 kilomètres.

La fraie accomplie, les œufs étant pondus et fécondés, le cycle migrateur principal se trouve fermé, ayant commencé sur les frayères par l'éclosion d'une ponte pour s'y terminer par le dépôt d'une ponte nouvelle. Les reproducteurs épuisés redescendent le courant, mi-actifs, mi-passifs. Il est difficile actuellement, dans notre pays, à cause du faible nombre des migrateurs, de savoir ce que la plupart deviennent, et s'ils périssent souvent au long de ce trajet de retour ainsi qu'il en est ailleurs. Mais si l'on en juge d'après le fait que la majorité des reproducteurs de chaque année est vierge, on est conduit à conclure que la survie est rare, et que les Charognards périssent soit dans la rivière, soit dans la mer après le retour, sans espoir de participer ultérieurement, sauf pour une minorité plus résistante ou plus favorisée, aux pontes futures.

II. **Caractères particuliers du cycle migrateur.** — Les dispositions fondamentales et habituelles de ce cycle comportent plusieurs variantes, selon les individus, ou les régions d'un même bassin, ou les bassins eux-mêmes: d'où une assez grande diversité dans ce qui, sans elles, serait assez uniforme et ne prêterait à aucune ambiguïté.

1° *Différences des migrateurs de montée.* — Si la majorité des individus s'accorde sensiblement quant à l'âge de la descente juvénile (Tacon), à la date de cette descente et à celle de la fraie qui termine l'acte de la montée, elle offre en revanche des divergences accentuées sur les âges des reproducteurs. Il y a chez le Saumon une fréquente protandrie : les mâles sont capables plus tôt que les femelles de subir leur élaboration sexuelle, de devenir matures, et de participer effectivement à la fécondation. La capacité d'élaboration peut se présenter, chez les mâles, dès l'âge épidosique d'un été de principale croissance, c'est-à-dire après une année de vie thalassique ou plus exactement quatorze à seize mois; alors que les femelles les plus précoces, sauf de rares exceptions, ont deux étés complets. Ces mâles hâtifs sont les Madeleineaux, qui entrent en rivière au cours du deuxième été de principale croissance,

Cette différence d'âge entre sexes, parmi les migrateurs de montée, n'est pas la seule. Il est remarquable, en effet, de constater que la montée du cycle fondamental, celle de la première fraie, souvent unique, appelle des individus de plusieurs âges parmi les mâles comme parmi les femelles, pour les conduire tous également sur les mêmes frayères à l'époque de la ponte. Ces individus d'âges différents, pris ainsi à différentes époques de leur croissance thalassique, montrent forcément entre eux, quant aux dimensions et au poids selon le nombre de leurs étés, des contrastes notables. Une telle diversité donne à la migration du Saumon l'une de ses particularités les plus importantes.

C'est elle qui réunit pour la ponte des reproducteurs dissemblables, au lieu de les convoquer successivement par similaires, comme il en serait si la possibilité de montée se manifestait au même âge chez tous.

Pourtant une certaine ordonnance se laisse discerner dans cette diversité. On observe avec régularité que la date de pénétration en rivière, ou du début de la montée, est d'autant plus précoce que l'âge est plus avancé. Les individus les plus âgés, plus grands et plus forts que les autres, entrent en eau douce dès l'achèvement de la période correspondante de principale croissance, et par conséquent vers la fin de l'automne ou en hiver. Les individus d'âge moindre attendent de se trouver dans la période de croissance ralentie pour effectuer leur entrée vers la fin de l'hiver, le printemps et

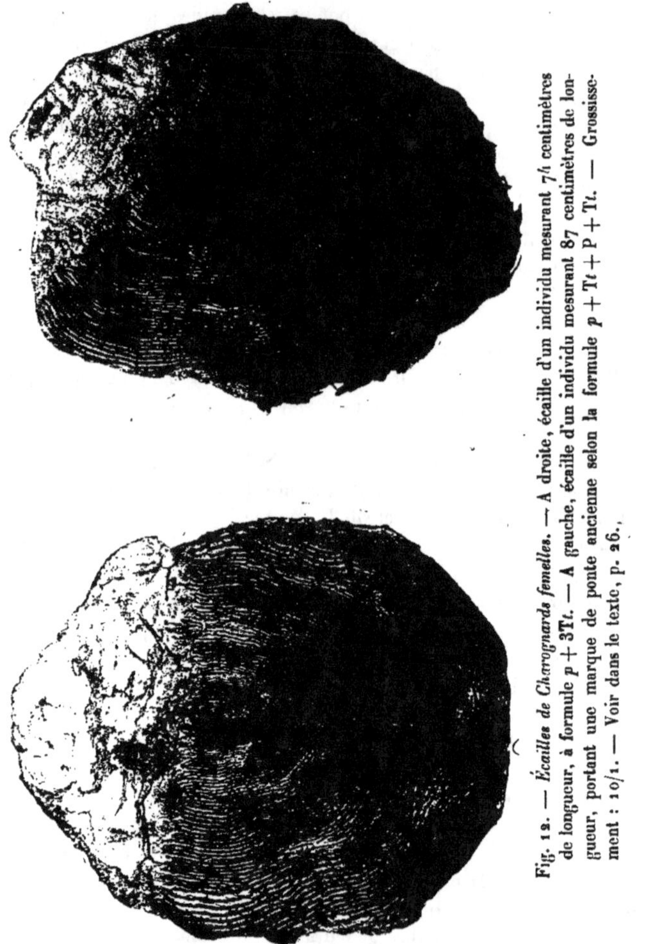

Fig. 12. — *Écailles de Charognards femelles.* — A droite, écaille d'un individu mesurant 74 centimètres de longueur, à formule $p + 3Tt$. — A gauche, écaille d'un individu mesurant 87 centimètres de longueur, portant une marque de ponte ancienne selon la formule $p + Tt + P + Tt$. — Grossissement : 10/1. — Voir dans le texte, p. 26.

même l'été. Quant aux reproducteurs les plus jeunes, qui sont les Madeleineaux, on sait qu'ils dépassent cette dernière période au moment de leur introduction en rivière, et qu'ils commencent à empiéter sur la période suivante de principale croissance. Cette double liaison des dates d'entrée, avec l'âge d'une part, et d'autre part avec l'état de la croissance, mérite d'être retenue, car elle permet de pressentir, comme on le verra dans le chapitre deuxième, les causes biologiques possibles de cette diversité.

2° *Migrateurs à montées complémentaires.* — Une nouvelle variante entre individus est celle qui tient à la survie d'une minorité d'entre eux après la fraie, et à son retour ultérieur pour une autre ponte. Ce phénomène complémentaire peut se présenter chez tous ceux qui participent à l'acte reproducteur, quel que soit leur âge : d'où nouvelle raison de variation. Il est sujet à récidives, mais à titre très exceptionnel, sans paraître pouvoir dépasser le chiffre de deux montées complémentaires, donnant avec la première montée fondamentale un total de trois fraies avec intervalles souvent bisannuels.

Aucune observation directe effectuée en France lorsque l'abondance des Saumons eût permis des recherches sur ce sujet ne permet de confirmer ni d'infirmer l'opinion relative au retour des individus à montées complémentaires dans la rivière de leur première fraie fondamentale. Les constatations faites à l'étranger montrent que ce rappel est fréquent, et rien ne prouve qu'il n'en soit pas de même dans nos cours d'eau. Quant au phénomène similaire parfois invoqué à l'égard du Tacon, et de son retour à sa rivière natale comme reproducteur, les statistiques d'individus marqués sont moins probantes, et dénotent qu'il se produit un assez grand espacement en mer pour que la plupart des montées ultérieures soient réparties entre plusieurs bassins contigus.

3° *Diversité des régions à Saumons d'un même bassin.* — La diversité des âges et des époques d'entrée entraîne une diversité corrélative, selon les saisons, entre les régions d'un même bassin hydrographique. L'interruption d'entrée manifestée en France au plus fort de l'été établit en cela une base dont on peut partir. Lorsqu'elle cesse, à l'époque des crues d'automne, la montée reprend, et n'appelle que des grands migrateurs. Aussi, en cette saison (seconde moitié de l'automne), le bassin contient-il dans ses parties basses ces individus récents qui sont tous des grands reproducteurs immatures, et, dans ses parties élevées, des individus anciens de plusieurs âges qui sont tous en état de maturation sexuelle et prêts à frayer. Il en est de même à l'époque de la ponte (fin de l'automne et début de l'hiver); les parties basses voisines de l'estuaire possèdent de grands reproducteurs immatures qui viennent d'entrer, et les parties élevées contiennent des reproducteurs anciens matures de tout âge, occupés à frayer.

Après la ponte, en hiver, les grands reproducteurs immatures étendent leur habitat, grâce à la progression des plus précoces d'entre eux, jusqu'aux parties moyennes du bassin. Ils y croisent leur passage avec les anciens reproducteurs de tout âge qui viennent de frayer, et qui, devenus Charognards, descendent plus ou moins aisément à la mer. Plus tard, au printemps, la zone d'habitat des immatures gagne de plus en plus vers le haut. Ces individus, dans leurs extension, croisent à leur tour les Tacons qui, effectuant leur descente à la mer, parcourent le bassin en sens inverse. Puis, vers la fin du printemps et le début de l'été, jusqu'à l'époque des eaux basses et chaudes, les reproducteurs de montée, restés seuls, procèdent à leur élaboration sexuelle, tout en augmentant en nombre grâce à l'entrée successive de reproducteurs nouveaux et, pour terminer, à celle des Madeleineaux.

Tous ces migrateurs remontent le courant à la file soit isolément, soit par groupes, en respectant plus ou moins, selon les circonstances, leur ordre d'entrée dans l'estuaire. Loin d'accomplir leur voyage d'une traite, ils font des pauses fréquentes, souvent longues, en s'abritant sous des couverts ou dans des régions profondes. Leurs courses ont principalement lieu pendant les crues, ou plutôt pendant la période déclinante de ces dernières, lorsque les eaux, encore hautes, sont redevenues claires. C'est après les premières crues d'automne qu'ils terminent le trajet, et qu'ils parviennent sur les frayères. Leurs pauses, dans la montée entière, ne consistent pas seulement en arrêts; elles comportent parfois des retours passagers pendant les basses eaux et des descentes partielles; après quoi, la nage reprend vers l'amont.

Telle est, à mon avis, autant qu'il m'a été possible d'en juger, la cause d'un contraste souvent signalé entre les grands bassins hydrographiques et les bassins plus restreints des petits fleuves côtiers. On a observé que les reproducteurs qui entrent dans ces derniers en automne sont en état de maturation sexuelle et peuvent frayer bientôt, alors que leurs similaires des grands bassins sont encore immatures. Ceci tient au fait que ces reproducteurs des petits bassins ne viendraient pas de la mer, mais de l'estuaire; ils ne sont pas des migrateurs récents, mais bien des migrateurs anciens qui ont effectué, à l'époque des basses eaux, une descente partielle jusqu'à l'estuaire afin d'y trouver des profondeurs plus grandes. Cette descente est aisée, car la distance est faible, alors qu'une descente semblable dans un grand bassin ne pourrait avoir lieu.

4° *L'interruption estivale de la montée.* — Une autre disposition différentielle entre les divers bassins est due à l'interruption estivale des montées, qui dépend à son tour de la situation géographique et du régime fluvial. Cette interruption équivaut, comme on l'a vu plus haut, à un défaut d'entrée en rivière pendant le fort de la saison chaude, lorsque les eaux conduites à la mer par le fleuve sont tièdes et peu abondantes. Elle constitue un phénomène presque général. C'est sa durée qui varie. Cette interruption cesse, et la montée commence à l'époque des premières crues d'automne; si ces crues sont hâtives, l'interruption finit précocement; si elles sont tardives, l'interruption se prolonge. — Au sujet de la situation géographique, la montée s'arrête, et l'interruption débute d'autant plus tôt que le bassin considéré est plus méridional. Dans l'Adour, les Madeleineaux, qui représentent les derniers migrateurs pénétrant en rivière, cessent ordinairement de paraître en juillet. Plus au Nord, et jusqu'à la Bretagne, on en voit encore vers le début d'août; leur accession en rivière continue jusqu'à la fin d'août, ou même le début de septembre sur le littoral de la Manche. L'interruption devient ainsi de plus en plus brève, et diminue progressivement du Sud au Nord, en passant peu à peu à la condition des bassins plus septentrionaux de la Hollande et de l'Angleterre, où elle n'existe pas à vrai dire, où les Madeleineaux et les Saumons de poids moyen dits Saumons d'été arrivent jusqu'en septembre tout en diminuant en nombre, et jusqu'à l'époque d'apparition des gros Saumons immatures. La pénétration du Saumon en rivière s'effectue sans arrêt notable dans ces pays pendant l'année entière, tout en marquant une diminution sensible pendant la période d'été.

L'interruption estivale donne à la migration du Saumon dans les eaux françaises un caractère particulier et un rythme catégorique, qu'elle n'a pas ailleurs, ou qui s'y trouvent moins prononcés. Les différences sont ici plus nettes, mieux tranchées, et la compréhension du phénomène entier s'en trouve facilitée.

CHAPITRE II.

LA BIOLOGIE DES SAUMONS MIGRATEURS.

§ 1. — MISE AU POINT PRÉLIMINAIRE.

I. Opinions diverses sur la biologie migratrice du Saumon. — Le premier chapitre de ce travail ayant été consacré à l'examen des principales particularités morphologiques des Saumons migrateurs, il convient d'envisager maintenant les particularités biologiques. Si les individus appelés à effectuer la migration diffèrent entre eux, en effet, par certaines dispositions d'ordre morphologique dont la comparaison a permis d'aboutir à des notions d'ensemble, de même leurs manifestations biologiques présentent aussi des dissemblances dont on pourra se servir comparativement pour évaluer à son tour le caractère de la biologie migratrice. Tel est l'objet du présent chapitre.

Le phénomène apparent de cette biologie est connu. On sait que le Saumon quitte la mer, s'introduit en rivière, remonte les courants sur une longueur variable, parfois considérable, et termine habituellement sa course dans les affluents les plus élevés du bassin, où il établit ses frayères pour pondre, souvent sous une faible épaisseur d'eau. Il accomplit donc, pour en aboutir à la ponte, un voyage difficile et dangereux dont il serait dispensé s'il se reproduisait dans la mer elle-même qu'il habite au moment de commencer son incursion continentale. Quel est donc le motif qui l'entraîne, et quelle est la valeur biologique réelle, essentielle d'un tel déplacement? De tous les migrateurs potamotoques de notre pays, il est celui qui remonte le plus loin et qui séjourne le plus longtemps en eau douce. Aussi est-ce à son égard surtout que l'on a proposé, dans un désir d'explication, les raisons les plus nombreuses.

Le plus souvent, on attribue la cause de cette course à un instinct reproducteur spécial, qui conduirait les géniteurs à rechercher, pour pondre, des lieux favorables à l'éclosion et au développement de leurs descendants. Comme ces circonstances, chez le Saumon, ne se trouveraient qu'en eau douce, il en résulte que les individus aptes à reproduire délaissent la mer pour pénétrer dans les rivières, et pour mettre ainsi leurs descendants dans la situation la plus convenable à leur gré. Cette explication, à son tour, comporte parfois certains compléments. Ainsi le Tacon, ou alevin de descente, qui va à la mer afin d'effectuer sa vie de croissance, garderait la mémoire du chemin parcouru par lui, et, devenu reproducteur, n'aurait qu'à reprendre celui-ci en sens inverse pour revenir aux frayères d'où il était parti.

L'adaptation et la sélection ont été également invoquées. La migration reproductrice peut s'envisager, en effet, comme représentant un début d'adaptation à la vie potamique, et le Saumon comme un intermédiaire entre les formes marines et les formes d'eau douce de la famille. La ponte en rivière étant la plus avantageuse, semble-t-il, la sélection serait intervenue pour établir et pour conserver une espèce chez laquelle ce procédé de reproduction se trouverait employé désormais avec constance.

Or ces tentatives d'explication se heurtent à des objections catégoriques, les unes d'ordre général, les autres de cas spécial. Il faut remarquer d'abord que le terme « instinct » n'a pas un sens biologique défini. Psychologiquement, il exprimerait un état neuro-fonctionnel inconnu et lié à l'accomplissement d'actes non raisonnés; biologiquement, il doit, pour aboutir à ses fins, se prêter à des circonstances extérieures et intérieures indépendantes de lui. Or ce sont elles que la biologie a précisément pour objet de rechercher comme d'évaluer. L'instinct ne se suffit pas à lui-même; il lui faut, pour aboutir, avoir l'aide nécessaire des conditions de milieu. Aussi l'étude scientifique, loin de se contenter d'invoquer la possibilité d'un instinct sans pousser davantage, est-elle astreinte à porter son investigation du côté de ces dernières. Du reste, qu'il s'agisse d'instinct, de mémoire individuelle ou de mémoire héréditaire, d'adaptation et de sélection, ce sont là, en pareil cas, des vues de l'esprit qui ne se basent sur aucune constatation concrète ni méthodique, et n'expriment nullement des notions de causalité.

Les objections spéciales portent sur les particularités mêmes de l'acte migrateur. Non seulement on ne comprend pas comment un Saumon, installé jusque-là en haute mer, se dirigerait vers l'embouchure d'un fleuve, guidé seulement par un instinct prévoyant qui dépasserait le présent sensible pour envisager l'avenir de descendants non encore engendrés; mais encore on ne comprend pas davantage comment cet individu parviendrait à trouver sa voie dans la masse des eaux marines, si rien autre que cet instinct ne constituait chez lui l'agent directeur. On ne saisit pas mieux comment cet instinct ferait un choix parmi les bassins, et parmi les affluents de chaque bassin, pour entraîner avec constance les reproducteurs dans un certain nombre de cours d'eau, toujours les mêmes, et pour délaisser les autres qui paraissent pourtant tout aussi propres à la ponte comme à l'existence des alevins.

II. **Méthode suivie et division du sujet.** — La seule méthode scientifique et capable d'élucider ce qui peut l'être dans cette biologie migratrice est celle de l'Océanographie et de la Limnologie. Elle consiste à établir le relevé des conditions offertes par les milieux extérieurs, à en suivre les variations corrélativement à celles de l'état des individus, à les comparer mutuellement; et, par élimination, à retenir seulement les dispositions maîtresses, c'est-à-dire celles que leur constante liaison au phénomène migrateur autorise à considérer comme prépondérantes. La règle logique va de ce côté, non ailleurs.

C'est en me conformant à cette méthode que j'ai effectué mes recherches, dont plusieurs résultats ont été publiés par moi voici quelques années; les premières datent de 1912. Elles font ressortir l'importance, quant à la fonction migratrice, du taux d'oxygénation du milieu aquatique, c'est-à-dire de la proportion variable de l'oxygène dissous dans les eaux que parcourent les Saumons. Ce taux diffère de la mer aux eaux douces et, parmi ces dernières, diffère en outre selon les estuaires, les affluents, les localités, les saisons; or la migration se révèle toujours comme dirigée différentiellement vers les eaux qui, au moment même, ont le taux d'oxygénation le plus élevé. Elle prend ainsi le caractère non point de l'assouvissement d'un instinct dont la cause déterminante résiderait dans l'organisme seul, mais de la réalisation d'un tropisme dont la raison immédiate remonterait à la nécessité d'une respiration plus active. Le déterminisme migrateur ne serait pas strictement psychologique ni instinctif, mais biologique et d'ordre respiratoire. La manière dont on doit envisager la migration en elle-même, comme dans ses conséquences, se trouve donc par là retournée de façon complète, puisque le milieu intérieur n'est plus seul en cause, et puisque l'action immédiate du milieu extérieur possède un rôle directeur prédominant,

Les paragraphes suivants de ce chapitre sont consacrés à l'exposé de ces recherches. Le premier traite de l'influence du taux d'oxygénation sur l'entrée en rivière, et le second de l'influence correspondante sur la montée vers les lieux de ponte ; dans celui-là, le choix qui exclut certains bassins et adopte certains autres pour la pénétration en eau douce se trouve considéré ; de même, dans celui-ci, le choix d'affluents déterminés, le refus des autres, et la raison de la localisation habituelle des frayères auprès de la tête des bassins, se trouvent envisagés. Le paragraphe suivant est destiné à noter les emplacements actuels de la plupart des frayères dans notre pays. Ensuite la question de l'absence du Saumon dans les bassins du versant méditerranéen se trouve considérée et discutée. Enfin, pour terminer après ces notions premières servant de base, le dernier paragraphe étudie la biologie migratrice du Saumon, prise dans son ensemble comme dans sa nature fondamentale, et le déterminisme migrateur.

§ 2. — L'influence du taux d'oxygénation sur l'entrée en rivière.

I. **Euryhalinité du Saumon.** — Deux points, tout d'abord, sont à considérer sur ce sujet. Le premier est la remarquable différence établie entre des bassins peu éloignés, parfois contigus, au sujet de la présence habituelle des Saumons, les uns étant annuellement parcourus par des migrateurs et portant des frayères d'où descendent des Tacons, les autres étant déserts à cet égard, n'ayant ni montées régulières de reproducteurs, ni frayères, ni descentes d'alevins. Ainsi, en Bretagne, à titre d'exemple, la Laïta et la Vilaine, dont l'une appartient à la première catégorie, l'autre à la seconde. Ainsi encore, à l'égard de bassins plus petits, l'Aven et le Loc.

Le second point est celui de l'euryhalinité complète du Saumon. Les observations et les pratiques de la pêche dans les estuaires ou à leurs abords immédiats s'accordent sur ce fait : le Saumon venant des eaux marines pénètre d'emblée dans les eaux douces, et pousse droit devant lui sans éprouver aucune gêne du changement de milieu, ni ressentir aucun besoin d'une acclimatation préalable. Il est entièrement euryhalin, et la dissemblance des eaux à l'égard de la salinité ne l'affecte en rien. C'est même un phénomène physiologique remarquable, que de constater une telle indifférence à ce propos, soit du point de vue de la nutrition générale, soit de celui de l'osmose respiratoire au niveau des branchies.

Cette indifférence, qui est à divers degrés celle des autres migrateurs potamotoques, n'appartient point, du reste, dans le genre *Salmo*, au Saumon seul ; la Truite de mer (*Salmo fario Trutta* L.) en offre un autre exemple. Les expériences de Murisier (1918) montrent qu'il en est de même pour la Truite ordinaire (*Salmo fario* L.), malgré son adaption parfaite à la vie en eau douce. Ces expériences, en raison de leur importance pour comprendre la facilité du Saumon à changer de milieu, méritent ici d'être relatées : « Deux truitelles sœurs âgées de 8 mois, atteignant une taille de 6 centimètres, sont placées chacune dans un aquarium contenant trois litres d'eau. L'une, témoin, reste en eau douce ; l'autre supporte au 60e jour une salure de 21 p. 1000, sans présenter aucune réaction appréciable, même au bout de 10 jours. Pendant les 30 jours suivants, elle passe brusquement toutes les 24 heures de l'eau de mer à l'eau douce, et de l'eau douce à l'eau salée à 21 p. 1000. Indifférence complète. Du 100e au 128e jour, à chaque passage de l'eau douce à l'eau salée, la teneur de celle-ci en sel est augmentée de 1 p. 1000; la bête finit par passer sans transition de l'eau douce à l'eau salée à 35 p. 1000, et *vice versa*, sans manifester autre chose qu'un trouble passager d'équilibre dû à la différence de densité de liquide. Toujours très vorace pendant les 24 heures passées en milieu salin, elle refuse durant les derniers jours de manger en eau douce. Enfin cette Truite est... établie depuis 10 jours dans l'eau de mer artificielle à 35 p. 1000, menant une vie parfaitement normale, ayant doublé de taille pendant la durée de l'expérience. tandis que le témoin en eau douce, nourri à sa faim, n'a augmenté que de trois centimètres pendant le même temps. Il n'a donc pas fallu cinq mois pour que cette Truite de lac, descendant d'innombrables générations d'eau douce, s'acclimate à une salure égale à celle de l'Atlantique, la plus forte dans la nature que la Truite de mer semble affronter. »

II. **Diversité des cours d'eau au sujet de la migration.** —- Les migrateurs, en leur qualité d'êtres euryhalins, se présentent donc aux embouchures des fleuves et pénètrent dans les estuaires sans avoir à tenir compte de l'abaissement du taux de la salinité. Mais ils n'entrent pas indifféremment à tout instant, et la marée joue en cela un rôle. Les fleuves fréquentés par les Saumons appartiennent tous au versant Atlantique; leurs estuaires sont soumis aux alternatives du flux et du reflux. Pendant le flux, ces estuaires s'emplissent, et le flot les remonte, le courant se dirigeant vers l'amont ou le haut du fleuve. Pendant le reflux, ils se vident partiellement, et le jusant les descend, le courant se dirigeant vers l'aval ou vers la mer. Au moment du flot, et surtout pendant sa seconde moitié, les estuaires gonflés constituent autant de bras de mer s'avançant dans les terres, où les Saumons venus du large s'introduisent aisément. Mais la véritable montée, c'est-à-dire le début de l'élan qui va pousser l'individu dans le fleuve lui-même, n'a guère lieu qu'ensuite, au moment du jusant. Le courant, après l'étale du plein, se renverse alors pour descendre à la mer. Les Saumons ne se laissent pas entraîner à l'océan par les eaux de retour, du moins dans les estuaires qui leur offrent des conditions favorables; ils se redressent à contre-courant, puis, progressant toujours de cette façon, gagnent les parties amont de l'estuaire, et s'engagent finalement dans les zones fluviales. Aussi, bien que l'approche préliminaire puisse s'effectuer à tout instant, l'entrée véritable, efficiente, suivie de la montée en eau douce, a-t-elle lieu pendant le reflux chez la plupart des individus.

Cette donnée permet d'aborder l'examen de la question relative à l'adoption constante de certains bassins fluviaux, et à l'exclusion de certains autres, en évaluant différentiellement les conditions de milieux offertes par les estuaires quant à l'entrée des Saumons. Ces conditions sont de deux ordres : les unes tiennent au lit, les autres à l'eau. Les premières portent sur la largeur, la facilité d'accès, la profondeur, la nature du fond, qui varient d'un estuaire à l'autre, et dont on pourrait présumer que certaines qualités facilitent et que d'autres empêchent la pénétration des migrateurs. Il est aisé de se rendre compte pourtant que ces différences, quelle que soit leur importance, ne sauraient exercer sur ce phénomène une influence majeure, puisque les Saumons se tiennent en pleine eau, ne contractent avec le fond ni avec les berges aucune attache, et que, dans le fort de la marée, la profondeur d'eau est plus que suffisante presque partout pour permettre au poisson d'évoluer à son gré. De fait, à l'égard de ce dernier, ces différences sont annulées, ou presque. Aussi voit-on les Saumons s'introduire tout aussi bien dans des estuaires étroits, et même fermés par une barre aux basses eaux comme le sont plusieurs des petits fleuves bretons, que dans les vastes estuaires de la Loire, de la Gironde ou de l'Adour.

Les qualités différentielles de l'eau montrent un plus grand choix, tout en offrant ce caractère commun d'être propres aux eaux douces, car, par rapport à elles, l'eau de mer possède une plus grande uniformité. Elles sont dues au mélange de celles-là avec celles-ci, ce mélange pouvant différer d'un estuaire à l'autre, et la cause devant en être cherchée dans l'eau douce elle-même prise dans la région fluviale où l'union s'accomplit, c'est-à-dire dans la partie amont de l'estuaire. Les principales différences portent sur les courants et leur vitesse, sur le cube d'eau entraîné par eux, sur la température, sur les matières tenues en suspension, sur les sels tenus en dissolution, sur les pollutions accidentelles de nature variable, enfin sur le taux d'oxygénation ou proportion d'oxygène dissous.

Il suffit de faire l'énoncé de ces dissemblances et de se rappeler que les migrateurs pénètrent pendant l'année presque entière dans des estuaires dont chacun offre, sur la plupart de ces points, des variations notables, pour se rendre compte qu'il est difficile de leur accorder une influence prépondérante dans la présente question. Sauf en des cas excessifs et souvent passagers, où la température et la nature des matières en suspension ou en dissolution peuvent avoir un rôle, les circonstances normales et habituelles, dans l'ensemble des bassins fluviaux, s'accommodent de ces différences en ce qui concerne l'entrée des Saumons. Sans doute, certaines d'entre elles la facilitent plus, et d'autres moins; mais ces alternatives vont rarement, dans ce dernier cas, jusqu'à l'exclusion complète et permanente.

Il n'en est pas de même pour le taux d'oxygénation.

L'oxygène dissous dans l'eau d'une rivière prend son origine principale dans l'air atmosphérique, car l'apport fourni par la végétation chlorophyllienne, apport saisonnier du reste, n'est pas aussi grand dans son cas que dans celui d'un étang ou d'un lac. La dissolution s'effectue au niveau des surfaces de contact, jusqu'à une limite de saturation variable selon la température et la pression atmosphérique; elle est facilitée par le renouvellement rapide de ces surfaces, comme par le battage dans les chutes. La limite de saturation peut même être dépassée, au moins temporairement, grâce au phénomène de la sursaturation. Inversement, les réductions des matières organiques en suspension diminuent la proportion d'oxygène dissous. Il en résulte que des bassins fluviaux, parfois contigus, diffèrent notablement des uns aux autres quant à leur taux d'oxygénation, et diffèrent avec constance, toutes autres conditions étant semblables, car la cause de ces différences est imputable à la topographie même de la rivière, selon que l'état du courant permet à l'eau d'approcher ou non de la limite de saturation pour une température donnée, ou même de l'atteindre et de la dépasser. Comme on le verra plus loin, ces différences sont sensibles et suffisantes pour agir sur la respiration des animaux aquatiques, en donnant au milieu, sur ce sujet, des capacités fort variées.

D'autre part, les estuaires s'emplissant d'un mélange d'eaux douces et d'eaux marines, le taux d'oxygénation diffère de celles-ci à celles-là. Dans l'ensemble, le coefficient de solubilité est plus élevé pour les eaux douces, non salines, que pour l'eau chlorurée de la mer, à conditions égales de température et de pression atmosphérique. De cette sorte, les Saumons, au moment de leur entrée en estuaire, pénètrent habituellement d'un milieu relativement pauvre en oxygène dissous dans un milieu plus riche. De plus, les variations de l'eau du large d'où arrivent les Saumons sont moindres à cet égard que celles des eaux marines côtières, où les différences sont plus grandes (Legendre 1909), et que celles des eaux douces. Il en résulte que, dans les circonstances habituelles, les migrateurs venus d'un milieu où le taux d'oxygénation est relativement faible et uniforme se trouvent, devant la rangée des estuaires ouverts en face d'eux, en présence de milieux où le taux d'oxygénation est relativement élevé et varié. La question se pose ainsi de savoir si ces différences n'ont pas ou si elles ont une action sur le choix des estuaires dans la montée. La solution ne pouvait s'obtenir qu'en mesurant directement, et différentiellement, la teneur en oxygène dissous des eaux arrivant à l'estuaire dans des bassins dont les uns sont fréquentés par les Saumons, et d'autres pas. J'ai donc procédé à cette recherche.

III. **Les fleuves côtiers bretons et le dosage de l'oxygène dissous.** — Ces études ont été faites en Bretagne, au mois d'avril 1914. Cette époque de l'année possède, quant aux déplacements du Saumon, une grande importance. Elle est celle où les grands reproducteurs d'hiver achèvent leur montée, où les reproducteurs de printemps sont à l'effort prépondérant de la leur, où les Tacons enfin descendent à la mer. La migration est donc active, et les conditions différentielles que lui offrent les eaux ont ainsi toute possibilité de s'affirmer nettement.

Le choix de la Bretagne, et plus explicitement des côtes atlantiques du Finistère en allant vers le Morbihan, s'explique volontiers. Cette région possède en effet de nombreux fleuves côtiers, dont beaucoup contiennent des Saumons et portent des frayères. Ces fleuves forment autant de petits bassins contigus, assemblés sur un faible espace. Il est facile, dans le courant d'une même journée, de se rendre de l'un à l'autre, et, le cas échéant, d'en visiter plusieurs. La chose a sa valeur dans une recherche de cette nature qui a pour objet de doser différentiellement l'oxygène tenu en dissolution. Comme le taux de la solution est capable de varier selon la température et la pression atmosphérique, il est indispensable, autant que possible, d'opérer les mesures comparatives dans le plus bref délai et à peu d'intervalle de temps : ce qui peut se faire dans les conditions où je me suis placé, et qui eût nécessité des corrections discutables si je m'étais adressé à des fleuves trop éloignés l'un de l'autre.

La méthode dont je me suis servi pour doser l'oxygène dissous est celle que P. Legendre (1909) a employée dans ses « Recherches physico-chimiques sur l'eau de la côte de Concarneau », et qu'il a décrite soigneusement dans son mémoire. Cette méthode est celle de Lévy et Marboutin, basée sur la décomposition du sulfate de fer ammoniacal en sulfate ferreux et sulfate ferrique, dont la proportion diffère selon la teneur en oxygène dissous du milieu où s'effectue la réaction.

L'appareil destiné à ce dosage se trouve dans le commerce, tout prêt à son emploi. Il fut aisé, par conséquent, de procéder au dosage immédiat sur la berge tout de suite après la prise directe d'échantillon dans la pipette même servant aux réactions. Chaque essai a été fait en double, le second dosage ayant pour but le contrôle du premier.

Les fleuves côtiers de la Bretagne ont une disposition presque identique. Ils prennent leur source dans les massifs granitiques et schisteux du faible relief armoricain, coulent dans des vallées sinueuses, souvent peu encaissées quoique ceinturées de collines assez accentuées, et aboutissent à la mer en formant des estuaires allongés et étroits qui pénètrent assez loin dans l'intérieur des terres. Leurs fonds sont habituellement rocheux ou sableux, leurs courants assez rapides jusqu'à l'approche de l'estuaire, leurs eaux claires et peu chargées de matières en suspension. Cette uniformité d'allure m'a été un motif nouveau pour m'adresser à eux, car toutes différences autres que celles dont je poursuivais l'étude se trouvaient de ce fait annihilées, ou tout au moins diminuées.

Si ces fleuves se ressemblent par bien des côtés, en revanche ils diffèrent par la longueur de leur cours. Les uns, plus petits, n'ont qu'un trajet bref et une faible étendue depuis leur source jusqu'à leur embouchure; les autres, plus importants, sont plus longs, soit à cause de leurs sinuosités plus nombreuses ou plus amples, soit à cause d'un plus grand éloignement entre l'embouchure et la source. Les deux catégories contiennent également des fleuves régulièrement fréquentés par les Saumons, et des fleuves où rien de tel ne peut se constater. J'ai fait porter mes études sur les deux catégories, en examinant dans chacune d'elles un cours d'eau du sens positif et un cours d'eau du sens négatif, et en les choisissant aussi peu différents que possible sous les autres rapports.

IV. Dosages d'oxygène dans l'Aven et le Loc. — Les deux petits fleuves côtiers examinés ont été l'Aven, d'une part, et d'autre part le Loc ou rivière d'Auray : le premier, bien connu et réputé pour sa richesse en Saumons; le second, connu également pour sa pénurie à cet égard. L'Aven prend sa source en amont de Rosporden, au nord-ouest de Scaër, auprès de Coray, dans les Montagnes Noires ; sa longueur à vol d'oiseau est d'une trentaine de kilomètres ; son estuaire commence à Pont-Aven, et s'étend jusqu'à Port-Manech, sur une dizaine de kilomètres ; ses frayères à Saumons sont situées entre Pont-Aven et Rosporden, plus près de cette dernière localité que de la première. — Le Loc prend sa source plus au Sud, auprès de Brech, sur la lisière ouest des Landes de Lanvaux; il descend jusqu'à Kerso comme un ruisseau à fond rocheux et sablonneux, semblable à ceux des rivières à Salmonides; puis il s'élargit, passe à Auray, et forme un estuaire étendu jusqu'au voisinage de Locmariaquer. De même que l'Aven, sa longueur totale approche d'une trentaine de kilomètres, où son estuaire compte pour une dizaine. De même encore, au moment des hautes eaux de la marée, l'un et l'autre fleuve sont largement accessibles aux Saumons, et leurs volumes d'eau peu dissemblables. Les conditions ordinaires semblent différer de peu entre les deux, et pas plus qu'entre des rivières quelconques où les Saumons pénètrent pour pondre; cependant le premier est fréquenté normalement, le second ne l'est pas.

Les dosages d'oxygène dissous ont donné, pour l'Aven, à l'époque de l'expérience (avril 1915), un taux de 8 centimètres cubes par litre d'eau, immédiatement en amont du village de Pont-Aven aux abords de l'estuaire, pour une température d'eau égale à 12°,7; et un taux de 9 cc. 1 pour une température de 13°,8 (cette seconde observation ayant été effectuée une heure plus tard), à deux kilomètres en amont de Pont-Aven et du voisinage de l'estuaire. Or les tables de Fox (1907) relatives à l'absorption des gaz atmosphériques par l'eau douce et l'eau de mer donnent à l'eau douce, pour une température de 13°,8, un coefficient égal à 7.40. La quantité d'oxygène dissous dans l'Aven au moment du dosage dépassait donc le coefficient de solubilité; l'eau de cette rivière était sursaturée d'oxygène.

Il n'en fut pas ainsi le jour suivant, aux mêmes heures, pour le Loc, les circonstances météorologiques n'ayant pas changé. L'eau de cette rivière a montré une température un peu plus élevée et une moindre proportion d'oxygène. Aux abords de l'estuaire, le dosage a donné 7 cc. 4 pour une température de 16°,3 ; et, à 4 kilomètres en amont, 7 cc. 7 pour 14°.7. Selon les tables de Fox, le coefficient de solubilité égalerait 7.02 pour 16°,3, et 7.27 pour 14°,7. La quantité d'oxygène dissous dans le Loc se trouvait donc sur la limite moyenne du taux de saturation, et ne le dépassait que de peu.

L'Aven différait ainsi du Loc en ce qu'il amenait dans son estuaire une eau plus fraîche, et surtout plus riche en oxygène dissous. Or cette particularité différentielle doit ici se rapprocher du fait que les Saumons pénètrent habituellement en nombre dans l'estuaire de l'Aven, et remontent ensuite la rivière, alors qu'ils ne s'engagent guère ou ne s'engagent pas dans l'estuaire du Loc (rivière d'Auray), et ne remontent point le fleuve, bien que les passages de Pont-Aven pour l'Aven, et de Kerso pour le Loc, offrent aux migrateurs des difficultés comparables. Cette différence est d'autant plus digne de remarque que l'embouchure de l'estuaire de l'Aven se confond, à Port-Manech, avec l'embouchure de l'estuaire de la rivière de Belon, et que ce dernier cours d'eau, qui rappelle le Loc en moindre étendue, n'est pas plus fréquenté que lui par les Saumons malgré sa juxtaposition étroite à l'Aven. Les Saumons s'introduisent aux hautes eaux dans les deux estuaires confondus du Belon et de l'Aven, mais ne continuent pas leur course dans le premier, et ne remontent pour frayer que l'Aven.

·V. **Dosages d'oxygène dissous dans la Laïta et la Vilaine.** — Les deux grands fleuves côtiers choisis pour cette étude furent la Laïta et la Vilaine. Le nom de Laïta est donné à l'estuaire commun de deux rivières, l'Ellé et l'Isole, dont le confluent est placé dans l'intérieur de la ville de Quimperlé. Cet estuaire, étendu du confluent à la mer, mesure une quinzaine de kilomètres de longueur sur 60 mètres environ de largeur moyenne dans ses parties étroites ; il constitue un cours d'eau magnifique, encadré de bois, que la marée remonte jusqu'à Quimperlé. De ces deux affluents, le principal est l'Ellé, qui prend sa source au nord de Plouray, dans les Montagnes Noires, à une altitude quelque peu supérieure à 200 mètres ; la longueur de son cours, à vol d'oiseau, de la source au confluent, est de 45 à 50 kilomètres. L'Isole, presque égale à la précédente au confluent-même, est pourtant un peu moins étendue, car la longueur de son cours, à vol d'oiseau, ne dépasse pas 35 kilomètres, malgré une courbe prononcée entre Scaër et Saint-Thurien ; sa source est située au nord de Scaër, dans les Montagnes Noires, auprès de Roudouallec. —— La Laïta est célèbre en Bretagne pour sa richesse en Saumons, grande encore, bien qu'elle ait beaucoup fléchi dans le courant du siècle dernier. Les deux affluents, l'Ellé surtout, contiennent des frayères nombreuses ; celles de l'Ellé commencent non loin de Quimperlé, et se disposent de place en place sur une longueur d'une trentaine de kilomètres ; l'Isole est moins riche et moins peuplée à notre époque, où des circonstances locales contribuent à aggraver l'ancien état déficient.

Le bassin de la Vilaine est plus étendu que celui de la Laïta. La longueur du cours d'eau principal, dont la source est à Juvigné, au sud-ouest d'Ernée, par une altitude de 153 mètres, atteint jusqu'à l'embouchure 225 kilomètres. L'estuaire, qui remonte vers Redon, présente à lui seul une quarantaine de kilomètres, sur une profondeur d'eau variant de 3 à 12 mètres selon l'état de la marée et le débit du fleuve. Ces conditions sont encore plus favorables que celles de la Laïta à la pénétration ainsi qu'à la remonte des migrateurs venus de la mer, comme le montrent les Aloses qui, en leur saison, s'avancent jusqu'au delà de la région de Redon; et pourtant les Saumons, bien qu'aucun obstacle d'ordre matériel ne soit opposé à leur course, n'entrent pas dans cet estuaire, et manquent au bassin entier. Un peuplement régulier et continu, semblable à celui de la Laita, lui fait défaut; celles de ses parties qui pourraient se prêter aux opérations de la ponte n'ont point de frayères, aussi bien dans le fleuve lui-même que dans ses affluents.

Le dosage de l'oxygène dissous a donné, pour la Laita (avril), 8 centimètres cubes par litre d'eau sur la limite de salure au haut de l'estuaire, avec une température (de l'eau) égale à 13°,5; en amont de cette limite, au confluent des deux rivières, les dosages ont donné 8 cc. 3, et 8 cc. 8, pour des températures (de l'eau) égales à 13°,5 et à 13°. Une heure et demie plus tard, dans la même matinée, sur les rapides de l'Ellé en amont de la ville de Quimperlé, les dosages ont accusé 9 cc. 5 d'oxygène dissous par litre, pour une température (de l'eau) égale à 14°,3. Selon les tables de Fox, le coefficient de solubilité de l'oxygène dans l'eau est de 7 cc. 45 à une température de 13°,5, de 7 cc. 52 à une température de 13°, de 7 cc. 32 à une température de 14°,3. Les eaux de la Laita et de l'Ellé, semblables en cela à celles de l'Aven, se sont donc montrées, en tant que proportion d'oxygène dissous, supérieures au taux de saturation, quelles que soient les variations de la température de l'eau.

Il n'en a pas été de même pour la Vilaine dans la matinée du lendemain, les circonstances météorologiques n'ayant pas changé. En amont de la Roche-Bernard, sur la limite de salure, le dosage de l'oxygène dissous a donné 6 cc. 2 par litre, pour une température (de l'eau) égale à 17°,6. Un second dosage effectué le lendemain en amont de la limite de salure, auprès de Redon, a donné 6 cc. 4 par litre pour une température de 15°,4. Les tables de Fox accusant un coefficient de solubilité égal à 6 cc. 86 pour une température de 17°,6, et à 7 cc. 16 pour une température de 15°,4, il en résulte que les eaux de la Vilaine, semblables en cela à celles du Loc, et accentuant même sur leur disposition, contenaient, au moment de ces recherches, une proportion d'oxygène dissous inférieure au taux de la saturation.

Les différences des deux rivières à cet égard sont donc sensibles. Elles s'accompagnent de différences de température, celles-ci aidant à celles-là, puisque le coefficient de solubilité varie en sens inverse du degré thermique. Comme pour les petits fleuves côtiers, cette opposition s'accorde avec celle de la présence régulière ou de l'absence de Saumons migrateurs; les fleuves riches en oxygène dissous étant habituellement parcourus par des reproducteurs qui effectuent chaque année leurs opérations de ponte, alors que rien de semblable, sauf accidentellement et irrégulièrement, ne se manifeste dans les fleuves moins bien pourvus comme oxygénation. Il faut donc admettre que les eaux douces amenées par le courant fluvial, dont l'apport est plus considérable au début du jusant à cause de la retenue exercée par la marée montante, sont capables de produire une influence dès l'estuaire, en augmentant plus ou moins la proportion d'oxygène tenue en dissolution dans le mélange d'eaux douces et d'eaux marines, et d'arrêter ou de permettre la remonte des migrateurs selon la valeur faible ou forte de cette augmentation.

VI. Influence du taux d'oxygénation. — La conclusion de ces recherches est que les Saumons venus de la mer ne pénètrent pas indifféremment dans tous les bassins fluviaux ouverts devant eux; qu'ils exercent un choix; que ce choix ne paraît pas guidé par un instinct ni par une faculté psychique quelconques qui les entraîneraient dans toutes régions appropriées, mais qu'il les conduit seulement dans les fleuves où la proportion d'oxygène dissous, et par suite la possibilité d'une respiration plus active, se trouvent portées à leur maximum, la température jouant à ce propos un rôle connexe en favorisant par son abaissement la dissolution d'oxygène. L'étroite ressemblance du Saumon et de la Truite corroborent, d'autre part, cette conclusion basée sur les exigences respiratoires, car tout ce que l'on sait de la dernière espèce à ce sujet ne fait qu'appuyer une telle notion pour le premier, et qu'attribuer à cette assertion la plus grande créance,

Cette notion, à son tour, permet d'expliquer certaines particularités de la migration. L'une d'elles, à laquelle il a été fait allusion précédemment, est celle de l'interruption estivale. Lorsque ce cas se produit, les eaux douces apportées à l'estuaire sont en faible quantité (période des basses eaux d'été) et à une température relativement élevée; pour cette double raison, le taux d'oxygénation s'abaisse à un minimum et diffère peu de celui des eaux marines. Il en résulte que les Saumons, s'ils approchent des estuaires, ou s'ils s'engagent en eux, ne portent pas plus loin leur course, car ils ne trouvent point les facilités d'active respiration qu'ils recherchent.

La contre-partie de ce cas, comportant une explication similaire, est offerte par la date des premières montées d'automne après cette interruption estivale.

Cette date suit celle des premières crues. Si les grandes pluies d'automne sont hâtives de manière à renforcer les rivières dès la fin de septembre et le début d'octobre, on voit les premiers grands migrateurs d'hiver arriver dans le courant de ce dernier mois. Si elles sont tardives, par contre, l'arrivée de ces grands migrateurs est retardée, pour ne s'effectuer qu'en novembre ou même qu'en décembre. La liaison des deux phénomènes est évidente. Il faut donc chercher en elle le motif principal, qui réside sans doute dans l'élévation du taux de l'oxygénation. Non seulement les eaux douces des crues sont plus abondantes, mais encore elles sont plus riches en oxygène dissous, autant du fait de leur courant plus rapide que de leur température plus basse; elles rehaussent, par suite, la capacité du milieu à l'égard de l'activité respiratoire, lui procurent les moyens qui lui manquaient auparavant, et donnent désormais à la montée toute facilité.

Plusieurs objections peuvent être opposées à cet ensemble de résultats et d'appréciations. On peut faire remarquer qu'il eût été utile, pour donner une précision plus complète à des recherches comparatives sur le dosage de l'oxygène, de les effectuer simultanément, et non pas successivement, dans les rivières choisies à cet effet. On peut encore estimer qu'il eût été nécessaire d'augmenter leur nombre, de manière à se baser sur un plus grand nombre d'observations. On pourrait présumer enfin qu'il y ait eu dans les résultats obtenus, une rencontre fortuite, et que d'autres dosages effectués à d'autres époques eussent donné des résultats différents.

L'exposé des recherches lui-même répond en partie à ces objections; il est donc inutile d'y revenir. Quant à la suspicion légitime, et d'ordre logique, qu'il est d'une bonne méthode scientifique d'instituer en des études de cette sorte où l'on conclut au général d'après quelques faits particuliers, il est nécessaire de se rendre compte, dans le sujet actuel, que la conclusion obtenue s'accorde avec l'ensemble des choses. Si l'on compare entre eux les bassins hydrographiques régulièrement pourvus ou privés de

Saumons, on voit que le profil en long du cours d'eau principal des premiers, et de ses affluents importants, comporte une ligne de pente plus accentuée que les données correspondantes des seconds, l'altitude à la source étant plus forte et le trajet vers l'embouchure plus court ou plus direct. La ligne de pente plus relevée entraîne, quant au courant, une vitesse plus grande, un écoulement plus prompt, un renouvellement plus fréquent et plus ample des surfaces d'eau en contact avec l'atmosphère, enfin une moindre égalisation de la température de l'eau avec celle de l'air ou du sol. Les rivières ainsi pourvues ont tout moyen, par conséquent, de se charger au maximum d'oxygène emprunté à l'atmosphère, et même de dépasser la limite de saturation. Il n'en est point de même pour les autres, privées de migrateurs, d'autant que la lenteur de leur débit laisse plus longtemps en suspension les matières organiques provenant des berges, qui consomment pour leur réduction une quantité notable de l'oxygène dissous. Les résultats des dosages s'accordent donc avec ces constatations d'ordre topographique, et par conséquent générales comme permanentes : d'où confirmation suffisante quant à la question examinée.

Du reste, ces recherches s'adressent seulement au taux d'oxygénation considéré par rapport à l'entrée des Saumons en estuaire. Le paragraphe suivant, où sont exposées des recherches de même sorte au sujet de la montée en rivière, montre des résultats qui s'accordent entièrement avec les précédents, touchant l'influence prépondérante de la proportion d'oxygène dissous. Les objections relatives à l'utilité d'études plus nombreuses reçoivent ainsi leur réponse, puisque ces résultats complémentaires augmentent, dans cette question, le nombre des constatations objectives.

§ 3. — L'influence du taux d'oxygénation sur la montée en rivière.

La migration de montée, prise dans son ensemble en chaque bassin hydrographique, offre deux particularités à considérer : l'une est celle de la direction générale de la course, qui, malgré des arrêts et parfois des retours partiels, se tourne vers l'amont jusqu'à la ponte; l'autre est celle du choix des affluents, les uns étant privilégiés et fréquentés au détriment des autres, bien que ces derniers présentent souvent aux poissons des facilités semblables de passage et de mouvement. Ces deux dispositions méritent donc d'être retenues et examinées quant à l'influence, en leur cas, du taux d'oxygénation. C'est sur elles que j'ai fait porter mes recherches, dans le but de compléter celles du précédent paragraphe, et d'établir le statut entier du Saumon au sujet des actions déterminantes de sa migration.

I. **Dosages de l'oxygène dissous dans l'estuaire et les frayères de l'Aven.** — Ces dosages d'oxygène dissous ont été effectués au début de novembre 1915. Le bassin choisi fut celui de l'Aven dans le Finistère. Les motifs de cette préférence étaient : que ce cours d'eau est régulièrement fréquenté par de nombreux migrateurs, et que son étendue relativement restreinte permet à l'opérateur de se transporter rapidement dans la plupart de ses régions, de manière à effectuer des mesures successives dans le minimum de temps. Quant au choix de l'époque, il était motivé par ce fait que les migrateurs anciens se transportent, à cette date, sur les frayères pour y préparer leur ponte, alors que les premiers migrateurs récents entrent en estuaire et commencent à monter. Le bassin entier d'aval et amont est alors le lieu de déplacements actifs, dans toutes celles de ses parties où les Saumons ont possibilité d'aller. En outre, l'Aven, grâce à la régularité de son estuaire, à celle de son lit et à son accès partout facile, offre à l'opérateur des avantages que l'on ne trouve pas aussi aisément ailleurs.

Mes premiers dosages ont porté sur l'estuaire, où les migrateurs effectuent leur passage de l'eau marine à l'eau douce. Comme cette dernière s'étale sur la première avant de se mélanger à elle, l'estuaire présente, par ordre de densités, une stratification de couches aqueuses dont la salinité, sur une tranche verticale, augmente de haut en bas, les plus profondes étant les plus chargées en sels. Or ces couches ont différé, par surcroît, quant à leur teneur en oxygène dissous. Dans l'anse de Kerveguelen, à un kilomètre en aval de Pont-Aven, à mi-marée descendante, la tranche verticale d'eau mesurant 3 m. 5o de la surface au fond, l'eau du fond (la plus salée) tenait en dissolution 5 cc. 1 d'oxygène par litre, l'eau saumâtre moyenne (à 1 mètre de profondeur) 6 cc. 4, et l'eau superficielle presque douce 7 cc. 2. La température de cette dernière égalait 11°,7, alors que celles de l'eau saumâtre et de l'eau du fond étaient de 11°,4 et de 11°,2. En somme, dans le sens vertical, la proportion de l'oxygène dissous variait selon la profondeur et augmentait de bas en haut en sens inverse de la salinité, ce qui revient à dire que les eaux douces superficielles sont plus riches en oxygène dissous que les eaux profondes, saumâtres ou salées.

Ces dosages étaient destinés à corroborer et à compléter d'autres observations effectuées, trois jours auparavant, en deux régions de l'estuaire : l'une à Rosbras, non loin de l'embouchure du fleuve dans la mer, l'autre à Kerveguelen, auprès du début de la zone fluviale. Les eaux superficielles de Rosbras à mi-marée montante, qui étaient alors celles du flot lui-même, ont donné un taux d'oxygénation de 4 cc. 9 par litre pour une température de 11°,5. Une heure après, les eaux superficielles de Kerveguelen, presque douces, ont accusé un taux de 6 cc. 2 pour une température de 9°,5.

Ces deux sortes de constatations conduisent à un même résultat, que l'on peut exposer de la façon suivante : l'eau douce amenée par le fleuve dans l'estuaire, sensiblement plus riche en oxygène dissous que celle de la mer amenée par la marée, se mélange progressivement à cette dernière. Les couches superposées, de salinité et d'oxygénation inverses, s'étirent en s'amincissant à marée descendante, et s'épaississent à marée montante, tout en se confondant les unes avec les autres et se mélangeant. Dans l'ensemble, les couches superficielles de salinité minima et d'oxygénation maxima deviennent de plus en plus épaisses en partant de la mer et en allant vers la zone fluviale. De l'aval vers l'amont sur une ligne horizontale, et de bas en haut sur les lignes verticales, l'eau de l'estuaire perd en salinité et gagne en oxygène dissous. La direction de la migration du Saumon dans l'estuaire, dirigée de l'aval vers l'amont, se porte donc avec constance du milieu le plus pauvre comme oxygénation au milieu le plus riche.

Cette conclusion, relative à la montée en estuaire, découle également d'autres recherches effectuées sur la montée dans le bassin fluvial. A cette époque de l'année, qui est celle des pluies d'automne ordinairement abondantes en Bretagne, les eaux des rivières sont plus hautes qu'au printemps; le ruissellement sur les terres riveraines entraîne dans leur lit des matières en suspension et des substances organiques dont la présence a pour effet de diminuer la proportion d'oxygène dissous. Malgré ces conditions désavantageuses, l'Aven conserve encore un taux élevé d'oxygène en dissolution, bien qu'inférieur à celui du printemps. Plusieurs dosages effectués en crue moyenne, à 2 kilomètres en amont de l'estuaire et du village de Pont-Aven, ont donné, pour une température de l'eau comprise entre 6°,4 et 6°,7, des taux d'oxygénation compris entre 8 cc. et 8 cc. 2 par litre. Ces derniers chiffres diffèrent peu de ceux des coefficients de solubilité, qui sont respectivement, pour ces températures, de 8.72 et 8.66; ils ne leur sont inférieures que d'une faible quantité, et il faut attribuer sans doute cette circonstance au fait de la réduction des substances organiques entraînées par la rivière.

Cette proportion d'oxygène dissous étant supérieure à la plus élevée qui soit dans l'estuaire, il en résulte que la migration des Saumons, tournée avec constance vers l'amont et le haut du fleuve, procède toujours d'un milieu moins riche vers un milieu plus riche en oxygène dissous. Ce phénomène se maintient jusqu'à la région où se trouvent les frayères, où les Saumons arrêtent leur course afin de pondre. Un dosage effectué dans ces dernières localités tout de suite après les précédents, et sauf le temps nécessaire pour franchir en voiture la dizaine de kilomètres d'intervalle, a donné 8 cc. 5 d'oxygène dissous par litre, c'est-à-dire une proportion presque égale à la limite de saturation, et supérieure en tout cas à celle des stations fluviales placées plus en aval.

La conclusion finale de cette série d'opérations est donc que la migration reproductrice des Saumons, depuis la mer et l'embouchure maritime jusqu'aux régions pourvues de frayères, procède avec constance, et graduellement, d'un milieu moins riche en oxygène dissous vers un milieu plus riche, le minimum étant offert par les eaux marines, et le maximum par les eaux douces courant sur les frayères.

II. **Dosages de l'oxygène dissous dans l'Adour et les Gaves-Réunis.** — La direction générale de la montée n'est point le seul phénomène biologique à considérer dans cette étude, dont l'objet consiste à mettre en lumière le rôle de l'oxygène dissous. Il faut également tenir compte du choix effectué entre les affluents, dans la plupart des bassins, par les individus migrateurs qui, aux confluents, pénètrent dans les uns et non dans les autres, malgré l'absence apparente de conditions trop dissemblables. Ainsi il est remarquable d'observer dans le bassin de la Loire, le plus vaste de ceux où pénètrent les Saumons dans notre pays, que ceux-ci s'introduisent régulièrement dans la plupart des rivières de la rive gauche, descendues du plateau Central et des Cévennes, qu'ils les parcourent chaque année, et qu'ils y établissent leurs frayères, alors que rien de tel ne se manifeste, sauf accidentellement, dans celles de la rive droite, bien que certaines des unes et des autres ne paraissent point différer par trop à tous égards. Ainsi, dans le bassin de la Seine, lorsque les Saumons le remontaient régulièrement, comme cela s'est passé jusque dans la seconde moitié du XIXᵉ siècle, voyait-on les Saumons en migration passer devant les confluents de l'Oise et de la Marne sans s'engager longuement dans ces rivières; puis, à Montereau, délaisser la Seine pour pénétrer dans l'Yonne, et, dans la suite de leur course, abandonner en majorité cette dernière pour se porter dans son affluent principal, la Cure, descendue du Morvan, où ils installaient leurs frayères et d'où partaient les Tacons au printemps.

Un choix tout aussi remarquable se manifeste dans le bassin de l'Adour, l'un des moins dépeuplés de notre époque. Les migrateurs, sauf quelques individus qui s'introduisent dans les petits affluents inférieurs, arrivent au Bec-du-Gave, où l'Adour reçoit son affluent le plus important, celui des Gaves-Réunis. Là, au lieu de continuer à suivre le fleuve ou de se partager entre lui et l'affluent, ils s'engagent tous dans ce dernier dont ils remontent le courant pour y frayer régulièrement chaque année. La netteté de ce choix et sa constance m'ont conduit à effectuer mes recherches dans cette région.

Ces études ont eu lieu au début du mois de juillet 1917. J'ai préféré, en leur sens, cette époque à d'autres afin de mieux éliminer les causes accidentelles et passagères des différences produites par les circonstances météorologiques, les périodes de beau temps étant alors de plus longue durée, les pluies printanières ayant cessé, et les orages d'été n'ayant pas commencé. Je me suis arrêté à l'une de ces périodes dès qu'elle s'est offerte et que les conditions se sont sensiblement uniformisées dans le bassin entier. Elle fut celle d'une montée active, où dominaient les Madeleineaux (Garbillots), accompagnés d'un certain nombre de reproducteurs plus âgés. En outre, et dans le but de ne laisser en suspens aucune des données du problème, j'ai prélevé dans les diverses stations, tout en effectuant mes dosages, et au moment même de ces opérations, des échantillons d'eau pour en avoir l'analyse entière, afin de connaître et d'évaluer toutes les différences possibles. Quant aux dosages, ils ont eu lieu aux confluents, à quelques minutes d'intervalle, dans les deux rivières en cause, les stations étant peu éloignées l'une de l'autre; on peut donc admettre d'eux que, sans être rigoureusement simultanée, leur conduite s'est rapprochée de la simultanéité autant que possible.

L'Adour et les Gaves-Réunis, à leur jonction qui se trouve placée à la limite de la marée, sont deux grandes rivières peu dissemblables d'aspect, dont la largeur respective varie de 150 à 200 mètres : toutes deux s'écartent comme les branches d'un V, de telle sorte que les migrateurs remontant de la mer n'auraient, du fait de cette topographie, aucune inclination à entrer dans l'une plutôt que dans l'autre. La profondeur moyenne de l'Adour à l'étiage, en amont du confluent, est seulement de 1 m. 54; elle augmente localement sur le confluent, et parvient à 3 m. 81. La profondeur des Gaves-Réunis au confluent est de 2 m. 90, et se maintient ainsi, à peu de chose près, plus en amont.

La vitesse moyenne du courant de l'Adour est de 32 centimètres à la seconde, en morte eau moyenne dans la période de jusant, alors que celle des Gaves-Réunis est de 30 centimètres.

Ces données préliminaires conduisent donc à montrer qu'il existe entre ces deux rivières à l'égard de la migration, comme profondeur d'eau et vitesse du courant, une grande ressemblance.

Les analyses chimiques des échantillons prélevés ont été faites par le Laboratoire de chimie du service pharmaceutique adjoint à l'hôpital militaire de Bayonne. Je suis heureux d'offrir ici aux chimistes distingués qui ont bien voulu s'acquitter de cette tâche, M. le pharmacien-major Philippon et son assistant M. l'aide-major Moulès, l'hommage de ma reconnaissance. Les échantillons ayant été pris en double dans l'Adour et les Gaves-Réunis, afin de contrôler les résultats en effectuant deux analyses, chacun est désigné dans le tableau suivant par les nᵒˢ 1 et 2.

ANALYSES DES EAUX PRÉLEVÉES AU BEC-DU-GAVE (2 JUILLET 1917).

CARACTÈRES.	ADOUR.		GAVES-RÉUNIS.	
	N° 1.	N° 2.	N° 1.	N° 2.
Limpidité	Trouble.	Trouble.	Louche.	Louche.
Odeur	Nulle.	Nulle.	Nulle.	Nulle.
Résidu fixe à 120°	0,200	0,250	0,300	0,200
Résidu fixe au rouge	0,160	0,200	0,256	0,160
Chlore	0,0071	0,0071	0,0071	0,0071
Chlore en NaCl	0,0117	0,0117	0,0117	0,0117
Degré hydrotimétrique total	7	7,5	13	10
Degré hydrotimétrique permanent	6	6,5	6	6
Alcalinité en CO^3Ca	0,075	0,065	0,120	0,105
Azote en AzH^3 total	0,00063	0,00072	0,00040	0,00043
Nitrites	Néant.	Néant.	Néant.	Néant.
Nitrates	Néant.	Néant.	Néant.	Néant.
Matière organique en O consommé en milieu acide	0,00206	0,00206	0,00165	0,00165
Matière organique en O consommé en milieu alcalin	0,00165	0,00165	0,00125	0,00133
Matière organique en acide oxalique (milieu acide)	0,0162	0,0162		
Matière organique en acide oxalique (milieu alcalin)	0,0130	0,0130	0,0097	0,0129

La comparaison des chiffres de ce tableau montre que les eaux des deux rivières offrent des qualités similaires, ou peu différentes et de nul effet quant à la migration, si l'on observe que des différences du même ordre, plus accentuées, n'exercent ailleurs aucune influence. La dissemblance la plus forte entre elles, et qu'il convient de noter, tient à la proportion de matière organique plus considérable dans l'Adour, où elle dépasse de peu 2 milligrammes en milieu acide (2 milligrammes 06), que dans les Gaves-Réunis, où elle n'atteint pas tout à fait 2 milligrammes (1 milligramme 65).

Les dosages d'oxygène dissous, effectués sur place en même temps que les prélèvements destinés à l'analyse précédente, ont donné les résultats suivants (entre 14 et 15 heures) :

Eau de l'Adour : 5 cc. 6 d'oxygène dissous par litre pour une température (de l'eau) égale à 19°,7.

Eau des Gaves-Réunis : 6 cc. 7 d'oxygène dissous par litre pour une température (de l'eau) égale à 15°,2.

La température de l'air à l'ombre, au thermomètre à boule mouillée, était de 25°. En outre, à Bayonne, le service météorologique accusait une pression atmosphérique de 765 millimètres (Baromètre Fortin; réduction à 0°).

Si l'on se reporte aux tables de Fox relatives aux coefficients de solubilité de l'oxy-gène dans l'eau douce, on voit que ce coefficient égale 6 cc. 61 pour une température de 19°,7, et 7 cc. 19 pour une température de 15°,2. La proportion d'oxygène dis-sous dans l'eau de l'Adour est donc inférieure de 1 cc. par litre à celle du coefficient de solubilité, tandis qu'elle s'en écarte seulement d'un demi-centimètre pour l'eau des Gaves-Réunis.

Un dosage complémentaire de contrôle fut effectué aux mêmes heures, dans les mêmes stations et les mêmes conditions, trois jours plus tard, à la date du 5 juillet, la température de l'air à l'ombre étant de 24°,5, et la pression atmosphérique de 771 millimètres. Ses résultats s'accordent avec les précédents, au sujet des différences entre l'Adour et les Gaves-Réunis quant au taux d'oxygénation et au degré de tempé-rature de leurs eaux :

Eau de l'Adour : 5 cc. d'oxygène dissous par litre pour une température (de l'eau) égale à 22°,2.

Eau des Gaves-Réunis : 6 cc. 4 d'oxygène dissous par litre pour une température (de l'eau) égale à 17°,8. .

Les coefficients de solubilité sont respectivement de 6 cc. 32 pour une température de 22°,2, et de 6 cc. 84 pour une température de 17°,8.

En somme, malgré une élévation notable de la température des eaux, qui eut pour résultat une diminution du taux de l'oxygène dissous malgré l'élévation de la pression barométrique, la dissemblance entre les deux rivières s'est maintenue, l'Adour ayant une eau moins riche en oxygène dissous, et plus tiède, que les Gaves-Réunis. Cette dis-semblance s'est même accrue, puisque l'écart entre le coefficient de solubilité et le taux réel, quant à l'oxygène dissous, s'est porté à 1 cc. 3 par litre pour l'Adour, tandis qu'il s'est maintenu au voisinage d'un demi-centimètre cube par litre pour les Gaves-Réunis.

Il convient d'attribuer sans doute la cause de ces différences à la topographie des deux bassins. L'Adour et les Gaves-Réunis ont également leurs sources dans les Pyré-nées, à des altitudes peu différentes, et ils s'accordent de ce fait; mais il n'en est pas de même pour leurs lits. L'Adour part des Pyrénées centrales, et décrit à travers la Gascogne une vaste courbe avant d'approcher de son embouchure; son parcours total est de 335 kilomètres. Par contre, les Gaves-Réunis sont formés, comme le nom l'in-dique, par l'union de deux rivières descendues des Pyrénées occidentales, le Gave de Pau et le Gave d'Oloron, dont le confluent particulier, auprès de Peyrehorade, se place seulement à 8 kilomètres en amont du confluent avec l'Adour. Le parcours du Gave de Pau, depuis Peyrehorade jusqu'à sa source, est de 160 kilomètres; celui du Gave d'Olo-ron est de 120 kilomètres. La ligne de pente des Gaves sur le profil en long est donc plus relevée que celle de l'Adour, bien que les têtes des bassins respectifs soient sensible-ment placées à un même niveau dans des massifs montagneux voisins. Malgré que les vitesses de courant au confluent du Bec-du-Gave soient presque semblables, il n'en est pas moins vrai que l'eau de l'Adour, à peu de distance en amont, s'écoule plus lente-ment et se renouvelle moins vite que celle des Gaves-Réunis. Cette dernière a donc plus de capacité à s'oxygéner, et moins à se réchauffer, que la première. De là, très pro-bablement, l'origine des différences que l'on constate entre les deux rivières.

Ces différences s'accordent avec celles que l'on observe actuellement sur la montée des Saumons. Les migrateurs, parvenus au Bec-du-Gave, ne continuent pas leur course

4.

dans l'Adour; ceux qui s'y introduisent et le remontent vers Port-de-Lanne ne s'y maintiennent pas; l'Adour et ses affluents ne possèdent point de frayères. Par contre, c'est dans les Gaves-Réunis que s'effectue la montée régulière, et dans le Gave de Pau comme celui d'Oloron, ou certains de leurs affluents, que sont placés les lieux de ponte des Saumons.

Ainsi le choix de la migration se dirige avec constance vers l'affluent le plus riche en oxygène dissous et montrant la température la moins élevée, les autres circonstances étant semblables ou peu différentes.

III. Dosages de l'oxygène dissous dans le Gave de Pau et le Gave d'Oloron. — Ce résultat, si l'on veut accroître sa valeur démonstrative, nécessite un complément en contre-partie. Ayant été obtenu par l'étude comparative de deux affluents, dont l'un contient des Saumons et dont l'autre n'en renferme pas, il devient utile d'examiner, selon la même méthode, deux autres affluents fréquentés tous deux par les migrateurs depuis leurs confluents et également pourvus de frayères, afin de voir s'ils diffèrent ou s'ils concordent au sujet de l'oxygénation et de la température. Cette étude complémentaire a porté sur le Gave de Pau et le Gave d'Oloron.

ANALYSES DES EAUX PRÉLEVÉES AU CONFLUENT DES GAVES (5 JUILLET 1917).

CARACTÈRES.	GAVE DE PAU.		GAVE D'OLORON.	
	N° 1.	N° 2.	N° 1.	N° 2.
Limpidité	Limpide.	Limpide.	Limpide.	Limpide.
Odeur	Nulle.	Nulle.	Nulle.	Nulle.
Résidu fixe à 120°	0,150	0,140	0,200	0,160
Résidu fixe au rouge	0,110	0,100	0,160	0,140
Chlore	0,0071	0,0071	0,0071	
Chlore en NaCl	0,0117	0,0117	0,0117	
Degré hydrotimétrique total	8	8	11	12
Degré hydrotimétrique permanent	4	6	6,5	7
Alcalinité en CO^3Ca	0,095	0,095	0,115	0,120
Azote en AzH^3 total	0,00048	0,00048	0,00048	0,00048
Nitrites	Néant.	Néant.	Néant.	Néant.
Nitrates	Néant.	Néant.	Néant.	Néant.
Matière organique en O consommé en milieu acide	0,001237			0,001237
Matière organique en O consommé en milieu alcalin	0,000825	0,000825		0,000825
Matière organique en acide oxalique (milieu acide)	0,00975			0,00975
Matière organique en acide oxalique (milieu alcalin)	0,00650	0,00650		0,00650

Les prélèvements ont été opérés en même temps sur l'un et l'autre Gave au confluent; chacun d'eux a fourni deux échantillons numérotés 1 et 2 dans le tableau.

Les eaux des deux rivières, selon les résultats de l'analyse, s'accordent donc quant à leurs qualités principales : elles ne renferment ni azotites, ni azotates, contiennent une faible proportion de matière organique et d'azote ammoniacal, possèdent une alcalinité en CO³CA moyenne, subissent au rouge une perte normale, et montrent des degrés hydrotimétriques normaux.

Les mesures de température et les dosages d'oxygène ont eu lieu à deux reprises, à trois jours d'intervalle, aux mêmes dates que les opérations similaires du Bec-du-Gave précédemment exposées. Le 2 juillet, au confluent en amont de Peyrehorade, l'eau du Gave de Pau a donné 6 cc. 7 d'oxygène dissous par litre pour une température de 17°,1, et celle du Gave d'Oloron 6 cc. 9 d'oxygène dissous pour une température de 15°,2. Le 5 juillet, aux mêmes heures de la journée (entre 17 et 18 heures), l'eau du Gave de Pau a donné 6 cc. 8 d'oxygène dissous par litre pour une température de 19°,1, et celle du Gave d'Oloron 6 cc. 9 d'oxygène dissous pour une température de 17°,7. Dans les deux cas, les conditions de température de l'air et de pression barométrique ont été celles des opérations similaires du Bec-du-Gave; l'élévation horaire de la température dans l'après-midi explique la différence thermique entre l'eau des Gaves-Réunis et l'eau des deux rivières prise séparément.

En somme, les deux Gaves montrent, sur les questions examinées, une concordance et une différence. La concordance s'adresse à la proportion d'oxygène dissous, toujours comprise entre 6 cc. 7 et 6 cc. 9 par litre, taux voisin du coefficient de solubilité. La différence porte sur la température, plus élevée pour le Gave de Pau que pour le Gave d'Oloron, l'écart approchant de deux degrés. Or il est important de reconnaître, ainsi qu'il est mentionné plus haut, que ces deux rivières sont fréquentées par les Saumons et que leurs bassins respectifs contiennent des frayères, avec une prédilection sensible toutefois pour le Gave d'Oloron. Les migrateurs, parvenus au confluent de Peyrehorade, ne font donc, contrairement au confluent du Bec-du-Gave, aucun choix différentiel entre les cours d'eau; ils s'engagent également dans les deux; ils y prolongent leur montée pour la conduire à sa fin, qui est la ponte, tout en se montrant plus nombreux dans les eaux les plus froides et, par suite les plus avantagées comme oxygène dissous. Ce résultat complète d'autre façon celui qui résulte de la comparaison de l'Adour avec les Gaves-Réunis, et conduit à une conclusion identique.

Ainsi, et dans la mesure où l'on peut conclure du particulier au général en des problèmes de cet ordre, il faut admettre que les taux respectifs d'oxygénation et les degrés de température des divers affluents d'un bassin exercent, dans les circonstances normales, une influence prépondérante sur la direction de la montée et sur le choix de la route suivie par les Saumons; ceux-ci s'écartent des rivières dont le taux d'oxygène dissous est le plus faible, et pénètrent pour se reproduire dans celles où il est le plus élevé, avec prédilection complémentaire pour les eaux les plus froides.

§ 4. — LES RÉGIONS DE PONTE DU SAUMON DANS NOTRE PAYS.

I. **Carte de pêche et de ponte du Saumon.** — Les constatations et les considérations précédentes trouvent une de leurs applications dans l'établissement de ce que l'on pourrait nommer la «Carte de pêche et de ponte du Saumon». On sait depuis longtemps que les régions où les reproducteurs vont frayer sont localisées, qu'elles sont fréquentées chaque année avec constance lorsque la migration n'est pas entravée, et qu'elles offrent cette disposition commune de posséder une eau courante pure et vive. On sait aussi que la plupart d'entre elles sont placées au voisinage des têtes des bassins, et qu'elles avoisinent celles de la Truite. Les diverses particularités de cette localisation, ainsi que les épisodes bien connus de la ponte elle-même, trouvent leur explication dans ce qui a été traité précédemment sur l'influence du taux d'oxygénation. Mais cette explication d'ordre général comporte une conséquence utile à mettre en lumière, à savoir que la situation des régions de ponte n'est point variable ni quelconque, mais qu'elle dépend rigoureusement de la haute valeur de ce taux, subordonnée à son tour aux conditions topographiques des lieux, et qu'elle ne saurait être changée.

Il sera donc nécessaire, dans l'étude de toutes questions relatives à la reproduction et au repeuplement du Saumon, de tenir compte de cette localisation en elle-même et de sa nature obligatoire. Les migrateurs qui entrent dans un bassin fluvial remontent les parties qui leur sont accessibles en se dirigeant vers les eaux les plus riches en oxygène dissous, et, sauf de rares exceptions où de telles eaux leur sont offertes dans quelques localités de basse ou de moyenne altitude, ne trouvent ces dernières dans l'état propre à la ponte qu'auprès des têtes de bassins, sinon aux têtes elles-mêmes et dans les massifs montagneux qu'elles occupent. La majorité des régions normales et habituelles de ponte est située conformément à cette indication.

La carte de pêche et de ponte du Saumon dans notre pays comprend trois zones principales : celle du Nord-Est, celle du Nord-Ouest, et celle de l'Ouest. La première est celle des grands bassins du Rhin, de la Meuse, de la Seine et des fleuves côtiers intercalaires; la seconde, celle des fleuves côtiers de la Normandie et de la Bretagne; la troisième, celle des bassins occidentaux, depuis celui de la Loire jusqu'à celui de l'Adour, tous deux compris.

II. **Zone du Nord-Est.** — La zone du Nord-Est était fréquentée par les Saumons autrefois dans les cours d'eau de ses trois grands bassins. Les migrateurs remontaient régulièrement ces derniers pour se reproduire. Actuellement il n'en est guère ainsi que pour le Rhin, qui est resté, malgré une diminution sensible, l'un des fleuves de l'Europe les plus riches en Saumons. Ses pêcheries à grand rendement sont situées en Hollande, dans les bras de l'estuaire commun au Rhin et à la Meuse, auprès de Dordrecht et de Rotterdam. La Hollande bénéficie du passage des migrateurs qui vont pondre plus en amont, dans les affluents badois et alsaciens du fleuve. En ce qui nous concerne, les régions de ponte de ces reproducteurs sont placées en Haute-Alsace, où l'Établissement de pisciculture d'Huningue, fondé en 1852-1854 sous l'inspiration de Coste, a pour destination principale, étant donnée sa position, de récolter les œufs nécessaires au repeuplement.

Le Saumon a fréquenté la Meuse jusqu'au milieu du xixe siècle. Il remontait dans la région de Charleville et de Mézières où il avait ses frayères, ainsi que dans la Semoy. Il a disparu actuellement. La cause de ce dépeuplement doit s'imputer sans doute non pas aux pêches effectuées dans l'estuaire, qui ne sauraient plus atteindre la migration de la Meuse qu'elles n'atteignent celle du Rhin, mais aux barrages installés plus en amont, entre l'estuaire et la région des frayères, ainsi qu'à la pollution des eaux diminuant la proportion d'oxygène dissous.

Il en est de même, comme cause et comme effet, pour le bassin de la Seine. Jadis, et jusque dans la seconde moitié du xixe siècle, les Saumons remontaient régulièrement le fleuve et traversaient Paris pour aller plus en amont. Leur principale région de ponte était placée dans le massif du Morvan ; elle appartenait au bassin de la Cure, affluent de

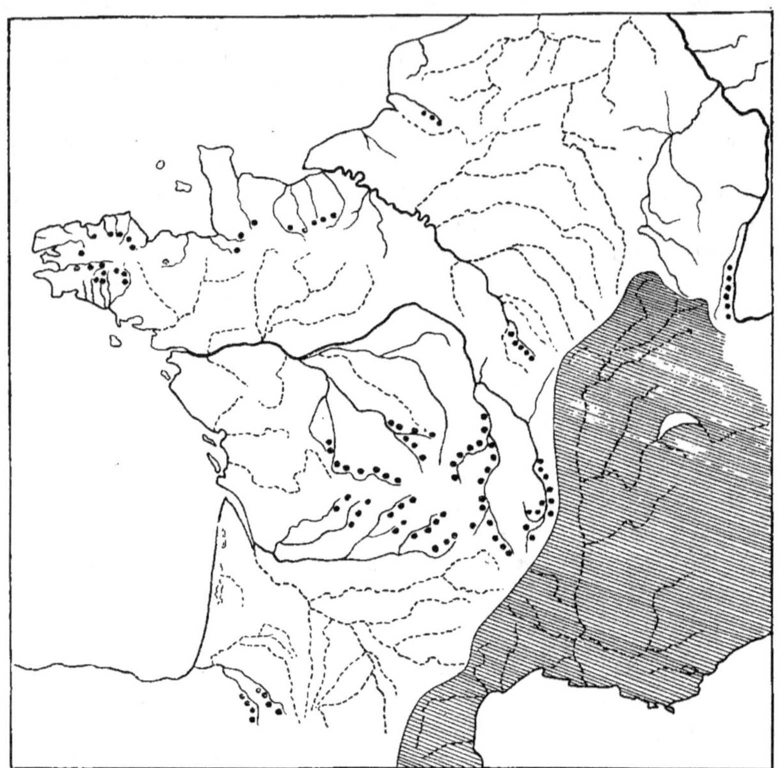

Fig. 13. — *Œcologie actuelle de* Salmo salar *en France, ou Carte de pêche et de ponte du Saumon dans notre pays au début du xxe siècle.* — Les traits pleins indiquent les principales rivières fréquentées par les Saumons, les pointillés celles qui ne le sont pas régulièrement, les cercles noirs les principales zones à frayères. Les hachures marquent la région méditerranéenne. — Voir dans le texte, p. 54 et suiv.

l'Yonne. Actuellement, aucune montée régulière n'a lieu, et les frayères sont souvent désertes, comme pour la Meuse. Il faut accuser de ce fait l'établissement de barrages entre l'estuaire et la région de ponte, ainsi que la pollution des eaux produite par l'agglomération parisienne.

Quant aux fleuves côtiers français de la zone du Nord-Ouest, il n'est guère que la Canche et l'Authie où l'on pêche encore des Saumons. Le cours de l'un et celui de l'autre ne dépassent point une centaine de kilomètres de longueur. Les régions de ponte sont donc situées à une distance assez faible de la mer. Ces fleuves, à cet égard, ressemblent à ceux de la Bretagne et de la Normandie.

La circonscription maritime, d'où viennent les migrateurs de la zone du Nord-Est comprend la mer du Nord et la partie de la Manche qui confine à cette dernière.

III. **Zone du Nord-Ouest.** — La circonscription maritime correspondante d'où proviennent les migrateurs qui se rendent dans la zone du Nord-Ouest pour y frayer comprend la Manche dans sa partie occidentale, et l'Océan autour de la péninsule Armoricaine. Cette zone est celle des petits fleuves côtiers de la Normandie et de la Bretagne, dont beaucoup, surtout en Bretagne, sont annuellement et régulièrement fréquentés par des Saumons qui vont y pondre. Leur nombre, toutefois, diminue progressivement à la suite de travaux hydrauliques, de constructions de barrages et de déversements d'eaux polluées, qui créent une région d'interdiction entre l'estuaire et les lieux de ponte, bien que ces derniers aient conservé leurs qualité d'autrefois et soient toujours propices à la reproduction comme au développement des Salmonidés. La Rance offre un exemple de ce dernier cas; jadis parcourue par les Saumons jusqu'au début de la seconde moitié du xixe siècle, elle n'en contient plus aujourd'hui, malgré que son cours supérieur soit habité par la Truite; la zone d'aval, auprès et au-dessous de Dinan, forme ici une région d'interdiction.

Ces fleuves côtiers, en raison de leur brièveté, offrent cette disposition commune d'avoir leurs frayères habituelles non loin de la mer, à une distance qui dépasse rarement une centaine de kilomètres, et qui descend parfois à une dizaine. Ces régions de ponte sont situées dans les collines de la Normandie et dans les vallées qui descendent, en Bretagne, des Montagnes Noires et des Monts d'Arrée.

IV. **Zone de l'Ouest.** — La troisième zone française à Saumons, ou de l'Ouest, se compose surtout des bassins des trois grands fleuves, la Loire, la Gironde, l'Adour, qui se déversent dans le Golfe de Gascogne. Ce dernier forme la circonscription maritime où se passe la vie de croissance des individus, et d'où partent les migrateurs qui vont effectuer leur reproduction en eau douce.

La Loire a ses principales régions à frayères dans les parties méridionales et orientales de son bassin; elle n'en porte pas ailleurs, ou en porte peu. On doit, à cet égard, distinguer deux groupes. Le premier est celui de la Loire elle-même, et de l'Allier son affluent le plus important; la plupart des frayères sont situées dans la section des Cévennes qui comprend les vallées descendant des monts du Velay, de l'Auvergne et du Forez. Le second est celui de la Vienne; la majorité des frayères y est placée dans les vallées des Monts de la Marche et du Limousin.

Les principales régions à frayères de la Gironde sont actuellement situées dans la partie orientale de son bassin, dépendant de la Dordogne. La Garonne, autrefois riche en Saumons, notamment au moyen âge où leur pêche était florissante, n'en contient aujourd'hui, soit en elle-même, soit en ses affluents, que d'une manière rare et accidentelle; ses anciennes frayères, situées dans la section méridionale des Cévennes sur le versant Atlantique et au pied des Pyrénées centrales, n'existent plus. Quant aux frayères du bassin de la Dordogne, leur emplacement confine à ceux du groupe de la Loire, et s'étendent jusqu'aux départements de la Corrèze, du Cantal, du Puy-de-Dôme.

Le bassin de l'Adour, qui est actuellement le plus riche en Saumons du territoire français proportionnellement à son étendue, localise ses frayères dans les vallées qui descendent des Pyrénées basques, quelques-unes non loin de la mer, pour les affluents inférieurs comme la Nive et la Nivelle, les autres à une plus grande distance, pour les Gaves de Pau et d'Oloron.

§. — L'ABSENCE DU SAUMON SUR LE VERSANT MÉDITERRANÉEN.

I. Discussion préliminaire. — L'une des particularités les plus remarquables de la distribution géographique de *Salmo salar* est celle du défaut de cette espèce dans les bassins hydrographiques du versant méditerranéen de notre pays. Cette absence, du reste, n'est point spéciale à la France; elle se constate également dans les autres pays d'Europe riverains de la Méditerranée et de ses dépendances. Elle offre toutefois, quant à notre territoire, une importance de premier rang, car l'un des bassins déficients, celui du Rhône, occupe, soit de lui-même, soit par son principal affluent la Saône, un périmètre considérable, étendu de la Provence aux confins des Vosges, et comprenant une partie notable des Alpes, des Cévennes, du Jura.

La chose a été contestée pourtant à diverses reprises. On a signalé parfois des captures de Saumons dans la zone incriminée. Ces assertions méritent donc d'être examinées de près.

L'une d'elles a trait à la présence du Saumon dans le Rhône même, et principalement dans sa partie comprise entre Valence et Avignon. Plusieurs cas de capture, peu nombreux, toujours isolés, ont été signalés à diverses époques. Mais aucune description précise des individus pêchés n'a été donnée, sauf au sujet de leurs dimensions relativement fortes, et parfois du petit nombre de leurs dents vomériennes. Or ces caractères ne suffisent point à établir une diagnose exacte. Il semble bien qu'il s'est agi en pareil cas de grands exemplaires de *Salmo fario* L., appartenant à la variété au corps trapu et à faible pigmentation, qui habite plusieurs affluents du Rhône moyen, notamment l'Ardèche et le Rhône lui-même. Cette variété est capable de parvenir à une forte taille, presque égale à celle de la Truite des Lacs; aussi est-il possible qu'on ait qualifié de Saumons certains de ses représentants en raison de leurs dimensions supérieures à celles de la moyenne des Truites ordinaires. Elle est holobiotique, du reste; aucun fait n'autorise à présumer qu'elle soit capable d'effectuer des migrations semblables non seulement à celles du *Salmo salar* atlantique, mais même à celles de la Truite de mer (*Salmo fario trutta* L.).

Une réserve identique doit être observée vis-à-vis d'autres assertions relatives à la capture de Saumons en mer, auprès de Cette. Ces dernières, faites par Moreau en 1878 et en 1882, n'ont plus été renouvelées depuis, bien que cette région soit une de celles du littoral méditerranéen où la pêche est très active, et qu'il y ait chance par suite, actuellement comme autrefois, d'y trouver des poissons rares. Du reste, Moreau s'est borné à la stricte mention d'un Saumon et de trois « Saumoneaux », sans autre indication complémentaire de diagnose, ni précision d'habitat et de capture. C'est une mention nue, à laquelle on ne saurait accorder, malgré l'autorité de celui qui l'a émise, une valeur documentaire véritable.

Il n'en est pas de même pour celle dont Marion et Guitel furent les auteurs en 1890.

Son cas est celui de la capture en mer, dans le golfe du Lion, auprès de Banyuls, d'un individu du Saumon de Californie ou Saumon Quinnat (*Oncorhynchus tschawytscha* Walb). Cet exemplaire fut unique, car le fait ne s'est plus reproduit par la suite. Ces deux naturalistes lui consacrent, dans leur mémoire, une description détaillée et précise qui ne laisse aucun doute sur l'exactitude de la détermination. Cette pêche accidentelle eut, à l'époque même, son explication. Au début de 1890, l'administration des Ponts et Chaussées immergea dans l'Aude, fleuve tributaire du golfe du Lion, plusieurs dizaines de mille alevins de cette espèce, élevés dans des laboratoires installés à Gesse, localité de la haute vallée du fleuve. Le seul résultat visible de cette immersion fut la capture de l'exemplaire décrit par Marion et Guitel; rien de semblable ne s'est offert par la suite, ni dans l'Aude, ni dans les fleuves côtiers avoisinants, ni en mer; et l'on doit considérer tous ces êtres comme ayant disparu sans laisser de traces.

Sans insister davantage sur un tel sujet, ni sur son caractère accidentel, on voit qu'il ne comporte aucune application à celui de *Salmo salar* considéré comme espèce autochtone, puisqu'il s'agit d'une espèce différente, appartenant à un autre genre, et obtenue du fait d'une tentative d'acclimatation qui a échoué.

En définitive, les diverses mentions relatives à la pêche de vrais Saumons dans les eaux de la Méditerranée, sur notre littoral et dans les bassins fluviaux qui dépendent d'elles, sont ou vraiment inexactes, ou entachées de suspicion.

II. **Preuves de l'absence du Saumon.** — Cette discussion préliminaire des quelques cas concrets d'une capture supposée de véritables Saumons permet d'entreprendre la discussion générale de la question, et d'examiner, quant à la présence de *Salmo salar* dans les bassins du versant méditerranéen, si l'on doit vraiment pencher pour la négative.

La première remarque est celle de la ressemblance, à cet égard, des bassins français avec ceux des pays limitrophes et placés sous des latitudes correspondant à celles où l'on trouve des Saumons sur le versant atlantique. La limite inférieure étant le 42ᵉ degré de latitude Nord, une partie de l'Espagne au-dessus de Barcelone, toute l'Italie centrale et septentrionale au-dessus de Rome, et une partie des régions balkaniques, se trouvent comprises dans le périmètre d'habitat possible. Or les ichthyologistes de ces divers pays ont signalé maintes fois l'absence totale de *Salmo salar* dans leurs eaux. Il faut donc en conclure que le fait constaté dans les régions françaises, loin de constituer une exception, dépend par contre d'une règle qui paraît générale.

Une deuxième remarque porte sur le défaut de constatation de toute montée régulière et normale, comprenant l'entrée aux embouchures avec parcours fluvial, et semblable à celle que l'on observe avec continuité dans les bassins du versant atlantique. Les fleuves méditerranéens, le Rhône notamment, sont remontés annuellement par des espèces migratrices potamotoques, comme l'Esturgeon et l'Alose; plusieurs engins et parcs de pêche sont régulièrement installés pour la capture de ces poissons; rien de semblable n'existe à l'égard du Saumon.

Une remarque complémentaire touche au défaut de frayères à Saumons dans les cours d'eau du versant méditerranéen. Les praticiens de la pêche en eau douce, dans les localités où pondent habituellement les Saumons sur le versant atlantique du terri-

toire, connaissent bien les lieux de ponte, savent les discerner et les distinguer d'avec
ceux des Truites. Il n'en est plus ainsi pour les bassins méditerranéens. Malgré toutes
mes investigations touchant cette remarque et la précédente, je n'ai jamais obtenu
d'allégation précise permettant d'admettre une fréquentation quelconque des rivières
par *Salmo salar*. L'absence de cette espèce, dans les circonstances en cause, est complète.

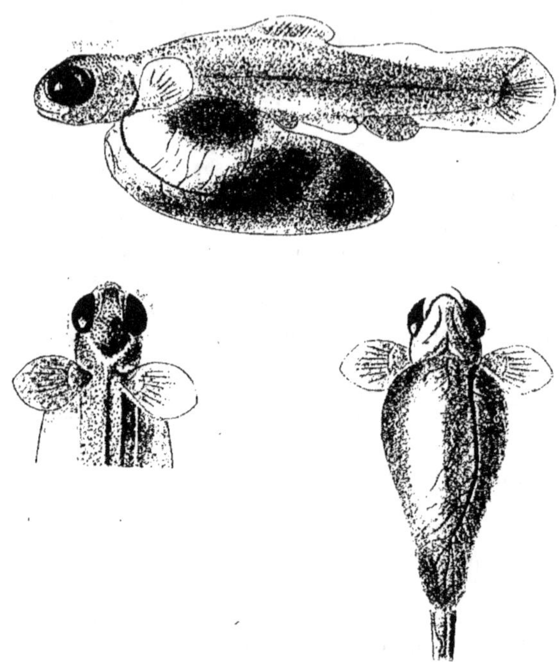

Fig. 14. — *Alevin à l'éclosion (1ᵉʳ jour).* — En haut, alevin entier vu de profil; en
bas et à droite, le même vu par la face ventrale (sauf la région caudale); en bas et
à gauche, région antérieure du même vue par la face dorsale. — Grossissement :
4/1. — Voir dans le texte, p. 94 et suiv.

Il est enfin une dernière particularité dont la mention permet de clore cette discussion. Les rivières des bassins atlantiques où pondent les Saumons sont descendues,
pendant la première moitié du printemps, par les alevins ou Tacons qui effectuent
leur voyage à la mer. Même les cours d'eau à frayères peu nombreuses montrent une
descente de cette sorte, qui, en l'absence de pêche de reproducteurs trop rares ou
d'observation de frayères trop espacées, permet d'attester la réalité de la migration et de la présence de *Salmo salar*. Ces Tacons ne passent jamais inaperçus; leur
taille déjà forte, leurs teintes claires et brillantes qui les rendent aisément visibles

dans l'eau, leur voracité qui les fait mordre volontiers aux appâts, les décèlent facilement. C'est en observant ces descentes que l'on peut, en beaucoup de cas, conclure à la fréquentation habituelle, bien que les reproducteurs aient souvent réussi à échapper aux pêcheurs. Or aucune descente de cette nature n'a été signalée dans les cours d'eau méditerranéens. Les Tácons y sont inconnus des riverains; et cette absence totale de la forme juvénile des représentants de l'espèce est un sûr garant, étant donnée la biologie de *Salmo salar*, de l'absence des migrateurs reproducteurs.

En définitive, tous les documents s'accordent pour établir que le Saumon n'existe pas dans les bassins hydrographiques du versant méditerranéen.

III. **Causes possibles de l'absence du Saumon.** — Cette conclusion mérite, à son tour, un examen complémentaire au sujet de la question qui s'est posée autrefois, et qui pourrait se poser encore, de la possibilité d'un repeuplement de ces bassins en Saumons par voie d'immersions.

Il convient de remarquer, à ce propos, que le plus important et le plus étendu de ces bassins, celui du Rhône prolongé par celui de la Saône, se développe à côté de ceux de la Seine et de la Loire, auxquels il se juxtapose. En de certaines régions, dans les Cévennes notamment, des rivières du versant atlantique où les Saumons viennent pondre se trouvent situées à quelques kilomètres de distance des rivières du versant méditerranéen où rien de tel ne s'observe jamais. Les conditions de topographie, d'oxygénation, d'écoulement sont identiques des deux côtés; et, malgré cette ressemblance quant aux qualités physico-chimiques des eaux douces, l'opposition biologique quant à la présence du Saumon se trouve complète. Il faut donc en inférer que cette opposition ne provient pas des eaux douces elles-mêmes où s'effectue la ponte, mais des eaux marines où s'accomplit la vie de croissance; les premières étant capables de fournir à *Salmo salar* tout ce qui conviendrait à sa migration reproductrice, alors que les secondes se refusent à lui donner des facilités comparables. En somme, l'océan Atlantique, au-dessus du 42° de latitude Nord, serait propre à la vie de croissance du Saumon, alors que la Méditerranée ne l'est point.

Il devient difficile de se prononcer avec précision sur les causes probables de cette différence, car il faudrait, pour trancher, connaître exactement les zones atlantiques où *Salmo salar* passe sa vie de croissance, et toutes les qualités physico-chimiques de leurs eaux, afin de les comparer aux qualités similaires des eaux méditerranéennes. Or ceci n'est pas, et l'on doit se borner à des présomptions. Les données océanographiques permettent d'arriver toutefois, sur ce point, à une approximation suffisante.

La première différence à noter, dans cette comparaison, serait celle de la salinité. Le taux ordinaire des eaux océaniques oscille autour de 35 p. 1000; celui des eaux méditerranéennes autour de 38. La salinité moyenne de la Méditerranée est donc supérieure de façon notable à celle de l'Océan. Il paraît peu probable, pourtant, que cette différence soit capable d'influencer la biologie du Saumon. Ce dernier montre une euryhalinité si parfaite, et passe avec tant de facilité de l'eau douce à l'eau océanique chlorurée au titre de 35, que l'on peut estimer, dans la limite des choses possibles, qu'une facilité identique s'offrirait à l'égard des eaux au titre de 38, comme le sont celles de la Méditerranée. L'état de salinité accentuée ne semble point constituer un fait capital dans l'exclusion du Saumon hors des eaux méditerranéennes.

Il n'en est plus de même si l'on compare entre elles les thermalités des deux mers. L'océan Atlantique, dans celles de ses parties où l'on peut admettre que le Saumon mène son existence bathypélagique de croissance, présente, au-dessous des couches aqueuses hétérothermes de la surface, une zone homotherme dont la température habituelle est comprise entre 0° et 4°. Par contre, dans la Méditerranée, la zone homotherme correspondante se maintient avec constance à une température comprise entre 13° et 14°. L'écart est considérable. Or le Saumon, comme les autres Salmonidés de son groupe, est manifestement sténotherme. Il recherche les eaux les plus froides, et s'écarte des eaux les plus tièdes, comme le montrent les mensuratious thermométriques

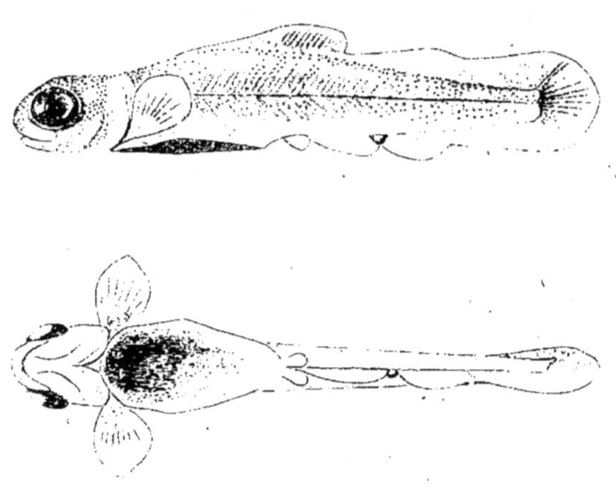

Fig. 15. — *Alevin à l'éclosion dont la vésicule vitelline a été enlevée* pour mieux montrer les dispositions du corps proprement dit. — Se reporter à la figure 14. — En haut, vue de profil; en bas, vue ventrale.

exposées dans les paragraphes précédents. Sa sténothermie se lie à son besoin d'un taux élevé d'oxygène dissous. Il se pourrait donc qu'elle possédât, pendant la vie de croissance, une importance notable. L'écart entre les deux mers est tel, que cette présomption paraît acceptable de considérer les eaux profondes de la Méditerranée, en raison de leur température relativement élevée, comme moins propres que celles de l'Atlantique à la vie de croissance du Saumon.

Il n'est guère possible, dans l'état présent de la documentation océanographique, de comparer avec précision la teneur en oxygène dissous, aux diverses profondeurs, des eaux du large de l'Atlantique avec celles de la Méditerranée. Quelques indications se dégagent toutefois des faits acquis actuellement.

Les eaux superficielles, dans les deux mers, ne montrent aucune différence trop sensible; la plupart des dosages donnent des chiffres compris entre 4 centimètres cubes et demi et 6 centimètres cubes d'oxygène dissous par litre, inférieurs par conséquent à ceux de la majorité des eaux douces des bassins fluviaux. Il est probable que ces proportions suffisent aux besoins de la vie de croissance, moindres sans doute que ceux de la vie de reproduction. Mais la Méditerranée offre un phénomène assez répandu, s'accordant avec son état de mer presque fermée, et que l'on ne retrouve point ainsi dans l'océan Atlantique : au-dessous d'une certaine profondeur, habituellement comprise entre 200 et 300 mètres, la teneur en oxygène dissous, malgré quelques variations, diminue à mesure que la profondeur augmente, descend par places au voisinage de 4 cc. par litre, et tombe même au-dessous. Si les Saumons, ainsi que les présomptions portent à l'admettre, installent leur habitat de vie de croissance en des couches aqueuses profondes, il se peut que ce taux soit insuffisant pour leurs besoins respiratoires, et, comme pour leur vie de reproduction, que cette diminution, jointe à l'élévation thermique, constitue à leur égard une cause d'exclusion.

Une dernière disposition différentielle, qui découle probablement de la précédente, mérite d'être invoquée. Les couches profondes dans les parties de l'océan Atlantique où fréquentent les Saumons sont plus richement peuplées que leurs similaires de la Méditerranée. L'alimentation abondante jouant un rôle considérable dans la biologie du Saumon pour sa croissance rapide, il se pourrait que cette espèce ne trouve point dans les eaux méditerranéennes la quantité de matériaux alimentaires dont elle a besoin. Tout en étant capable peut-être d'y vivre d'autre part, elle ne saurait s'y maintenir de ce fait seul. J'ai montré voici quelques années, à propos des Sélaciens bathypélagiques (*Bull. de l'Institut Océanographique*, n° 243, 1912), que les espèces communes à l'Océan et à la Méditerranée semblent représentées en moins grand nombre dans cette dernière mer que dans la première. Ces poissons voraces, grands déprédateurs, y sont beaucoup plus rares, et même beaucoup d'entre eux y font défaut (*Chlamydoselachus anguineus* Garm., *Pseudotriacis microdon* Cap., *Ginglymostoma cirratum* Bonn., *Acanthidium calceus* Lowe, *Scymnodon ringens* B. C., *Etmopterus pusillus* Lowe). Le cas du Saumon s'accorderait avec celui de ces derniers, qui reconnaît sa cause probable dans la pénurie alimentaire, ou la parcimonie tout au moins, des profondeurs méditerranéennes.

Il n'est pas, en poursuivant l'examen des considérations de cet ordre, jusqu'à la concurrence vitale, qui ne puisse encore être mentionnée à ce sujet. Cette concurrence est celle des Thons et des autres Scombridés de grande taille, voraces et rapides à l'égal des Saumons. Ces espèces peuplent la Méditerranée en permanence, alors qu'elles manquent, sauf en été, aux régions atlantiques où fréquente le Saumon. La lutte pour l'alimentation mériterait donc ici d'entrer également en compte.

Quoiqu'il en soit de ces diverses présomptions, la dissemblance de qualités entre la la Méditerranée et l'Océan est suffisante, dans la limite de ce que nous en savons, pour reconnaître en elle la cause immédiate et actuelle de l'absence du Saumon dans l'une, opposée à sa présence dans l'autre. Peut-être toutes ces qualités différentes exercent-elles à la fois une influence; peut-être quelques-unes seulement ont-elles une action prédominante: quoi qu'il en soit, la raison du défaut de Saumons dans les bassins fluviaux du versant méditerranéen ne doit pas être cherchée dans ces bassins eux-mêmes, mais dans l'état des eaux marines. Ces dernières, à l'époque actuelle, dans les conditions présentes de la Méditerranée, sont impropres à assurer la vie de croissance complète du Saumon, comme celle de tout autre Salmonidé potamotoque. Cette conclusion est, il faut le craindre, définitive. Il convient de ne point l'oublier, toutes les fois où l'on voudra envisager la possibilité d'un repeuplement de ces bassins avec des espèces migratrices. C'est en elle qu'il faut chercher la raison des insuccès constants de toutes les tentatives faites jusqu'ici, aussi bien en France qu'en Italie.

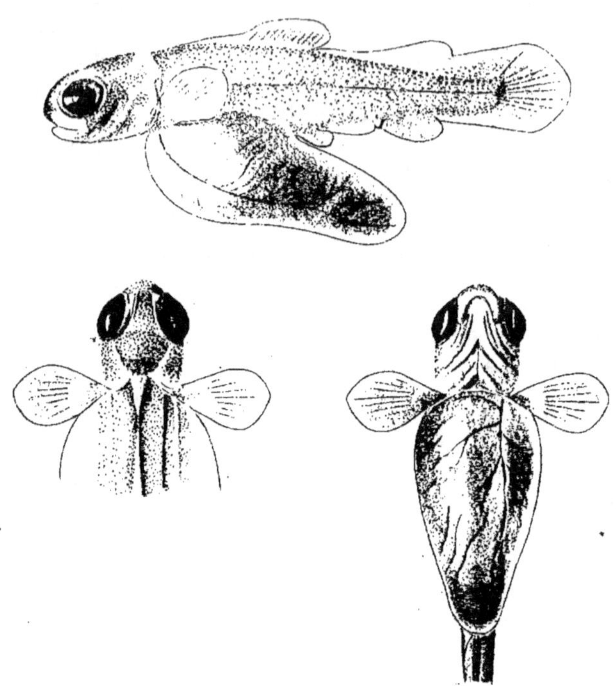

Fig. 16. — *Alevin au 4ᵉ jour.* — En haut, alevin entier vu de profil; en bas et à droite, le même vu par la face ventrale (sauf la région caudale); en bas et à gauche, région antérieure du même vue par la face dorsale. — Grossissement : 4/1. — Voir dans le texte, p. 96 et suiv.

§ 6. — LA MIGRATION DU SAUMON DANS SON ENSEMBLE.

I. **Caractères généraux de la biologie migratrice du Saumon.** — Les données précédentes permettent d'établir désormais la caractéristique générale de la migration de *Salmo salar*.

Du point de vue morphologique, l'individu, au cours de son existence, passe par trois phases successives; l'une, préliminaire, est celle du développement juvénile ou de l'alevinage; l'intermédiaire est celle de la vie de croissance en mer; la finale est celle de la reproduction et de la ponte. La migration consiste dans les déplacements effectués par l'individu pour se rendre, à chaque fois, dans les milieux appropriés à chacune de ces phases.

La première, ou de la vie juvénile, a lieu dans un milieu potamique ou d'eau douce. Elle commence dès la ponte accomplie; elle s'achève dès l'alevinage terminé, et l'alevin ou Tacon revêtu de sa livrée de descente. Sa durée habituelle est de deux années chez la plupart des individus.

La deuxième phase est thalassique; elle a lieu en mer, au large, en pleine eau profonde. Elle se consacre à la vie de croissance ; le corps, pendant sa durée. grandit avec rapidité. Elle s'interrompt dès l'élaboration sexuelle et l'entrée possible dans un bassin fluvial. Cette durée, plus brève ordinairement chez les mâles que chez les femelles, varie, selon les individus, depuis treize ou quatorze mois jusqu'à quatre ou cinq années et parfois davantage. Le degré de croissance lui est proportionnel.

La troisième phase, potamique comme la première, est celle de la vie reproductrice. Elle commence aux diverses époques de la genèse sexuelle, lors de l'entrée dans un bassin fluvial, et comporte les étapes successives de l'élaboration et de la maturation des produits génitaux, pour s'achever par la ponte chez les femelles, la fécondation chez les mâles, et se terminer souvent par la mort des individus ou tout au moins leur déchéance vitale. Sa durée, selon les dates de l'entrée en eau douce, varie de trois ou quatre mois à douze ou quatorze. La croissance s'arrête pendant qu'elle a lieu, le travail physiologique consistant à reporter aux éléments de la sexualité les matériaux nutritifs de réserve accumulés auparavant dans l'organisme.

La migration fondamentale comporte ainsi un double déplacement alternatif, destiné à transporter l'individu, d'abord du milieu potamique de la première phase au milieu thalassique de la seconde, ensuite de ce dernier au premier. Elle comprend un aller et un retour, le premier étant qualifié comme descente des alevins, le second comme montée des reproducteurs; celui-ci étant souvent pris pour la migration proprement dite.

Ce dernier, essentiellement, se borne au seul retour, à une seule montée conduisant progressivement l'individu de l'embouchure fluviale à la localité de ponte. Elle est toutefois susceptible, chez une minorité, d'avoir lieu à plusieurs reprises, et de s'associer en ce cas à des reprises concomitantes de la vie de croissance en mer. Il en est ainsi lorsque le migrateur survit après la ponte, se rétablit de sa déchéance, et réussit à retourner dans le milieu thalassique. Ce redoublement éventuel de la vie de croissance et de la vie reproductrice, considéré jadis comme formant la règle pour le Saumon et l'entraînant à un va-et-vient régulier entre la mer et les rivières, ne se manifeste que dans le cas de survie, qui est le moins fréquent.

Du point de vue biologique, le retour de montée obéit à un certain nombre de conditions qui le règlent et qui en assurent le résultat.

La première d'entre elles, qui domine les autres, tient à la richesse du milieu potamique en oxygène dissous. Le Saumon, comme les autres Salmonidés de son groupe, a une respiration active; ses besoins respiratoires augmentent à l'époque de la reproduction. Il lui faut alors procéder, dans le milieu intérieur de son organisme, à la transformation et au report des matériaux de réserve. Les phénomènes d'oxydation qui doivent accompagner ce métabolisme expliquent, selon toutes probabilités et en attendant la confirmation expérimentale de cette suggestion, l'accroissement des exigences respiratoires. Non seulement l'individu doit trouver dans le milieu qui l'entoure un taux d'oxygène dissous dont la limite minima absolue paraît être comprise entre 6 et 7 cc. par litre ou voisine de ce dernier chiffre, mais encore, dans ce milieu extérieur hétérogène, il se dirige vers les parties où le taux est le plus élevé. Il quitte les eaux marines pour les eaux douces, en raison de l'oxygénation plus riche de ces dernières; aux confluents des bassins fluviaux, il pénètre exclusivement dans les rivières les mieux pourvues en oxygène dissous; dans sa montée, il va progressivement vers les affluents de tête, qui sont les plus lointains mais aussi les plus avantagés; et il ne s'arrête en eux que dans les lieux où le taux d'oxygénation des eaux du bassin se trouve à son maximum, pour y installer ses frayères.

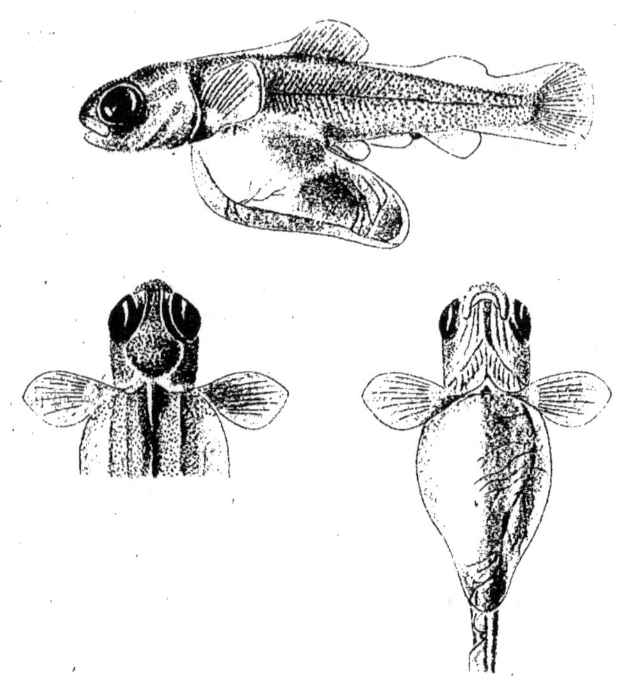

Fig. 17. — *Alevin d'une semaine.* — En haut, alevin entier vu de profil; en bas et à droite, le même vu par la face ventrale (sauf la région caudale); en bas et à gauche, région antérieure du même vue par la face dorsale. — Grossissement : 4/1. — Voir dans le texte, p. 97 et suiv.

Les autres conditions de milieu paraissent d'importance moindre, et propres surtout à faciliter la précédente. La première d'entre elles touche à l'euryhalinité, qui permet au Saumon de passer sans dommage et sans délai de l'eau de mer à l'eau douce, ou inversement. Une deuxième est celle de la sténothermie, qui porte les individus vers les eaux dont la température est la moins élevée, bien que le maximum thermique dont ils soient encore capables de s'accommoder puisse approcher de 20° (voir ci-dessu les résultats relatifs aux Gaves de Pau et d'Oléron, page 53), lorsque le taux d'oxygène dissous est suffisant. La dernière de ces conditions supplémentaires touche à la rhéotaxie; les Saumons fréquentent de préférence les rivières dont le courant est rapide, et délaissent les autres, ainsi que les eaux stagnantes. L'indication la plus nette à ce sujet est fournie par la ponte même, où l'on voit les reproducteurs rechercher des ruisseaux de faible largeur et de profondeur minime, mais dont la rapidité du courant est forte, pour les préférer à d'autres ruisseaux ayant même nature de fond et de dispositions, mais dont le cours est plus lent. Il est présumable que cette rapidité, toutes autres choses égales d'ailleurs ou peu différentes, facilite la fonction respiratoire, en renouvelant plus vite autour de l'individu le milieu qui contient l'oxygène dissous, ce renouvellement plus actif expliquant la recherche de telles circonstances par les reproducteurs.

Au total, l'exposé de ces conditions précise et concrétise la notion habituelle qu'ont de ces exigences les praticiens de la pêche. Leur expérience technique leur a permis de se rendre compte que les Saumons ne pondent pas indifféremment dans des parties quelconques des bassins, mais qu'ils choisissent des eaux claires, vives, courantes, et qu'ils se portent vers ces dernières dans la mesure où cela leur est possible. Les qualités exigées par ce choix sont précisément celles que l'étude biologique met en lumière avec netteté, et dont elle permet d'apprécier la valeur comme la portée.

II. Étude biologique comparative des autres poissons migrateurs. — 1° Les Truites des lacs. — Le Saumon, en un tel cas, ne se met pas à l'écart. Son état est celui d'un certain nombre d'autres poissons migrateurs, soit de son groupe, soit appartenant à d'autres familles. Il en est ainsi, notamment, pour la Truite des lacs (*Salmo fario lacustris* L.), qui entre avec le Saumon dans le genre *Salmo*. On sait que cette Truite pond rarement ses œufs dans les eaux lacustres où elle passe son existence. Le plus souvent, les reproducteurs, en majorité, vont frayer dans les affluents du lac. Le moment de l'élaboration sexuelle étant venu, ils s'introduisent dans ces affluents, parfois dans les émissaires, les parcourent plus ou moins, jusqu'à ce qu'ils rencontrent des lieux propices à l'établissement de frayères, y pondent, puis retournent au lac. Les œufs pondus et fécondés éclosent dans l'eau courante, où les alevins vivent pendant quelque temps avant de se rendre au lac à leur tour. Ce va-et-vient, ayant la ponte pour objet, ressemble donc en petit à celui de *Salmo salar*, avec ces deux différences toutefois que les distances moyennes parcourues sont plus courtes, et que les milieux successivement habités consistent toujours en eaux douces. Malgré cette opposition, il est pourtant permis de reconnaître, du point de vue biologique, chez *Salmo fario lacustris* les trois phases offertes par *Salmo salar* : 1° une phase de vie juvénile dans un cours d'eau; 2° une phase de vie de croissance en milieu lacustre, comme celle de *Salmo salar* s'accomplit en milieu marin; 3° une phase de vie reproductrice, qui ramène l'individu dans un cours d'eau pour y pondre. La première et la troisième de ces phases sont relativement plus brèves chez la Truite des lacs que chez le Saumon, tandis que la deuxième serait plus longue; mais leur total compose un cycle migrateur de même sorte et de même nature.

Partant, j'ai effectué sur ce sujet un certain nombre de recherches (1916), qui ont concordé par leurs résultats avec celles du Saumon. Les Truites des lacs, en remontant les affluents pour leur reproduction, vont d'un milieu moins riche en oxygène dissous vers un milieu plus riche, bien que la teneur des eaux lacustres soit élevée, et propre dans certains cas à satisfaire aux exigences respiratoires ; d'autre part, le renouvellement du milieu, dans les cours d'eau, facilite les échanges de la respiration, ce qui permet à certains reproducteurs de s'introduire parfois dans les émissaires pour y faire leur ponte. Il n'est pas jusqu'au choix des cours d'eau que l'on ne voie se réaliser comme chez le Saumon, puisque j'ai constaté, pour le lac de Nantua, que les

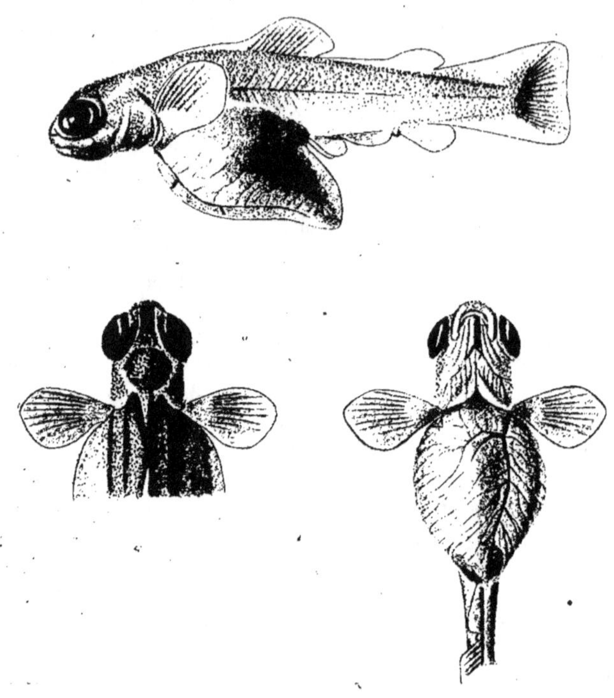

Fig. 18. — *Alevin de deux semaines*. — En haut, alevin entier vu de profil ; en bas et à droite, le même vu par la face ventrale (sauf la région caudale) ; en bas et à gauche, région antérieure du même vue par la face dorsale. — Grossissement : 4/1. — Voir dans le texte, p. 100 et suiv.

Truites pénètrent dans les rivières les mieux pourvues en oxygène dissous, et s'écartent des autres.

La biologie de *Salmo fario lacustris* est donc comparable, sur ce sujet, à celle de *Salmo salar* ; toutes deux montrent des dispositions identiques.

2° *Les Aloses*. — Le cas des espèces européennes du genre *Alosa* ressemble à celui des Saumons. Les Aloses appartiennent à la famille des Clupéidés ; leur exemple, par conséquent, est donné par des êtres assez éloignés de la famille des Salmonidés et de

5.

ses groupes satellites. Les faits concordent cependant, et contribuent à prouver l'influence exercée par le taux de l'oxygène dissous sur le phénomène migrateur potamotoque. Selon des études de Bounhiol (1917) sur l'Alose finte d'Algérie (*Alosa finta* Cuv.), les représentants de cette espèce se dirigent, pour les besoins de leur reproduction, vers les milieux de plus forte oxygénation. Mes observations personnelles me permettent de confirmer le fait à l'égard de l'Alose commune de France (*Alosa alosa* L.):

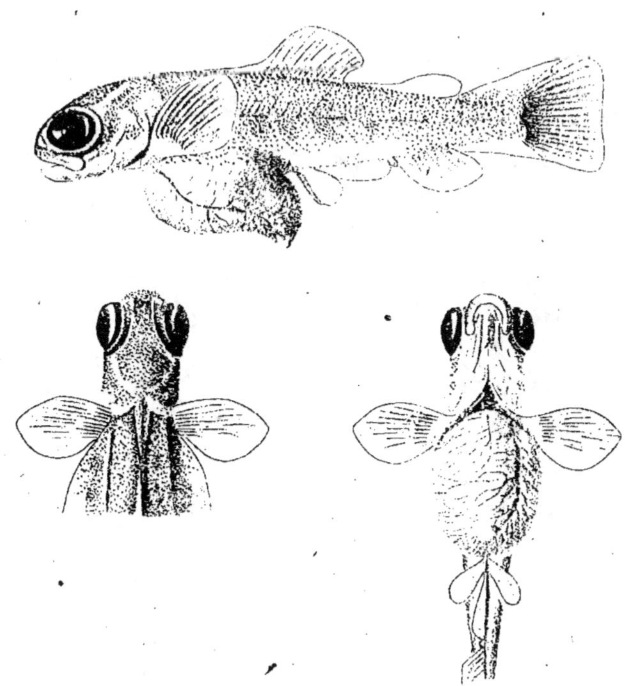

Fig. 19. — *Alevin de 3-4 semaines.* — En haut, alevin entier vu de profil; en bas et à droite, le même vu par la face ventrale (sauf la région caudale); en bas et à gauche, région antérieure du même vue par la face dorsale. — Grossissement : 4/1. — Voir dans le texte, p. 101 et suiv.

la migration de ponte, ou montée, de cette dernière semble vraiment conduite d'une manière semblable à celle du Saumon, tout en différant d'elle par certaines particularités sur lesquelles il est utile d'attirer l'attention.

Le séjour des reproducteurs en eau douce est moindre chez l'Alose que chez le Saumon; sensiblement identique chez tous, ou peu différent selon les exigences du parcours nécessaire à l'arrivée sur les frayères, il embrasse seulement une période de quelques semaines du printemps. Une brièveté du séjour en eau douce, semblable à celle des reproducteurs, se manifeste chez les alevins, qui se laissent emporter par le courant et entraîner à la mer, dès le début de leur croissance, pendant l'été et le commencement de l'automne consécutifs à la ponte. Par rapport au Saumon, l'Alose montre donc un minimum de durée de la vie en rivière, chez les reproducteurs comme chez les alevins.

Par surcroît, ses exigences respiratoires sont moindres. Les Aloses remontent la Vilaine, en Bretagne, dans laquelle les Saumons ne pénètrent point en raison de sa

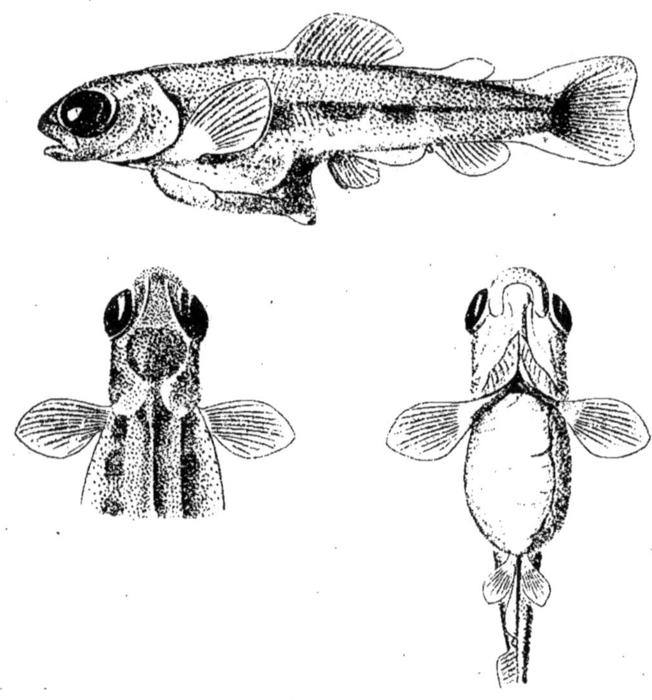

Fig. 20. — *Alevin de 5 semaines.* — En haut, alevin entier vu de profil; en bas et à droite, le même vu par la face ventrale (sauf la région caudale); en bas et à gauche, région antérieure du même vue par la face dorsale. — Grossissement : 4/1. — Voir dans le texte, p. 103 et suiv.

faible teneur en oxygène dissous. Au Bec-du-Gave, dans le bassin de l'Adour, elles continuent à progresser dans l'Adour, et délaissent les Gaves-Réunis, alors que les Saumons font tout le contraire. Le taux d'oxygénation des rivières qu'elles parcourent est plus élevé que le taux habituel des eaux marines, mais moins que celui des courants fréquentés par les Saumons. En revanche, elles accusent une sensibilité fort nette vis-à-vis de la température, et leur choix, tout en se laissant guider par les besoins respiratoires, s'inspire à titre égal des exigences thermiques. On les voit se porter vers les eaux qui, tout en leur garantissant l'optimum de respiration, leur procure le maximum de température. Ceci ne saurait étonner si l'on observe que les Clupéidés, dont les Aloses font partie, habitent surtout les régions tempérées chaudes et tropicales, tandis que les *Salmo* vivent tous dans des régions plus froides.

3° *Les Muges ou Mulets.* — Les Aloses, comme les Saumons, sont des migrateurs potamotoques, dont la vie de croissance a lieu en mer, et la vie reproductrice en eau douce. Il est, dans la nature, d'autres poissons migrateurs qui offrent le contraire, et vont pondre en mer, après avoir effectué totalement ou partiellement leur vie de croissance dans l'eau saumâtre des estuaires et des étangs littoraux, ou dans l'eau douce. L'Anguille appartient à cette catégorie; mais les exigences de température et d'obscurité paraissent intervenir chez elle, dans ses migrations, avec une intensité, soit temporaire, soit permanente, que l'on ne retrouve pas ailleurs. Par contre, les Muges ou Mulets (*genre Mugil*), de la famille des Mugilidés, tout en montrant dans certains cas extrêmes une réelle sensibilité thermique, présentent, du moins ceux qui habitent les estuaires et les étangs littoraux, un cycle migrateur régulier qui ne semble dépendre ni de la salinité différente, ni de la thermalité, ni de la luminosité, mais de la teneur en oxygène dissous. L'action dirigeante en ce cas serait de même nature que celle du cycle migrateur potamotoque, bien que s'exerçant en sens contraire. Par suite, j'ai effectué à cet égard un certain nombre d'études pour confirmation (1915-1917).

Les principales espèces françaises du genre *Mugil* sont fréquentes dans les étangs littoraux. Leur migration complète comprend deux déplacements inverses : l'un de sortie, dirigé de l'étang à la mer, l'autre d'entrée, dirigé de la mer à l'étang. La migration de sortie a lieu pendant la seconde moitié de l'été (août et septembre); elle se lie à l'élaboration sexuelle. Les individus, qui vont des eaux saumâtres de l'étang aux eaux marines, sont surtout des reproducteurs dont les glandes génitales sont déjà volumineuses. Leur maturation sexuelle et la ponte s'effectuent en mer. La migration d'entrée s'accomplit pendant l'hiver et la première moitié du printemps; son mouvement principal se place de février à avril. Les individus qui vont alors des eaux marines aux eaux saumâtres de l'étang appartiennent à deux catégories. Les uns sont des alevins récemment éclos, provenant des pontes faites à la suite des migrations de sortie antérieure; les autres sont des adultes immatures que leur allure autorise à considérer comme étant les reproducteurs de ces migrations antérieures de sortie, qui retournent à l'étang après avoir pondu. Les *Mugil* offrent ainsi le type caractéristique de la migration que j'ai qualifiée de *Thalassotoque ;* ils habitent normalement un milieu d'eaux saumâtres ou presque douces, vont dans les eaux marines pour s'y reproduire, puis, la ponte accomplie, retournent à leur milieu précédent.

Le milieu constitué par les eaux saumâtres de l'étang diffère de celui des eaux marines littorales par plusieurs particularités, tenant à la salinité, à la température et au taux de l'oxygène dissous. Au sujet de la salinité, les individus, dans la migration de sortie, se rendent d'un milieu moins salin dans un milieu plus riche en sels, bien que la différence entre la mer et l'étang passe par un minimum à cette époque de l'année. Par contre, dans la migration d'entrée, les individus vont d'un milieu plus salin dans un milieu moins riche, la différence à cette seconde période passant par un maximum. Ainsi les Muges, en leurs migrations, ne semblent pas affectés par les circonstances variables tenant à la salinité; ils sont euryhalins.

Ils sont de même eurythermes, quoique en des proportions moindres. S'ils vont, pour leur migration de sortie, d'un milieu à plus haute température dans un milieu à température plus basse, c'est l'inverse, ou tout au moins l'égalité entre les deux milieux, qui se réalise à l'époque de la migration d'entrée. Il semble donc que les différences tenant à la salinité et à la température ne jouent aucun rôle prédominant dans le phénomène migrateur, puisque les déplacements s'accomplissent aussi bien dans le sens

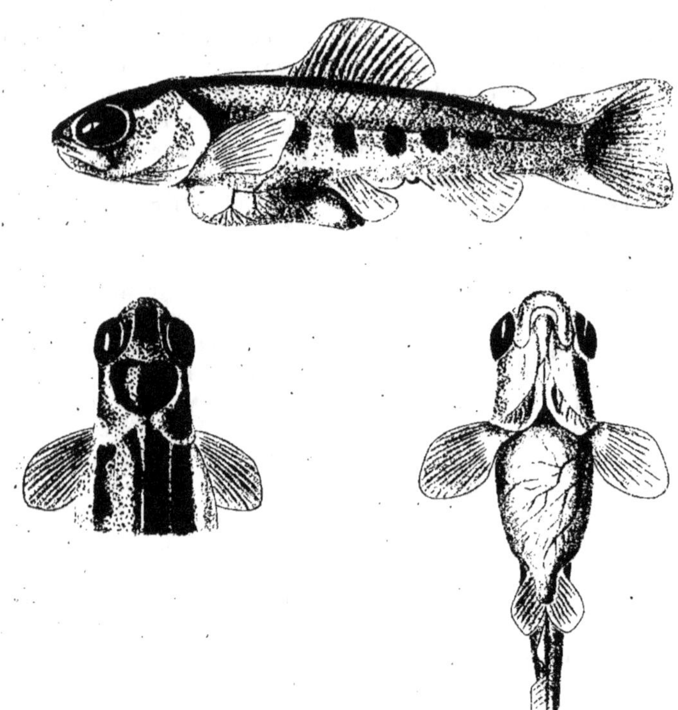

Fig. 21. — *Alevin de 6 semaines.* — En haut, alevin entier vu de profil; en bas et à droite, le même vu par la face ventrale (sauf la région caudale); en bas et à gauche, région antérieure du même vue par la face dorsale. — Grossissement : 4/1. — Voir dans le texte, p. 106 et suiv.

positif que dans le sens négatif par rapport à ces conditions, du moins dans les circonstances habituelles de la sortie reproductrice et de l'entrée au printemps.

Il n'en est plus ainsi quant à l'oxygène dissous. Mes recherches sur la migration de sortie ont montré que les eaux marines littorales, à cette époque, sont plus riches en oxygène que celles de l'étang. De même, à l'époque de la migration d'entrée, comme je l'ai indiqué dans une communication (1916), les eaux saumâtres de l'étang sont plus riches en oxygène dissous que celles de la mer. Dans un cas comme dans l'autre, les deux déplacements inverses ont pour condition commune de se diriger d'un milieu moins oxygéné vers un milieu mieux pourvu en oxygène dissous. Une telle constance contraste avec ce qui est de la salinité et de la température.

Une nouvelle circonstance mérite d'être relevée. Les déplacements des migrateurs dans les deux sens ne se font point d'une manière quelconque; les principaux d'entre eux, qui rassemblent de beaucoup la majorité des individus, se lient à la présence et à la durée des courants établis entre la mer et l'étang. A l'époque de la migration de sortie, la plupart des migrateurs ne vont à la mer que lorsque les courants d'eaux marines se portent vers l'étang; et ils remontent ces derniers en sens contraire. De même, à l'époque de la migration d'entrée, le déplacement principal vers l'étang s'effectue à contre-courant lorsque les eaux de l'étang se rendent à la mer. Les choses ont lieu comme si les migrateurs ne consentaient à se déplacer et à accomplir leur migration qu'après avoir été touchés par des eaux dissemblables de celles où ils se trouvaient jusque-là, et comme si cette migration ne consistait pour eux qu'à se maintenir dans ce milieu nouveau, en le remontant de proche en proche jusqu'aux zones d'où il émane.

En somme, les *Mugil* des étangs littoraux montrent un type simplifié de la migration reproductrice ou génétique, car ils n'ont à se déplacer que d'un petit nombre de kilomètres pour accomplir leur voyage de ponte et changer de milieux. Ce type est complet cependant. Il comporte une descente à la mer ou sortie, et une remonte en étang ou entrée ; il se lie à la ponte, qui s'accomplit normalement dans un milieu différent de celui où s'effectue la vie de croissance principale. Etant complet, les indications qu'il fournit dans sa simplification ont une grande importance, car les circonstances accessoires, auxquelles on est tenté ailleurs de donner une certaine importance, sont ici écartées.

Cette migration, dans ses deux déplacements inverses, a son déterminisme lié à l'action directe et différentielle du milieu ambiant. Il lui faut, en effet, la condition que les courants alternatifs de sens contraire, établis entre la mer et les étangs, viennent exercer directement une action différentielle sur les individus en état de se déplacer. Cette migration a donc, avec netteté, un caractère de tropisme, car l'influence immédiate du milieu environnant joue un rôle prépondérant.

Ce tropisme est surtout d'ordre respiratoire, puisque les individus vont toujours, quel que soit le sens de leur déplacement, d'un milieu plus pauvre vers un milieu plus riche en oxygène dissous.

III. **Les tropismes migrateurs.** — Ces études complémentaires faites sur les Truites des lacs, sur les Aloses et sur les Muges permettent de généraliser la notion posée à l'égard du Saumon quant à ses déplacements dirigés selon les influences différentielles du milieu environnant. Elles autorisent l'examen de questions complémentaires sur le phénomène migrateur, où le Saumon est intéressé à l'égal des autres espèces migratrices. Ces questions portent sur la qualité de tropisme accordée à l'action directrice de la migration ainsi que sur la façon dont ce tropisme s'exerce, sur le déterminisme migrateur considéré dans son ensemble, enfin sur la valeur comparative de la migration du Saumon par rapport aux faits de même ordre manifestés ailleurs.

1° *Le branchiotropisme du Saumon.* — Quant au premier point, il paraît indiscutable, étant donnés les résultats précédemment exposés, que l'action directrice, dans le déplacement reproducteur du Saumon, soit vraiment un tropisme d'ordre respiratoire, ou branchiotropisme, pour tout exprimer d'un seul mot en évitant une périphrase. Les faits s'accordent pour aboutir à une telle conclusion : choix des embouchures où les migrateurs ne pénètrent en nombre que dans celles dont le fleuve apporte une eau notablement mieux pourvue en oxygène dissous que les eaux marines du large d'où ils proviennent; choix identique effectué aux confluents fluviaux, où ils prolongent exclusivement leur course dans les affluents dont le taux d'oxygénation est le plus élevé:

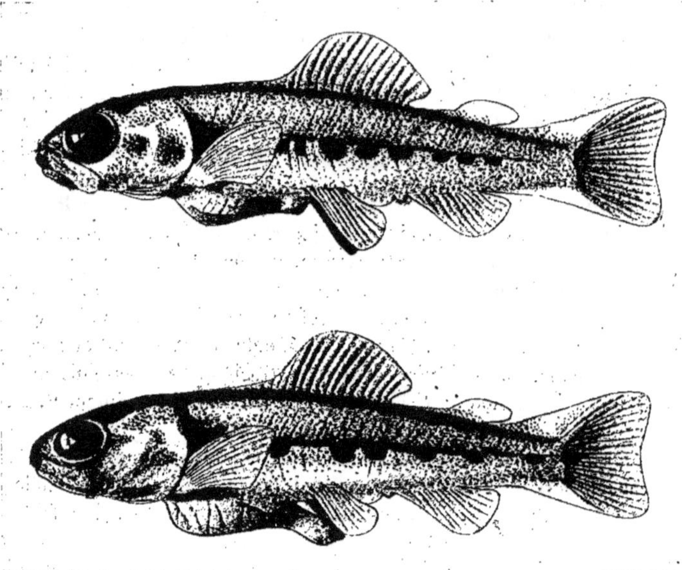

Fig. 22 et 23. — *Alevin de 7 semaines* (figure inférieure) et *Alevin de 8 semaines* (figure supérieure) vus de profil. — Grossissement : 4/1. — Voir dans le texte, p. 107 et suiv.

entraînement continu, progressif vers les têtes des bassins et les localités où l'oxygénation touche à son maximum, afin d'y procéder à la maturation sexuelle, à la ponte, à la fécondation. L'action différentielle s'exerce constamment au cours de cette suite de phénomènes, en raison des dissemblances établies, quant à la proportion de l'oxygène dissous, entre les diverses eaux qui s'unissent pour composer le milieu ambiant. Les migrateurs, poussés par l'exigence de la suractivité respiratoire, se portent vers celles qui leur permettent d'y mieux satisfaire, et, de proche en proche, si les circonstances les favorisent, gagnent les régions les plus propres à l'accomplissement de la fonction reproductrice. Il y a en cela tropisme fort net, où l'influence du milieu environnant joue le principal rôle. Concrète et objective, suffisante d'elle-même pour mener l'individu de bout en bout dans sa migration, cette influence exclut toute autre cause présumée et hypothétique. Le Saumon reproducteur quitte la mer et remonte les rivières pour pondre, en cherchant un milieu toujours plus riche en oxygène dissous.

Il paraît donc superflu d'envisager à nouveau et de discuter les opinions anciennes que l'on a proposées au sujet de cette migration, car elles tombent d'elles-mêmes. Par extension, il semble tout aussi superflu de discuter un autre avis, dont un certain nombre d'auteurs anglais récents se font les protagonistes, et qui consisterait à regarder la migration comme un phénomène sans importance ni cause, le Saumon pouvant aller et venir indifféremment du milieu marin au milieu fluvial. Ce phénomène, comme il est démontré ci-dessus, a vraiment sa liaison et son déterminisme, sans quoi il ne se produirait point, et ne se réglerait pas selon une conduite invariable. Cette action paraît être celle du branchiotropisme.

2° *Action du branchiotropisme.* — De telles notions, dont la probabilité m'était apparue jadis à la suite de mes premières recherches, et que j'ai exposées sous forme dubitative dans mon ouvrage de 1914, me semblent désormais, après mes recherches complémentaires, plus certaines et plus vraies. L'exposé que j'en ai donné doit prendre davantage un ton affirmatif, et je le rectifie de cette façon dans les lignes qui vont suivre.

Les migrations des Saumons paraissent vraiment dues à des entraînements de l'ordre des tropismes. Ces déplacements collectifs, ces mouvements toujours tendus dans le même sens malgré les circonstances contraires, leur arrêt brusque suivi de réaction après la crise finale de la ponte, démontrent qu'il s'agit en cela d'impulsions où le choix volontaire n'entre pour rien, où l'accord automatique entre l'état présent de l'organisme et les conditions variables du milieu jouent le rôle principal. Le déterminisme migrateur se déclenche et se règle selon l'action différentielle du milieu environnant. La mesure de ce tropisme est donnée par celle de son action.

L'organisme pendant la vie de croissance en mer assimile avec intensité, accumule dans ses tissus de nombreuses réserves, arrive à cet état de réplétion physiologique où toute acquisition supplémentaire de cette sorte devient moins aisée. Il lui faut dépenser les matériaux accumulés. Cette phase est celle de la préparation du tropisme. Les phénomènes respiratoires entrent alors en jeu. La rencontre fortuite d'un milieu contenant une proportion plus élevée d'oxygène dissous facilite les réductions oxydantes de cette dépense. Le tropisme est alors déclenché; l'individu, grâce à cette circonstance nouvelle et malgré qu'elle soit encore peu prononcée, en éprouve une aisance fonctionnelle qu'il n'avait pas auparavant. Il se conduit alors, si l'action différentielle du milieu continue à s'exercer, vers des zones où la proportion d'oxygène dissous devient encore plus forte; il gagne progressivement le voisinage des embouchures des fleuves, puis ces embouchures elles-mêmes, pénètre dans les estuaires, et s'introduit dans les bassins fluviaux. Le tropisme respiratoire, désormais, se trouve dans son plein. L'individu est capable, grâce à sa respiration plus active, de produire des efforts musculaires plus intenses, d'utiliser ses réserves, d'entreprendre son élaboration sexuelle. L'action directe du milieu continuant à s'exercer, il remonte progressivement vers les lieux où une satisfaction respiratoire encore plus grande lui est donnée. Il parvient ainsi au voisinage des têtes de bassins, où le taux d'oxygène dissous atteint le maximum; il mûrit alors ses éléments reproducteurs. Puis, à l'époque où ce taux arrive à son plus haut degré après la période estivale, au début de la saison froide, l'activité des Saumons parvient à son comble; les mâles et les femelles, dont les produits sexuels ont mûri, se recherchent, se poursuivent, creusent leurs frayères dans le fond des ruisseaux où ils sont remontés, et finalement toute cette excitation s'achève par l'accomplissement de l'acte reproducteur. De son début à la fin, cette suite de phénomènes migrateurs offre un caractère saisissant de tropisme. La migration aurait ainsi son déterminisme rigoureux.

3° *Les tropismes des Salmonidés.* — Les Truites, voisines des Saumons, présentent un cas du même ordre, et ne s'en écartant d'ordinaire que par une moindre intensité. Elles contribuent à corroborer la démonstration. En définitive, ces divers Poissons semblent obéir, dans leur statut biologique, à deux entraînements prépondérants, et parfois opposés

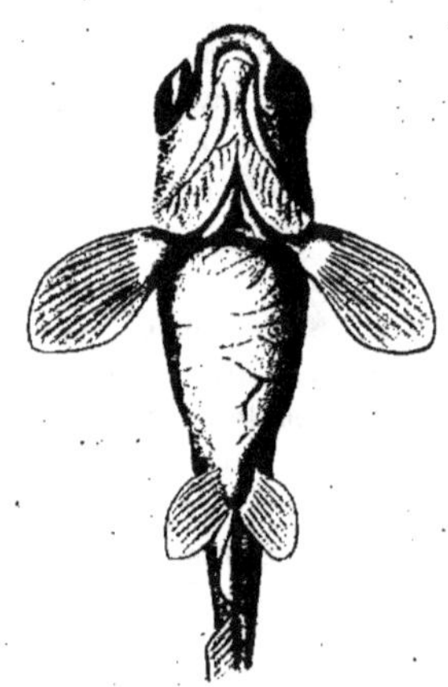

Fig. 24. — *Alevin de 7 semaines.* — A droite, alevin vu par la face ventrale (sauf la région caudale); à gauche, région antérieure du même vue par la face dorsale. — Grossissement : 4/1. — Voir dans le texte, p. 107 et suiv.

l'un à l'autre: le branchiotropisme, qui les porte à rechercher les eaux les plus aérées; et le phototropisme négatif, qui les pousse à fuir autant que possible une lumière directe trop vive. D'une part, ils recherchent volontiers les lieux obscurs profonds, et d'autant mieux qu'ils sont plus âgés; leur incubation et leur alevinage réussissent plus aisément dans l'obscurité qu'à une lumière même adoucie; en somme, ils conservent la manière d'être des poissons abyssaux, dont font partie bon nombre des genres de leur famille et des familles voisines. D'autre part, ils recherchent les eaux les plus riches en oxygène dissous; leur incubation et leur alevinage exigent le renouvellement incessant d'une eau très aérée; ils occupent toujours en nombre, dans les lieux où on les élève, les zones les mieux oxygénées. Le thermotropisme négatif évident, qui leur fait rechercher dans la nature les eaux les plus froides, constitue une manifestation collatérale du branchiotropisme, en ce sens que ces eaux se trouvent, grâce à l'élévation du coefficient de solubilité, plus riches en oxygène dissous.

Il est probable que la descente juvénile de l'alevin à l'état de Tacon ressorte du seul phototropisme négatif. Le Tacon, qui vient de revêtir une livrée pigmentaire nouvelle, absorbe d'autre façon qu'auparavant les radiations lumineuses, réagit différemment, et descend aux eaux marines. Le séjour en mer, la vie bathypélagique de l'individu reconnaissent une cause analogue, en lui adjoignant celle du bromatotropisme, de la nécessité de satisfaire aux besoins présents de l'organisme en lui procurant une suralimentation que les eaux marines peuvent seules donner. Quant au branchiotropisme, c'est lui qui agirait dans le retour aux rivières, le bromatotropisme étant amoindri grâce à l'état de réplétion physiologique, et le phototropisme négatif étant contrarié par la nécessité prépondérante d'une respiration plus active. Toutes les péripéties d'une montée aussi laborieuse dépendraient de celles de l'action directe du milieu. Les Saumons réalisent en grand, dans la nature, ce que les Truites des lacs offrent en plus restreint, ce que les Truites des ruisseaux montrent encore, et ce que l'on voit s'effectuer en petit dans les élevages de Trutticulture.

Le Saumon ne fait ainsi que supporter, en l'exagérant, un entraînement semblable à celui que l'on constate chez ces dernières, à l'époque de l'élaboration et de la maturation sexuelles. L'excès qu'il présente résulte, sans doute, de celui que prennent en son organisme, comme intensité et durée, les phénomènes du métabolisme assimilateur et désassimilateur. L'abondance des réserves accumulées, leur report aux glandes reproductrices, leurs transformations complexes, les changements considérables ainsi opérés dans le milieu intérieur, rendent nécessaires des actions réductrices considérables et règlent le déterminisme. L'individu est conduit à rechercher, dès le début de cette époque, la proportion complémentaire d'oxygène dissous qui lui est devenue indispensable pour entrer dans la phase de vie reproductrice, et suivre son tropisme prépondérant.

4° *Les tropismes en général.* — On pourrait critiquer l'expression « tropisme », en observant qu'il est difficile de l'employer à l'égard d'un être élevé dans la série animale et qui, pourvu d'organes sensitifs complexes, de centres cérébraux localisés, fait preuve par ailleurs de facultés psychiques évidentes et de réactions volontaires. On considère volontiers les tropismes comme des déplacements automatiques, et il peut paraître malaisé de tenir pour tels ceux des Saumons. Mais il faut remarquer que l'automatisme, en leur cas, est indépendant de la complexité organique; il réside strictement dans la réponse constante d'une réaction vitale déterminée à une action également déterminée du milieu. Qu'il s'agisse d'un être inférieur à réactions simplifiées, ou d'un être plus élevé à réactions complexes, le résultat, du point de vue biologique, est le même; sa règle est identique. Bien plus, certaines dispositions anatomiques peuvent aider au tropisme et faciliter son accomplissement. La passivité n'y est point obligatoire. Aussi, et pour terminer en ce qui concerne le Saumon, doit-on admettre que ses déplacements sont vraiment déterminés et réglés par l'action différentielle directe du milieu extérieur sur le milieu intérieur de l'individu, selon l'accord des modalités variables de l'un et de l'autre; ils sont donc des tropismes, puisqu'ils relèvent essentiellement de la sensation et de la nutrition générales sans plus, les mouvements volontaires n'ayant d'autre emploi que d'aider à les effectuer.

Cette notion, établie d'après le Saumon, devrait s'appliquer, du reste, aux autres Poissons migrateurs. Le problème de la migration, chez ces animaux, paraît être surtout un problème de tropismes. J'ai pu m'en assurer chez un certain nombre d'entre eux, et je suis persuadé que la solution sera proche, lorsqu'on effectuera les recherches et qu'on envisagera les faits de cette façon. Ces tropismes ne sont pas toujours d'ordre respiratoire, à l'exemple du Saumon, des Truites, des Aloses ou des Muges; chez le Thon, ils sont surtout d'ordre thermique et associés à une question de poids spécifique; ailleurs la lumière, la profondeur, le degré de salinité le point de densité peuvent jouer leur rôle, soit de manière indépendante, soit en s'ajoutant plus ou moins les uns aux autres et se combinant ou se contrariant entre eux. Mais ils déterminent et diri-

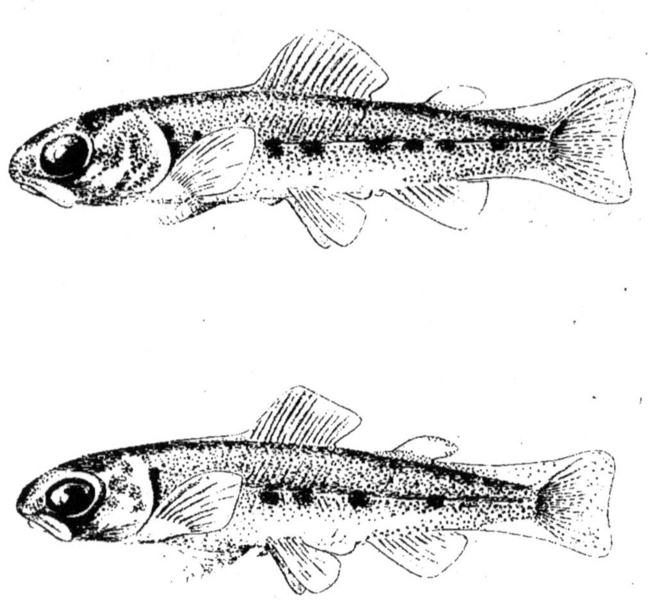

Fig. 25 et 26. — *Alevin de 9 semaines* (figure inférieure) et *Alevin de 10 semaines* (figure supérieure) vus de profil. — Grossissement : 4/1. — Voir dans le texte, p. 108 et suiv.

gent : les migrations offrent le résultat comme situation dans l'espace. Ainsi que je l'ai indiqué dans mon Traité (1914, p. 107), l'existence des poissons, animaux hétérothermes, est faite, en l'absence de régulation, de compromis incessants entre les influences variantes du milieu extérieur et les besoins également variants du milieu intérieur.

Leur système dynamique vital poursuit la réalisation d'un équilibre qu'il ne réussit jamais à atteindre. Ils suivent l'impulsion dominante du moment, et se prêtent au plus impérieux des entraînements présents, mais dans la mesure où les autres le permettent, quoique dominés. Il y a déterminisme complet dans cette conduite, et subordination à l'action différentielle du milieu, avec cette réserve que les besoins organiques changent, que les conditions de milieu changent, et que le tout se résout par des déplacements continuels.

IV. Les particularités biologiques de la migration du Saumon. — *1° Les zones d'appel en mer.* — Les considérations précédentes permettent désormais de discuter et d'évaluer les diverses modalités de la migration du Saumon, notamment celles des différences d'âge des individus qui se présentent aux embouchures pour la remonte. Les masses d'eaux douces apportées par les fleuves à la mer créent dans la région littorale de cette dernière, en raison de leur oxygénation plus forte, une «zone d'appel» pour les Saumons établis au large, appel d'autant plus efficace que la proximité de l'embouchure sera plus grande et que le cube d'eau apporté sera plus considérable. Cette zone d'appel s'étend, en mer, surtout dans l'axe du courant fluvial, et plus que dans les intervalles; cette étendue varie selon l'état du fleuve. Aussi voit-on les crues augmenter le nombre des entrées en rivière, car la zone s'est momentanément développée jusqu'à atteindre des régions marines où elle n'arrive pas d'habitude. Aussi voit-on encore les entrées être, toutes proportions gardées, plus fréquentes et plus abondantes aux embouchures des grands fleuves qu'à celles des petits fleuves côtiers, bien que les facilités d'accès soient identiques, car l'appel des uns va plus loin que celui des autres, la dissemblance entre eux sous ce rapport étant supérieure à celle des volumes moyens de leurs cours.

Les Saumons, comme on l'a vu, sont capables de répondre à cette action dès l'époque où l'élaboration sexuelle peut débuter : après une année au moins de vie en mer pour les mâles, une année et demie à deux années pour les femelles. Les individus ont alors toute capacité de se prêter à l'action déterminante et différentielle du milieu. De plus, si l'on juge des Saumons d'après ce que l'on observe de la moyenne des Truites des lacs, ces êtres doivent s'établir dans des régions d'autant plus profondes qu'ils sont eux-mêmes plus gros et plus forts. Il est probable que les petits mâles, les futurs Madeleineaux, se tiennent dans des couches marines assez voisines du littoral, alors que les Saumons plus âgés, les futurs reproducteurs d'hiver et de printemps, poussent plus au large et s'installent volontiers à des profondeurs plus considérables.

Ces notions, en se juxtaposant, permettent de comprendre pour quelle raison les migrateurs appartiennent à des âges différents, et comment l'ordre d'une succession assez régulière réussit à s'établir dans leur montée. Les hautes eaux de l'automne et de l'hiver augmentent en mer l'étendue de la zone d'appel, et permettent aux grands Saumons établis dans les régions les plus éloignées d'éprouver l'influence qui, de proche en proche, les conduira aux embouchures des fleuves. L'importance des apports fluviaux, plus riches en oxygène dissous que les couches marines, allant en diminuant du printemps à l'été, les ultimes régions atteintes se rapprocheront progressivement du littoral; les individus intéressés seront alors des Saumons de taille décroissante, jusqu'aux Madeleineaux qui clôturent la série des migrateurs. La notion du volume d'eau plus faible et de la zone d'appel moins étendue s'ajoute ici à celle de la teneur moindre en oxygène dissous par l'effet de la température plus élevée, déjà mentionnée précédemment, pour expliquer la diminution progressive du nombre des entrants, et la cessation de toute entrée dans notre pays pendant la période estivale.

Par contre, les fleuves situés plus au Nord, et pourvus d'un grand débit même en été, comme le Rhin, continuent à étendre en mer leur zone d'appel jusqu'à une époque assez avancée de la belle saison ; ils attirent vers leurs embouchures des migrateurs d'assez fort poids, associés à des Madeleineaux, jusqu'en août et septembre,

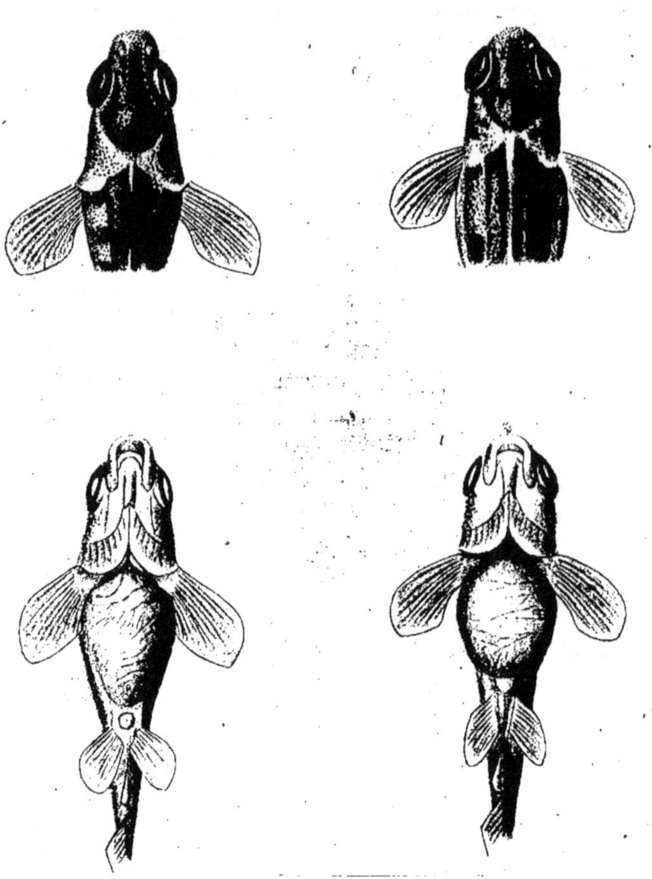

Fig. 27 et 28. — *Alevins de 9 et 10 semaines.* — En bas, alevins vus par la face ventrale (sauf la région caudale), de 9 semaines à gauche, de 10 semaines à droite ; en haut, régions antérieures des mêmes vus par la face dorsale. — Se reporter aux figures 25 et 26. — Grossissement : 4/1. — Voir dans le texte, p. 108 et suiv.

et jusqu'au moment où l'action plus ample des crues d'automne appelle à nouveau les grands reproducteurs.

2° *La possibilité de l'existence en mer de Saumons stériles.* — Une conséquence intéressante résulte de ces considérations, c'est qu'il doit exister dans l'Océan des Saumons stériles, tout comme les lacs alpins contiennent dans leurs eaux des Truites frappées de stérilité. On connaît ces dernières; elles ont été étudiées par divers auteurs et prises parfois pour des représentants d'espèces ou de races spéciales; elles ne sont autres, dans la réalité, que des individus de la Truite des lacs (*Salmo fario lacustris*) dont les organes sexuels ne se sont point développés en suffisance. Aussi nombreuses parfois, et même plus nombreuses que les Truites normales, elles sont capables de parvenir à de fortes dimensions. On a attribué leur état à diverses causes : soit à l'hermaphroditisme, soit au métissage entre Truites et Saumons, dont elles seraient les produits inféconds. Barfurth (1886) a montré que la raison en était due au défaut d'émission des éléments sexuels à l'époque de la ponte; ces derniers se résorbent, et la glande ne procrée plus par la suite, si cette cause subsiste. A ce qu'il me semble, ce défaut d'émission ne peut être dû, à son tour, qu'à la privation de la phase de maturation finale, entraînée par l'impossibilité pour l'individu d'avoir autour de lui, quand il la lui fallait, une proportion suffisante d'oxygène dissous : soit qu'il n'ait pu effectuer le déplacement reproducteur habituel, soit que le milieu extérieur n'ait point possédé temporairement les qualités voulues d'oxygénation. La quantité relativement considérable de ces Truites stériles (*Truites argentées, Silberforelle* et *Schwobforelle* des auteurs suisses, *Salmo lacustris* d'Agassiz et *Salmo Schiffermülleri* de Bloch) montre que le cas est fréquent, que l'organisme n'en subit aucune atteinte personnelle puisque sa croissance continue, même s'exagère parfois, et que cet organisme s'y prête facilement.

Il n'est donc pas surprenant de présumer qu'il puisse en être de même pour le Saumon dans l'Océan, et que les eaux atlantiques ne soient capables de contenir, à l'exemple des lacs alpins, des individus stériles, perdus pour la propagation. Ces derniers, comme les Truites de même sorte, n'ont point ressenti, en raison de leur éloignement dans les eaux du large, l'action exercée par les apports d'eau douce. Ils sont restés à l'écart, ont continué à croître, et se trouvent en cet état de réplétion nutritive qui précède et permet l'élaboration sexuelle; mais ils ne peuvent subir cette dernière en l'absence, autour d'eux, d'un milieu suffisamment riche en oxygène dissous. Ils demeurent donc dans les eaux marines, à moins qu'un hasard ne les conduise à portée d'une zone d'appel. En ce cas, ils se dirigent selon les données de l'influence nouvelle qu'ils reçoivent, se déplacent vers les eaux douces, et entreprennent leur montée. C'est ainsi, probablement, que s'expliquent les venues accidentelles et rares de Saumons énormes, dont les écailles accusent un séjour continu en mer de plusieurs années consécutives. Ces individus appartiennent à la catégorie de ceux qui étaient frappés de stérilité temporaire, et qui ont pu y échapper, alors que leurs semblables continuent à habiter les profondeurs marines.

L'Océan, peut-être, renfermerait ainsi tout un peuplement adventice, qui lui vient des eaux douces à l'état d'alevins, et dont il conserve une part incapable de se perpétuer d'elle-même, le pouvoir reproducteur appartenant seulement à ceux qui retournent en eaux douces. Il y aurait là un intéressant sujet de recherches sur le développement des éléments sexuels chez le Saumon, et sur son arrêt possible chez les individus vierges âgés, qu'un naturaliste, installé auprès d'une grande pêcherie pour fabrication de conserves, pourrait examiner avec fruit, car il aurait à sa disposition les matériaux abondants et variés provenant du dépeçage des captures journalières.

V. **Le cycle biologique fondamental du Saumon.** — 1° *Opinions sur l'origine de la migration du Saumon.* — Le parallélisme constant et la ressemblance continue qui s'établissent entre le Saumon atlantique (*Salmo salar* L.) et la Truite européenne des lacs (*Salmo fario lacustris* L.) permettent maintenant d'examiner et de discuter la notion relative à la valeur biologique de la migration reproductrice du premier. Il s'agit ici, plus encore que précédemment, de notions spéculatives échappant à toute démonstration concrète, et dont on devrait, en stricte logique scientifique, s'abstenir de façon complète. Mais leur importance est telle à un double titre, celui de la biologie quant à la valeur propre de la migration, celui de l'économie naturelle quant à savoir si le Saumon doit être considéré comme poisson de mer ou comme poisson d'eau douce, que l'on peut les envisager, à la condition toutefois de ne les baser que sur la considération exclusive des faits immédiats.

Il est incontestable, au point de vue évolutif, que l'origine présumable des poissons d'eau douce d'un groupe déterminé doit être cherchée parmi les poissons de mer appartenant aux groupes les plus voisins. Partant, dans la famille des Salmonidés, et plus spécialement dans la tribu des Salmoniniens dont dépend le genre *Salmo*, doit-on considérer les Truites, formes potamiques, comme provenant d'ancêtres marins. Aussi la biologie du Saumon atlantique (*Salmo salar* L.) acquiert-elle en cela un grand intérêt, puisqu'elle est celle d'une espèce mi-potamique, mi-thalassique, capable d'effectuer des migrations de l'un à l'autre milieu. De là à considérer *Salmo salar* comme un type transitionnel entre les formes marines et les formes d'eau douce, la distance est faible. Elle a été franchie depuis longtemps, et cette opinion s'est affirmée chez nombre d'auteurs. On l'a consolidée, par surcroît, en tenant compte de certaines espèces, comme l'Éperlan (*Osmerus eperlanus* L.) qui, tout en étant marines, accomplissent des migrations de ponte vers les embouchures des fleuves, et constituent ainsi le premier degré d'une série évolutive, dont le deuxième serait le Saumon, et le troisième la Truite. Ce sentiment s'est accentué au cours de ces dernières années. Meek (1916) estime que les Salmoniniens du Pacifique (genre *Oncorhynchus*) et ceux de l'Atlantique (genre *Salmo*) se sont séparés depuis l'époque crétacée; que les premiers, en raison de leur bref alevinage en eaux douces, ont mieux conservé l'état ancestral que les seconds, leur existence thalassique étant relativement plus longue; et que ceux-ci, au cours de l'époque miocène, se sont à leur tour scindés en deux séries, l'une du Nord atlantique conduisant à *Salmo salar*, l'autre du Nord méditerannéen aboutissant à *Salmo trutta* et à *Salmo fario*. Ainsi encore, l'année suivante (1917), G. A. Boulenger range *Salmo salar* et *Salmo trutta* dans une catégorie qualifiée par lui de «Thalassogènes dulcaquicoles anagames», expression signifiant «espèces d'origine marine qui s'adaptent aux eaux douces en effectuant dans ces dernières des migrations de ponte».

Trois observations se présentent au sujet de ces opinions. La première vise la Truite de mer (*Salmo fario trutta* L., *Salmo trutta* et *Trutta trutta* div. auct.). Celle-ci n'est pas plus méditerranéenne que *Salmo salar* L.; comme ce dernier, elle est strictement atlantique. Elle possède bien, à son exemple, une vie de croissance thalassique; mais cette dernière est plus brève, moins éloignée des côtes, moins régulière. Ses affinités les plus directes se tournent vers *Salmo fario lacustris* et *Salmo fario*. La deuxième s'adresse aux *Oncorhynchus* Suck, qui représentent les Salmoniniens potamotoques dans les régions du Pacifique septentrional. Ce genre, malgré sa ressemblance biologique avec *Salmo salar*, s'écarte plus de lui sous le rapport morphologique que ce dernier ne s'écarte des Truites. Le Saumon atlantique et les Truites paléarctiques appartiennent à un seul et même genre naturel, celui des *Salmo* proprement dits ou *Eusalmo*, tandis que les

Salmoniniens néarctiques du versant Pacifique entrent dans une autre section générique. Il convient, par conséquent, dans ces comparaisons d'ordre biologique, de mettre en regard les formes les plus voisines, Saumon atlantique et Truite paléarctique, et de laisser à un second plan les formes les plus éloignées, dont on ne saurait encore affirmer si la ressemblance quant aux migrations est de sériation ou de convergence.

La troisième observation touche à l'assimilation que l'on est conduit à établir entre la biologie du Saumon et celle de l'Alose, de l'Esturgeon, ou, en général, de toutes les espèces de poissons qui vont de la mer en eaux douces pour y pondre. La totalité de ces espèces constitue bien, en effet, un seul groupe biologique, celui des migrateurs potamotoques (anadromes des auteurs, anagames de G. A. Boulenger); mais il est, parmi elles, quelques différences. *Salmo salar*, et *Salmo fario trutta* à côté de lui, quoique à un degré moindre, s'opposent nettement aux autres potamotoques par un certain nombre de dispositions importantes, au premier rang desquelles se placent, de prime abord, les longues durées de l'élaboration sexuelle et de l'alevinage en eau douce. Il n'en est pas de même ailleurs. Sans insister longuement sur une dissemblance qu'il suffit ici d'indiquer, on voit que l'on ne peut trop assimiler le Saumon aux autres migrateurs de son groupe, et que ses migrations sont d'un cas à lui spécial. Si nulle objection plausible ne se dresse chez d'autres, les Aloses par exemple, contre l'hypothèse que leur migration représente une phase de l'adaptation de formes marines à la vie en eau douce, adaptation qui parvient actuellement à son terme chez les *Agoni* (*Alosa finta lacustris* Fatio) des lacs de la haute Italie, il n'en est plus de même pour *Salmo salar* et, par extension, pour *Salmo fario trutta*. Des raisons nouvelles se présentent ici, et s'appuient sur un certain nombre de particularités dont j'ai fait mention autrefois (1917); je les reprends ci-dessous.

2° *La migration du Saumon considérée comme secondaire par rapport à l'éthologie des Truites.* — *Salmo salar* ne se rencontre, quant à la province paléarctique, que dans les bassins hydrographiques qui dépendent de l'océan Atlantique ou de ses dépendances, au dessus du 42° de latitude Nord. Il manque à la Méditerranée, ainsi que *Salmo fario trutta*, contrairement à la plupart des autres migrateurs potamotoques de l'Europe occidentale. Par opposition, les Truites à vie permanente en eaux douces (*Salmo fario* s. str. et *Salmo fario lacustris*) non seulement habitent ces bassins atlantiques, mais encore plusieurs de ceux qui se déversent dans la Méditerranée occidentale; elles parviennent même jusque dans l'Afrique septentrionale. Leur aire d'habitat étant plus vaste et moins circonscrite que celle des formes migratrices, on doit en inférer que l'espèce à grande répartition possède une valeur primitive par rapport aux espèces de répartition plus restreinte, et non pas l'inverse.

On a vu que *Salmo salar* n'installe ses frayères que dans les eaux riches en oxygène dissous. Les Truites agissent de même, mais peuvent se contenter d'une richesse moindre. Il paraît donc rationnel d'admettre que l'espèce la moins exigeante, pour une condition pareille si localisée, soit aussi la plus primitive.

Non seulement l'élaboration sexuelle de *Salmo salar* est de longue durée et supérieure à celle que montrent les Truites, mais encore leurs œufs sont plus volumineux; ils mesurent habituellement 5 millim. 5 à 6 millimètres de diamètre, tandis que la moyenne de ceux des Truites est comprise entre 4 et 5 millimètres. Ici encore il est licite d'accorder aux espèces à élaboration sexuelle relativement brève, et à ovules moins volumineux, une valeur primitive par rapport à celles dont l'élaboration est plus lente et l'œuf plus gros.

Ces divers faits immédiats, rapprochés les uns des autres, empêchent d'accepter l'hypothèse relative à l'origine marine directe de *Salmo salar*. A moins d'admettre une autre hypothèse complémentaire, et relative à une brusque mutation de portée extraordinaire, il semble difficile d'estimer que *Salmo salar*, avec sa migration complexe et ses

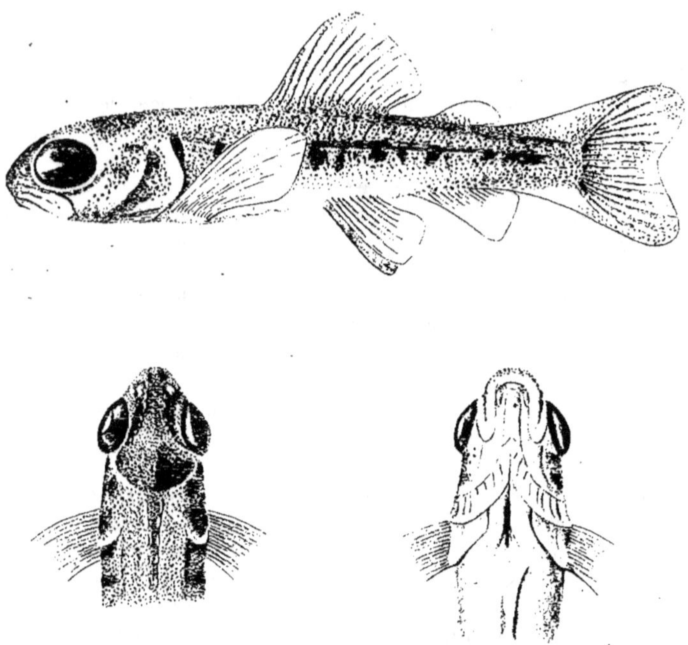

Fig. 29. — *Alevin de 11 semaines.* — En haut, alevin entier vu de profil; en bas et à droite, région antérieure du même vue par la face ventrale; en bas et à gauche, région antérieure du même vue par la face dorsale. — Grossissement : 4/1. — Voir dans le texte, p. 110 et suiv.

nécessités vitales si spéciales, représente dans la nature actuelle un état transitionne vers un être moins spécialisé et moins compliqué que lui. Le contraire paraîtrait plus rationnel, à savoir que *Salmo salar* soit actuellement l'aboutissant d'une série de complexité croissante, dont le début serait non pas dans la mer, mais dans les eaux douces, et parmi les Truites paléarctiques.

La comparaison de la biologie du Saumon atlantique avec celle de la Truite des lacs trouve ici sa place. On voit dans cette dernière l'individu effectuer sa vie de croissance dans les eaux lacustres, sa ponte dans les eaux courantes qui dépendent des premières,

6.

les débuts de son alevinage dans les mêmes eaux courantes. On le voit accomplir, pour se rendre d'un milieu dans l'autre, des migrations semblables comme qualité à celles du Saumon, et ne s'en écartant que par leur étendue moindre, et par le fait d'avoir constamment lieu en eaux douces.

D'autre part, la Truite de mer, qui est une variété de la Truite des lacs et non pas une espèce distincte, accomplit des migrations identiques, sauf que la mer remplace le lac, et que sa ressemblance avec le Saumon s'en trouve accrue. Le Saumon ne fait donc qu'accentuer cette dernière disposition, en augmentant la durée de la vie thalassique de croissance et en reportant son habitat plus loin au large. Sa migration, considérée de la sorte, ne fait point figure d'un phénomène nouveau, ni très spécialisé d'emblée, mais s'offre comme complication d'un phénomène déjà établi. Sa nature présumable serait donc celle d'une forme d'eau douce secondairement et partiellement adaptée à une vie de croissance dans les eaux marines, la Truite des lacs montrant en cela les dispositions primitives.

3° *Discussion de l'opinion précédente.* — Cette opinion a été contestée par G. A. Boulenger (1917), à l'aide d'un certain nombre d'appréciations que l'autorité méritée dont jouit dans les questions d'ichthyologie le savant naturaliste de Londres pousse à examiner avec soin. Les contestations portent principalement sur la distribution géographique, sur la nécessité de l'oxygénation et sur les dimensions des œufs. Quant au premier point, G. A. Boulenger fait remarquer que l'aire de dispersion du Saumon atlantique s'étendant à l'Amérique du Nord, et dépassant en cela celle de *Salmo fario* strictement paléarctique, mon argumentation se trouve renversée. Or ceci n'est pas, et l'argument subsiste, car il touche à l'extension de *Salmo fario* en latitude méridionale, dans la région méditerranéenne, que le Saumon atlantique ne présente pas. De plus, l'absence de *Salmo fario* sur le versant atlantique de la province néarctique, alors que *Salmo salar* y est présent, contribue à montrer que ce dernier ne peut être considéré comme souche de la Truite, puisque cette dernière manque à ces régions. A mon avis, le peuplement néarctique en *Salmo salar* doit s'être accompli directement par l'océan Atlantique, siège de la vie de croissance, au moyen de Saumons de provenance paléarctique.

Sur le point relatif à la nécessité d'une eau richement pourvue d'oxygène dissous, les réserves de G. A. Boulenger ne sont pas plus acceptables, car elles impliquent une confusion entre la vitesse d'un courant d'eau et sa teneur en oxygène. Ces deux qualités, bien que solidaires l'une de l'autre, ne le sont pas à un point tel que, dans les régions à frayères, les sections à courant ralenti soient moins oxygénées que celles à courant rapide; c'est la même eau, dans ces espaces limités, qui court plus ou moins vite selon les accidents du terrain, et la proportion d'oxygène dissous ne change guère d'une partie à l'autre. Mon argument relatif à la nécessité pour le Saumon de ne pouvoir mûrir ses éléments sexuels et de pondre que dans une eau riche en oxygène subsiste donc tout entier.

Il en est de même pour celui qui porte sur les dimensions des œufs. Ces dernières sont celles de la moyenne habituelle, à égalité de longueur et de poids des reproducteurs. Les praticiens de la Salmoniculture savent que les œufs de leurs sujets se trouvent d'autant plus gros, à l'ordinaire, que ces derniers sont eux-mêmes plus forts. Or, dans l'ensemble et sous cette réserve, les œufs de *Salmo fario* et de ses variétés sont

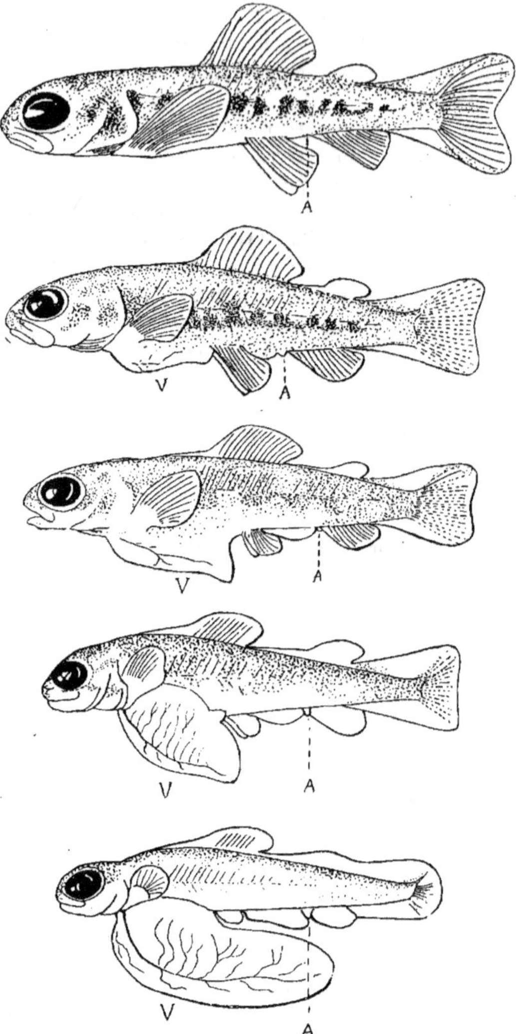

Fig. 3o. — *Tableau diagrammatique d'ensemble des principales phases de la période vésiculée.* — A suivre de bas en haut : éclosion, 2 semaines, 5 semaines, 8 semaines, 11 semaines. — La lettre V indique la vésicule vitelline, et A l'anus. — Grossissement : 3/1. — Voir dans le texte, p. 112 et suiv.

plus petits que ceux de *Salmo salar*. Les exemples de dimensions exceptionnelles, malgré leur fréquence en certains cas, ne sauraient infirmer l'état normal de la moyenne.

G. A. Boulenger mentionne encore les *Oncorhynchus* néarctiques du Pacifique, et les fait contribuer à sa démonstration en les englobant avec *Salmo salar* dans l'ancien genre *Salmo* à diagnose étendue. Or la question se localise aux vrais *Salmo* paléarctiques ou néarctiques atlantiques, et ne peut aller plus loin actuellement. Les *Oncorhynchus* du Pacifique ont un type de migration semblable à celui de *Salmo salar* en tant que succession de phases, mais différent comme modalité et durée de ces dernières. Malgré que les ichthyologistes des États-Unis aient dernièrement effectué sur eux des

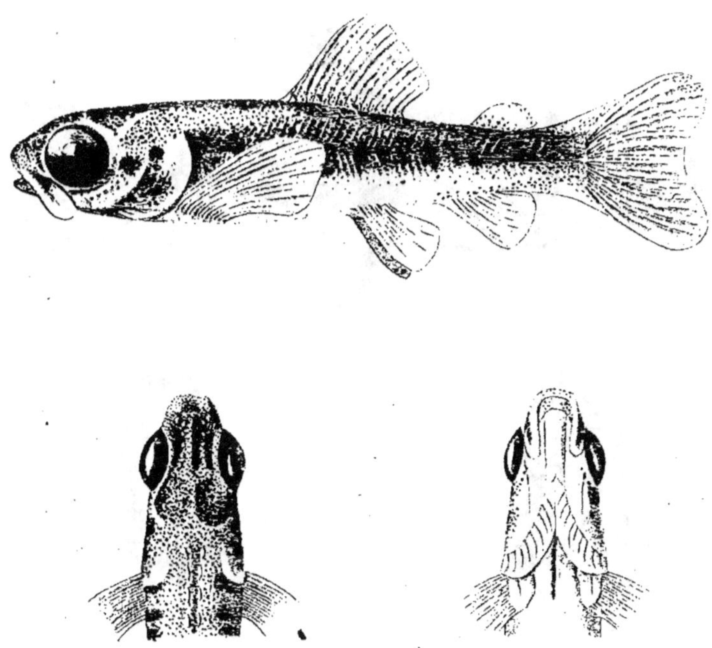

Fig. 31. — *Alevin de 3 mois.* — En haut, alevin entier vu de profil; en bas et à droite, région antérieure du même vue par la face ventrale; en bas et à gauche, région antérieure du même vue par la face dorsale. — Grossissement : 4/1. — Voir dans le texte, p. 119 et suiv.

études nombreuses, la biologie propre de ces espèces n'est pas encore élucidée de façon telle qu'elle permette de décider à leur égard. Comme je l'indique ci-dessus, il est prématuré d'affirmer si leur cas, comparé à celui des *Salmo*, est de sériation directe ou de parallélisme convergent.

Il est inutile, ce me semble, de faire état d'autres arguments invoqués par G. A. Boulenger d'après les Corégones, en donnant à considérer que leurs œufs sont petits bien qu'eux-mêmes forment «un groupe plus évolué que le genre *Salmo*», et en ajoutant que, de façon générale, l'on ne connaît pas d'exemple, chez les Poissons, de formes d'eau douce ayant fait retour à la vie marine. Or, sur ce dernier point, un exemple de cette sorte est pourtant offert par la Truite de mer. Quant au premier, il ne faut pas oublier que la question traitée ici est d'ordre spéculatif. Elle échappe à la démonstration objective; elle est subjective et hypothétique. Partant, on doit s'efforcer de la serrer de plus près aussi brièvement que possible, de ne point trop généraliser, et de s'en tenir aux quelques faits concrets qui la concernent directement et seule; il semble difficile de faire appel, pour tenter de l'étayer, à d'autres vues spécu-

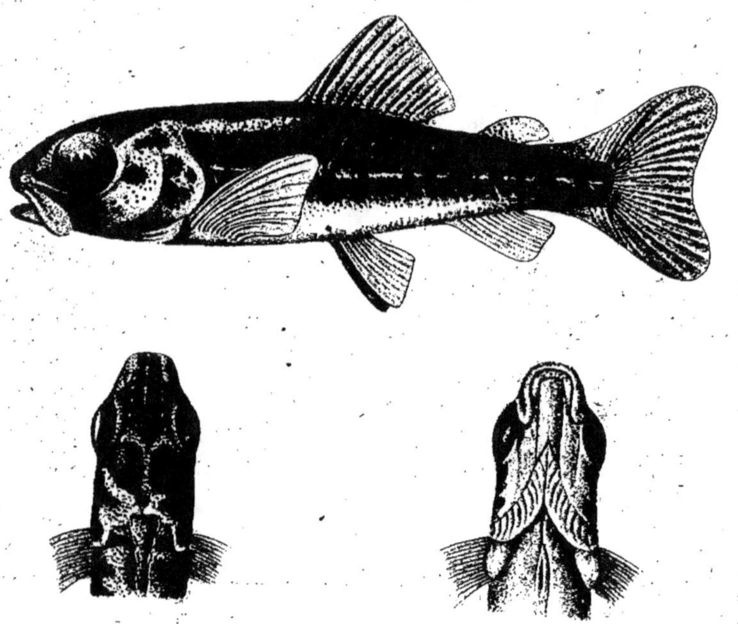

Fig. 32. — *Alevin de 3 mois et demi.* — En haut, alevin entier vu de profil; en bas et à droite, région antérieure du même vue par la face ventrale; en bas et à gauche, région antérieure du même vue par la face dorsale. — Grossissement : 4/1. — Voir dans le texte, p. 122 et suiv.

latives aussi incapables qu'elle-même de démonstration objective, ou moins capables encore.

4° *Le Saumon considéré comme forme dérivée de la Truite.* — Selon l'esprit de ces réserves, j'estime, en restreignant le champ au seul genre *Salmo* s. str., que l'on ne doit point envisager comme on le fait d'habitude l'évolution probable des formes diverses dont il se compose actuellement. La Truite commune ou Truite des ruisseaux (*Salmo fario* s. str.) et la Truite des lacs (*Salmo fario lacustris*) n'y figurent point comme termes définitifs d'une sériation, dont le Saumon atlantique (*Salmo salar*) et la Truite de mer

(*Salmo fario trutta*) seraient les termes intermédiaires et successifs. Au contraire, la Truite commune me paraît correspondre au terme premier, dont les trois autres seraient issus à divers degrés.

Salmo fario s. str., parmi les *Salmo* paléarctiques, possède l'habitat le plus étendu et le moins spécialisé. Son aire de dispersion s'étend du nord de l'Europe au nord de l'Afrique, et de l'Europe occidentale à l'Asie centrale; elle embrasse des régions, comme les grandes îles méditerranéennes (Corse, Sardaigne, Sicile), où les trois autres ne se montrent point. L'espèce elle-même se fait remarquer par sa grande capacité de modification et son polymorphisme, lui permettant de se subdiviser en un certain nombre de races localisées, assez caractérisées parfois pour avoir motivé la création en leur faveur d'espèces distinctes. Elle se présente plutôt comme un assemblage de ces races et un groupement synthétique, que comme une espèce délimitée et bornée. Sa valeur est celle d'un type fondamental en voie de différenciation évolutive. Par rapport aux autres *Salmo*, elle s'offre avec des qualités de généralité et de plasticité que ceux-ci n'ont point; elle constitue le fond dont ils sont des mutantes.

Il faut donc partir d'elle pour aboutir à ces derniers. Entièrement confinée dans les eaux douces paléarctiques, son origine marine lointaine est hors de conteste, mais les termes de cette sériation disparue n'ont plus de répondants dans la nature actuelle; ils demeurent inconnus. Son absence dans l'Amérique du Nord porte à présumer que la date de son apparition a été postérieure à celle de la séparation des deux continents. Sa sténothermie qui établit son habitat dans des régions d'altitude, sa distribution par bassins isolés et ne communiquant plus entre eux, inclinent à estimer que cette genèse a eu lieu dans la région paléarctique septentrionale, et que sa dispersion sur le vaste espace occupé aujourd'hui par elle s'est effectuée, comme celle des plantes alpines, à l'époque glaciaire. Ce sont là des présomptions acceptables, car elles découlent logiquement des faits constatés.

Les trois autres formes de *Salmo* seraient donc dérivées de *Salmo fario* s. str. Elles représentent par rapport à celle-ci des mutations à gigantisme, cette dernière particularité trouvant sa cause probable dans une adaptation complémentaire à la vie en eaux stagnantes, où l'alimentation est plus abondante et la croissance plus active. Cette adaptation supplémentaire, astreignant les êtres qui la subissent à effectuer des migrations pour se rendre des localités propres à cette vie de croissance suractivée dans celles où la reproduction peut s'accomplir, une éthologie nouvelle se lie à cette œcologie ainsi transformée. Ces variétés sont devenues migratrices, au lieu de rester sédentaires. Non seulement leurs dimensions, mais leur forme générale et leur pigmentation se ressentent de ces changements. Elles ont acquis ainsi des caractères supplémentaires, morphologiques aussi bien que biologiques; mais tout en différant les unes des autres à divers degrés, tout en différant de même de l'espèce ayant servi de souche générale, elles montrent, dans leurs manifestations vitales, une concordance qui résulte de leur commune adaptation, les milieux à vie de croissance étant seuls dissemblables.

Les divers types de la Truite des lacs sont les moins éloignés et les moins différents de ceux de la Truite commune; ils vivent constamment en eaux douces; leurs migrations, lorsqu'elles ont lieu, les conduisent seulement d'une eau stagnante à une eau courante, ou inversement. Comme la Truite commune, ils se spécialisent selon les localités, et se rapportent à un certain nombre de races secondaires que l'on a parfois considérées comme autant d'espèces ou de sous-espèces. La Truite de mer, tout en

offrant avec la Truite des lacs une affinité étroite, se place à un degré plus lointain ;
elle se diversifie moins que la précédente, et ne constitue qu'un seul et même type
assez homogène. Enfin le degré le plus éloigné, plus distant de celui de la Truite de
mer que ce dernier ne l'est de celui de la Truite des lacs, est occupé par le Saumon :
ses caractères spéciaux de proportions, de pigmentation, de migrations lui donnent
un statut uniforme et tranché, que les autres n'ont point. Aussi peut-on sans difficultés
le considérer comme formant une espèce spéciale, bien qu'il corresponde seulement,

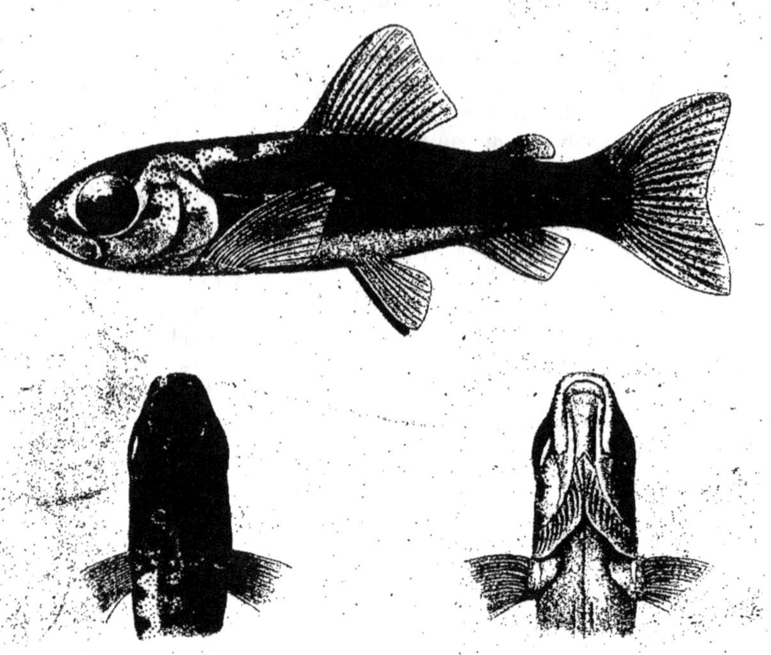

Fig. 33. — *Alevin de 4 mois.* — En haut, alevin entier vu de profil ; en bas et à droite,
région antérieure du même vue par la face ventrale ; en bas et à gauche, région
antérieure du même vue par la face dorsale. — Grossissement : 4/1. — Voir dans
le texte, p. 122 et suiv.

selon toutes probabilités, et comme les autres, à une variation ancienne, fixée aujour-
d'hui, de la Truite commune.

Doit-on, dans son cas, en élargissant encore plus le champ de ces spéculations de
biologie comparative, présumer qu'il s'agit pour lui d'un retour à la vie marine, et d'une
adaptation inverse de celle qui a jadis été suivie par les ancêtres marins hypothétiques
du genre *Salmo?* Ceci serait d'une acceptation difficile. Le Saumon ne passe dans le
milieu marin, grâce aux facilités procurées par son euryhalinité, que la partie de son
existence consacrée à la croissance de l'individu ; la partie essentielle, celle de la repro-

duction et de la perpétuation de l'espèce, s'accomplit obligatoirement en eaux douces. Cette dernière constitue donc le milieu fondamental; le Saumon, en raison des besoins de sa ponte, ne saurait s'en écarter. L'accès au milieu marin ne représente chez lui qu'une extension du domaine alimentaire, et rien d'autre. Il est, en somme, un poisson d'eau douce. On doit, du point de vue biologique comme du point de vue économique, le considérer comme tel.

CHAPITRE III.

DÉVELOPPEMENT POST-EMBRYONNAIRE, CROISSANCE EN EAU DOUCE,
ET MIGRATION DE DESCENTE À LA MER.

MISE AU POINT PRÉLIMINAIRE.

Les auteurs qui se sont occupés du développement et de la croissance du Saumon en eau douce pendant la période juvénile comprise entre l'éclosion et la descente à la mer sont nombreux; mais, sauf chez quelques-uns, comme Cunningham (1888), Mac-Intosh et Prince (1890), les notions fournies sur ce sujet sont encore restreintes. On a pourtant décrit et figuré plusieurs des phases en cause. Ces dernières, d'habitude, se bornent à celles du début et de l'éclosion même, ou à celles de la résorption de la vésicule vitelline, ou encore à celles de l'alevin prêt à effectuer son voyage de descente. Assez souvent, les descriptions sont écourtées et les figures incomplètes, les unes et les autres s'adressant surtout à l'aspect général, et moins aux particularités, cependant importantes, de la morphogenèse; en outre, n'étant point liées entre elles, elles laissent en suspens le principal, à savoir la sériation régulière et continue des transformations accomplies.

L'étude complète, sériée, de la morphogenèse post-embryonnaire et de la croissance juvénile du Saumon en eau douce porte donc, à cet égard, sur un sujet presque neuf. Elle occupe dans le présent travail la place qui lui revient, puisqu'elle s'adresse aux changements subis par l'individu pendant sa vie d'alevinage en rivière, depuis sa sortie de l'œuf au moment de l'éclosion, jusqu'à son achèvement comme alevin de descente ou Tacon. Elle apporte ainsi sa contribution à la connaissance éthologique du phénomène migrateur, en permettant de préciser la nature et la durée des phases de croissance passées hors de la mer.

Il m'était nécessaire, pour mener à bien ces recherches, d'avoir à ma disposition des alevins d'un âge connu, pris à toutes les époques successives de leur développement. Cette condition ne peut s'obtenir que dans un élevage, car, à l'état sauvage, la sériation exacte reste ignorée, et les documents valent surtout comme contrôle. Or les personnes qui pratiquent l'incubation et l'alevinage du Saumon dans notre pays savent combien il est difficile de conserver les sujets pendant la saison chaude. De plus, les alevins gardés dans les incubateurs et les bassins des salles d'alevinage subissent ordinairement, malgré toutes les précautions, l'effet des inconvénients inhérents à la stabulation en milieu confiné : ils ne grandissent point avec régularité; ils se pigmentent tardivement ou faiblement; enfin ils présentent dans leurs proportions, des uns aux autres, diverses variations considérables, plus grandes qu'à l'état normal.

Il devenait indispensable d'éliminer ces désavantages, tout en conservant le bénéfice d'un élevage surveillé. J'y suis parvenu grâce à l'aimable obligeance de M. Fatou, Inspecteur des eaux et forêts à Lorient, qui, dans l'établissement de pisciculture de Carnoët, auprès de Quimperlé, dirigé par lui, a fait établir des bassins en plein air destinés à procurer aux alevins leurs conditions normales d'existence. Il a bien voulu conserver, après la date des immersions, pour mes recherches, un nombre suffisant de ces derniers. Grâce à des soins constants, ces alevins ont continué à vivre; j'ai amplement puisé parmi-eux. Je suis heureux d'en exprimer à M. Fatou, qui se dévoue à la cause du repeuplement des rivières bretonnes, mes remerciements les plus vifs. Tous les alevins sériés dont la description suit, pris dans son établissement, proviennent d'une même opération de fécondation artificielle, opérée avec succès, le 12 décembre 1916, au moyen de reproducteurs pêchés dans la Laïta : l'origine en est donc indiscutable. Les phases décrites se sont succédé, à dater de l'éclosion vers la fin de février 1917, pendant toute l'année 1917 et l'année 1918.

Je groupe ces phases, dans l'exposé suivant, en cinq périodes successives, que l'on peut considérer comme autant de divisions naturelles établies dans le développement post-embryonnaire complet du Saumon de nos rivières. La première est la *période vésiculée*, pendant laquelle l'embryon possède sa vésicule vitelline en voie de résorption, jusqu'à l'entière disparition de cette annexe. La deuxième est la *période nue ou alépidote*, durant laquelle l'alevin, démuni désormais de vésicule vitelline, porte encore ses téguments nus et privés d'écailles apparentes. La troisième, *période écailleuse ou lépidophore*, se caractérise par la possession d'écailles, qui se maintiennent en leur place et leur rang par la suite. La quatrième, *période de la transposition pigmentaire*, est celle dans laquelle la pigmentation se modifie pour aboutir aux dispositions de la livrée migratrice. Enfin la cinquième, *période migratrice de descente*, est celle des alevins qui, parvenus au terme de leur croissance en eau douce, descendent les rivières à l'état de *Tacons* pour se rendre à la mer.

Ces cinq périodes successives sont décrites dans les cinq paragraphes suivants.

§ 1. — Période vésiculée.

I. **Généralités.** — Cette période est celle des alevins pourvus de leur vésicule vitelline. On les qualifie habituellement, pour cette raison, par le terme «vésiculés». Elle commence à l'éclosion, et s'achève à l'époque où la vésicule est entièrement résorbée; la principale des modifications subies par l'individu est celle de cette résorption progressive, qui restreint peu à peu l'appendice vésiculaire jusqu'à l'annihiler. Il n'est en cela aucun arrêt; les phases se succèdent sans discontinuité. On ne peut donc étudier et décrire cette période qu'en y pratiquant des divisions systématiques, qui n'ont point de valeur réelle dans la nature, sinon de faciliter l'exposé. C'est sous le bénéfice de cette réserve que le présent paragraphe est scindé en plusieurs parties, dont chacune se trouve consacrée à la description d'une phase choisie pour permettre l'évaluation des changements accomplis.

Ces phases sont au nombre de dix. La première étant celle de l'éclosion même, les suivantes sont comptées à leur rang selon la durée du temps écoulé depuis l'éclosion : 1° éclosion; 2° une demi-semaine; 3° une semaine; 4° deux semaines; 5° trois à à quatre semaines; 6° quatre à cinq semaines; 7° six semaines; 8° sept à huit semaines; 9° neuf semaines; 10° dix à onze semaines, soit deux mois et demi environ. Cette dernière phase est celle où l'alevin ne montre plus extérieurement aucune trace de vésicule vitelline, celle-ci se trouvant complètement résorbée.

Dans la pratique, les salmoniculteurs sont portés à sous-évaluer la durée totale de cette période, et à l'estimer comme comptant habituellement six semaines à deux mois en moyenne. La cause en est due à ce fait que les derniers vestiges de la vésicule

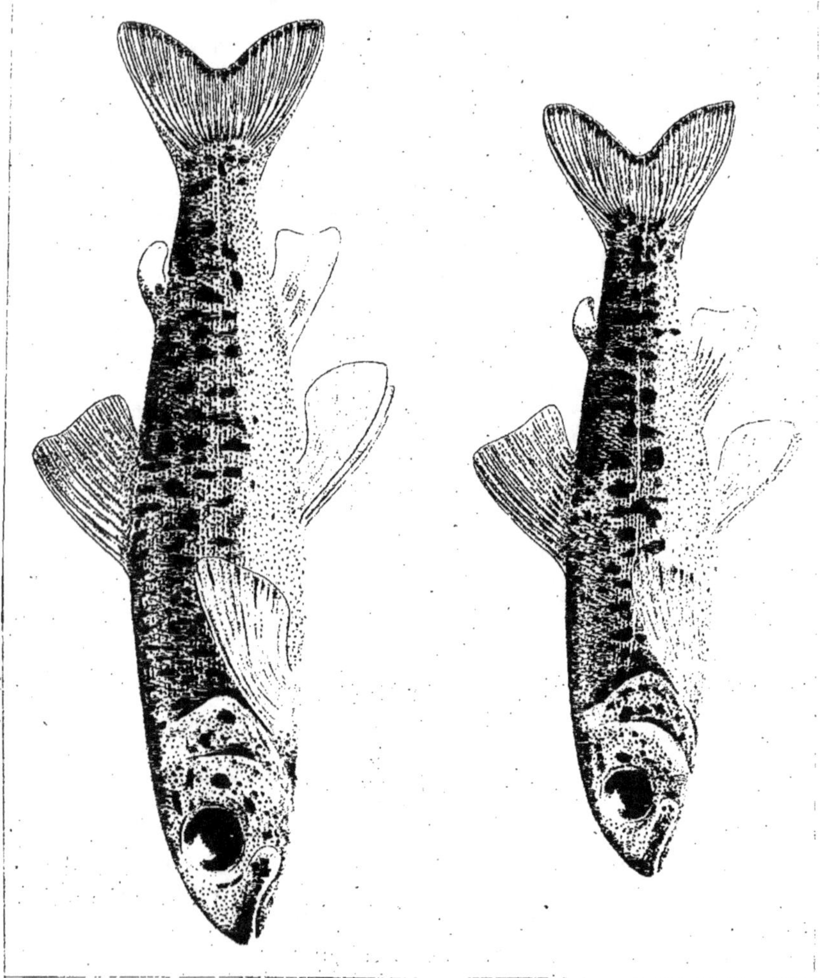

Fig. 34 et 35. — *Alevin de 5 mois* (figure inférieure) et *Alevin de 6 mois* (figure supérieure) vus de profil. Grossissement : 3/1. — Voir dans le texte, p. 125 et suiv.

presque entièrement résorbée échappent facilement au regard, lorsqu'on examine les alevins vivants, bien que l'annihilation complète ne soit pas encore achevée. Il faut ajouter environ deux à trois semaines. Au reste, la durée de la résorption, et de la présente période par suite, varie avec la température de l'eau autour des alevins; plus courte quand cette température est assez élevée, et pouvant descendre à trois ou quatre semaines, elle devient plus longue si la température s'abaisse, et peut s'étendre alors sur quatre ou cinq mois. La robustesse des alevins s'accroît par le moyen d'une résorption plus lente et d'une disparition plus tardive de la vésicule.

D'ordinaire, dans la nature, en ce qui concerne les rivières de notre pays, la période vésiculée nécessite deux à trois mois. Le gros des éclosions ayant lieu vers la fin du mois de février et le début de mars, la vésicule se trouve complètement résorbée, chez la plupart des alevins, dans le courant du mois de mai. Les petits individus, au début de la période, lorsque la vésicule est encore volumineuse, restent inertes au fond, ou ne se déplacent que difficilement et par saccades. Leur mobilité et leur agilité augmentent progressivement, à mesure que la vésicule diminue; ils sont capables, vers la fin de la période, de nager avec continuité, et de happer en pleine eau les fines particules alimentaires qu'ils recherchent déjà.

II. **Phase de l'éclosion.** — Les alevins venant d'éclore ont été souvent décrits et figurés par le dessin ou la photographie, mais en ne tenant compte que de l'aspect général. Les particularités caractéristiques de la morphologie extérieure n'ont point été signalées en entier; ce sont elles qui font l'objet de la description suivante.

Le corps, portant appendue à sa face ventrale la volumineuse vésicule vitelline, se scinde nettement en tête et tronc. Ce dernier montre sur ses deux flancs les ébauches de la ligne latérale, qui les parcourent de bout en bout dans le sens longitudinal. Il laisse discerner les myomères par transparence à travers les téguments.

La tête courte et presque globuleuse se fait remarquer par ses gros yeux saillants. La bouche, les fentes branchiales, les opercules, sont présents. La région gulaire montre en son milieu l'ébauche hyo-branchiale, séparée par deux sillons des ébauches mandibulaires latérales.

Les nageoires paires existent déjà dans leur position définitive. Les pectorales, assez amples et ovalaires, montrent dans leur intérieur les linéaments des premiers rayons. Les pelviennes, plus petites, contiguës, ne possèdent encore, de façon bien marquée, aucune ébauche de cette sorte.

Les nageoires impaires possèdent une disposition caractéristique. Unies entre elles, elles constituent une seule et unique pièce médiane, formant crête continue, qui entoure le tronc presque entier, commence sur la région nucale, parcourt la face dorsale, contourne l'extrémité postérieure, et s'étend sous la face ventrale pour finir dans l'étroit interstice laissé entre les deux nageoires pelviennes. La hauteur de cette crête n'étant point la même partout, on reconnaît déjà, dans cet organe encore unique, les ébauches des futures nageoires impaires. La 1ʳᵉ dorsale, montrant en elle quelques linéaments des rayons, se distingue de la 2ᵉ dorsale grâce à une échancrure profonde. La 2ᵉ dorsale, en revanche, s'unit largement à la caudale, qui s'unit à l'anale de la même façon. La caudale, dont le contour est convexe, contient, en dessous de l'extrémité notocordale coudée obliquement vers le haut, plusieurs ébauches de rayons. De telles ébauches manquent à l'anale, qui présente par surcroît une conformation intéressante. Plus étendue en longueur qu'elle ne le sera ultérieurement, elle est divisée en deux sections presque égales par le cône anal : une anale postérieure, qui de-

viendra l'anale définitive ; et une anale antérieure (*préanale* Cunningham, Mac-Intosh
et Prince), destinée à disparaître par atrophie, qui s'étend entre le cône anal et l'interstice des nageoires pelviennes. Une échancrure, placée au niveau du cône anal,
établit entre les deux sections une démarcation assez apparente.

La pigmentation, peu abondante encore, consiste en quelques points minuscules et
espacés. Ces derniers, sur le tronc, assez rares au-dessous de la ligne latérale, sont
plus nombreux au-dessus de cette ligne, principalement sur le dos, de part et
d'autre de la dorsale primitive. Absents dans la région gulaire et sur les lèvres, ils
deviennent plus abondants sur la face dorsale de la tête, et principalement sur le
vertex, au-dessus des ébauches cérébrales, où ils sont plus serrés qu'ailleurs. Leur

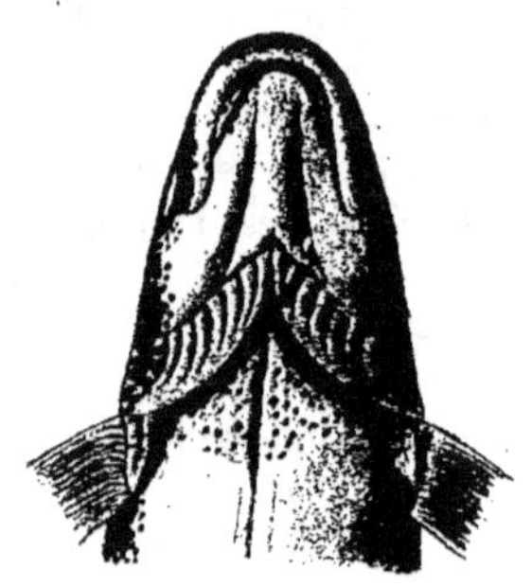

Fig. 36. — *Région antérieure d'un alevin de 6 mois*, vue par la face ventrale (à droite)
et par la face dorsale (à gauche). — Grossissement : 3/1. — Voir dans le texte,
p. 125 et suiv.

ensemble est divisé en trois parties par une bande en forme d'Y, où les ponctuations
pigmentaires font défaut. La même absence se retrouve sur deux lignes sus-oculaires
étroites, qui se dirigent en avant vers les ébauches nasales.

La vésicule vitelline, dont le volume total égal presque celui du tronc, est pyriforme. Attachée à la moitié antérieure du tronc par une vaste insertion comprise entre
les bases des nageoires pectorales et celles des pelviennes, elle se dirige obliquement
en arrière et en bas de façon à former angle aigu avec la partie postérieure du tronc.
Son ampleur diffère quelque peu d'individu à individu, ainsi que ses dimensions
relatives dans le sens longitudinal comme dans le sens transversal; mais, malgré ces
divergences, elle est assez ample pour que sa part antérieure, la plus épaisse, s'avance
au-dessous de la région gulaire, et pour que sa part postérieure, la plus étroite,
s'étende jusqu'au-dessous de la nageoire anale postérieure (fig. 14 et 15, p. 59
et 61).

ALEVINS À L'ÉCLOSION.

DIMENSIONS MOYENNES.

	Millimètres.
Longueur totale	20,0
Longueur sans la caudale	18,0
Hauteur du tronc à l'aplomb antérieur de la 1re dorsale	3,5
Hauteur du tronc à l'aplomb de l'anus	2,5
Hauteur du pédoncule caudal	1,0
Longueur de la tête	4,0
Largeur de la tête sur la ligne oculo-transverse	3,0
Diamètre orbitaire	2,0
Espace préorbitaire	0,5
Espace interorbitaire	1,5
Distance prédorsale	8,0
Distance préanale	13,0
Hauteur maxima de la 1re dorsale	1,0
Hauteur maxima de l'anale	1,0
Hauteur de la caudale	3,5
Rayons médians de la caudale	2,0
Rayons marginaux de la caudale	1,8
Longueur des pectorales	3,0
Longueur des pelviennes	1,0
Grand axe de la vésicule vitelline	12,0
Petit axe horizontal de la vésicule vitelline	5,0
Petit axe (saillie) de la vésicule vitelline	5,0

Proportions moyennes. — La longueur totale fait environ 6 fois la plus grande hauteur du tronc, 5 fois la longueur de la tête, 1,5 fois la distance préanale, 1,6 fois le grand axe de la vésicule vitelline et 4 fois le petit.

La longueur de la tête fait : 1,3 fois sa largeur, 2 fois le diamètre orbitaire, 8 fois l'espace préorbitaire, 2,7 fois l'espace interorbitaire.

La longueur des pectorales fait 3 fois celles des pelviennes.

III. **Phase des alevins d'une demi-semaine.** — Le tronc, chez ces alevins, ne diffère pas sensiblement, comme forme ni comme aspect, de ce qu'il était au moment de l'éclosion. La tête montre, dans la partie postérieure de la région gulaire, les ébauches des rayons branchiostèges.

La première nageoire dorsale commence à se séparer par une profonde échancrure du système commun primitif des nageoires impaires; elle se prolonge en avant, jusqu'à la région nucale, par une crête qui s'atténue peu à peu; elle contient les linéaments de 10 à 12 baguettes radiales. La 2e dorsale s'unit largement à la caudale, et dépend d'elle, tout en s'en distinguant par le moyen d'une échancrure marquée. La caudale montre un bord convexe et 5-6 rayons médians développés. L'anale postérieure, privée de rayons, se sépare nettement de la caudale par une échancrure profonde. L'anale antérieure, plus basse de moitié environ que la précédente, s'étend jusqu'aux pelviennes.

La pigmentation est constituée par des points espacés, disséminés presque partout, sauf sur la face ventrale et les nageoires, tout en présentant quelques lieux de rassemblement plus serrés : la région dorsale du tronc, l'extrémité du tronc auprès de l'insertion de la caudale, la région nucale, les joues.

La vésicule vitelline, bien qu'ayant diminué de volume, conserve dans son ensemble la forme et les dispositions qu'elle présentait au moment de l'éclosion (fig. 16, p. 63).

Comparaison avec la phase précédente ou de l'éclosion. — Le corps s'est allongé; la tête s'est agrandie de manière à diminuer l'ampleur des yeux; les nageoires pelviennes se sont accrues; la 1re dorsale s'est mieux séparée du système commun primitif des nageoires impaires; la pigmentation a gagné les faces latéro-ventrales du tronc et de la tête; la vésicule vitelline a diminué, surtout dans le sens de son grand axe longitudinal.

ALEVINS D'UNE DEMI-SEMAINE.

DIMENSIONS MOYENNES.

	Millimètres.
Longueur totale	21,0
Longueur sans la caudale	18,0
Hauteur du tronc à l'aplomb de la 1re dorsale	3,5
Hauteur du tronc à l'aplomb de l'anus	2,5
Hauteur du pédoncule caudal	1,0
Longueur de la tête	4,5
Largeur de la tête sur la ligne oculo-transverse	3,5
Diamètre orbitaire	2,0
Espace préorbitaire	0,5
Espace interorbitaire	1,5
Distance prédorsale	8,0
Distance préanale	13.0
Hauteur maxima de la 1re dorsale	1,2
Hauteur maxima de l'anale	1,2
Hauteur de la caudale	3.5
Rayons médians de la caudale	2,0
Rayons marginaux de la caudale	2,0
Longueur des pectorales	3,5
Longueur des pelviennes	1,5
Grand axe de la vésicule vitelline	10,5
Petit axe horizontal de la vésicule vitelline	5,0
Petit axe vertical (saillie) de la vésicule vitelline	4,5

Proportions moyennes. — La longueur totale fait environ : 6 fois la plus grande hauteur du tronc, un peu moins de 5 fois la longueur de la tête, un peu moins de 3 fois la distance prédorsale, 1,6 fois la distance préanale, 2 fois le grand axe de la vésicule vitelline, et 4,2 fois le petit axe horizontal.

La longueur de la tête fait environ : 1,3 fois sa largeur, 2,2 fois le diamètre orbitaire, 9 fois l'espace préorbitaire, 3 fois l'espace interorbitaire.

La longueur des pectorales fait environ 2,3 fois celle des pelviennes.

IV. **Phase des alevins d'une semaine.** — L'aspect général du corps est conservé tel qu'il se montrait pendant la phase précédente, sauf au sujet de la tête, qui perd sa forme globuleuse, et s'effile quelque peu. Les ébauches de la membrane branchiostège et de ses rayons se précisent dans la région Bulaire.

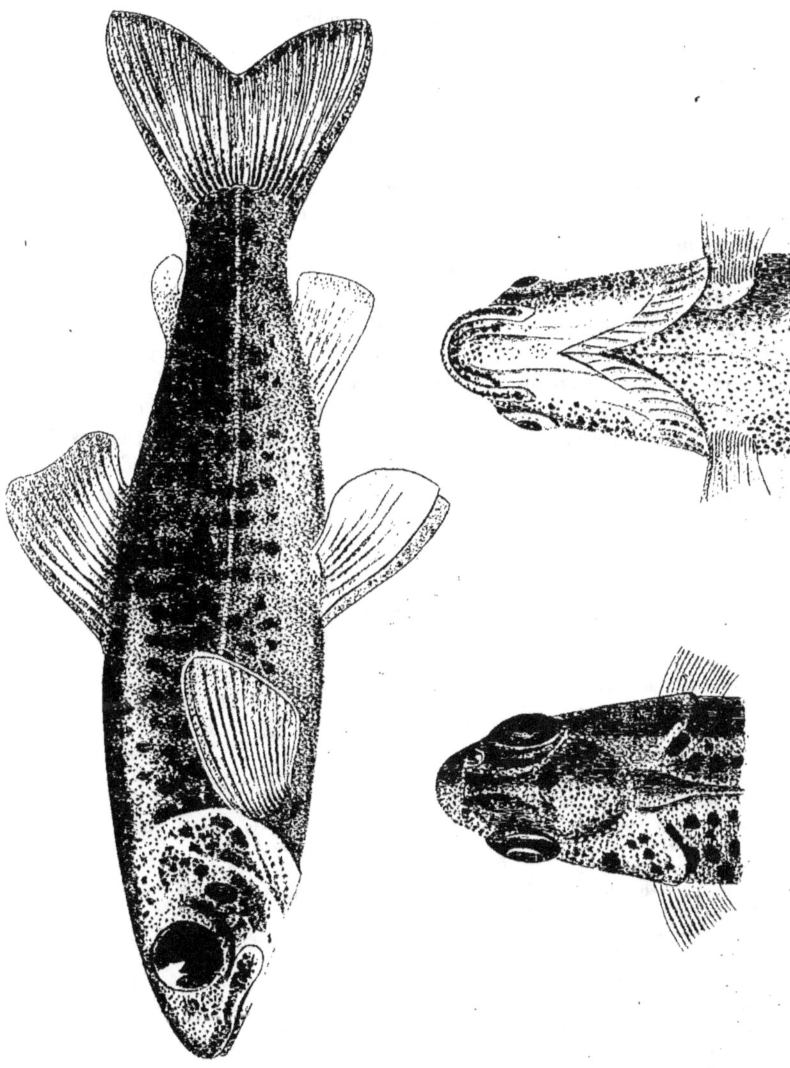

Fig. 37. — *Alevin de 7 mois.* — En haut, alevin entier vu de profil; en bas c. à droite, région antérieure vue par la face ventrale; en bas et à gauche, région antérieure vue par la face dorsale. —

La 1re dorsale est presque séparée du système composé par la 2e dorsale unie à la caudale; sa crête antérieure se prolonge jusqu'à l'aplomb des fentes operculaires; les ébauches de ses rayons commencent à être au complet. La 2ᵉ dorsale, largement unie en arrière à la caudale, se prolonge en avant par une crête basse qui s'effile progressivement pour se terminer en pointe sur l'arrière de la 1ʳᵉ dorsale. La caudale a son bord postérieur faiblement arqué (convexe) et ses angles arrondis; elle contient les ébauches de ses rayons médians et d'un certain nombre de ses rayons marginaux. L'anale postérieure, bien que liée à la caudale, se sépare d'elle presque complètement au moyen d'une profonde ligne oblique de scissure. L'anale antérieure conserve ses dispositions précédentes. Dans les nageoires pectorales, les rayons supérieurs et médians sont présents. Par contre, les nageoires pelviennes ne montrent encore aucune ébauche radiale.

Les caractères de la pigmentation sont encore ceux de la phase précédente, mais avec une notable accentuation du pigment sur la région dorsale du corps entier, et un début d'extension sur la nageoire caudale.

La vésicule vitelline, toujours pyriforme, est plus courte que précédemment, de manière à paraître en même temps plus petite et plus massive. Son extrémité postérieure libre ne dépasse point l'aplomb de l'anale antérieure (fig. 17, p. 65).

Comparaison avec la phase précédente ou d'une demi-semaine. — La tête s'est agrandie; les yeux sont relativement moins volumineux et moins saillants; la 1ʳᵉ dorsale s'est délimitée; la pigmentation ponctuée gagne la caudale sur le trajet des ébauches des rayons; la vésicule vitelline a diminué dans le sens de son grand axe longitudinal, tout en conservant ses dimensions précédentes dans celui de ses petits axes transverses.

ALEVINS D'UNE SEMAINE.

DIMENSIONS MOYENNES.

Millimètres.

Longueur totale.	21,0
Longueur sans la caudale.	18,0
Hauteur du tronc à l'aplomb de la 1ʳᵉ dorsale.	3,5
Hauteur du tronc à l'aplomb de l'anus.	2,5
Hauteur du pédoncule caudal.	1,0
Longueur de la tête.	5,0
Largeur de la tête sur la ligne oculo-transverse.	3,8
Diamètre orbitaire.	2,0
Espace préorbitaire.	0,8
Espace interorbitaire.	1,5
Distance prédorsale.	8,5
Distance préanale.	13,5
Hauteur maxima de la 1ʳᵉ dorsale.	1,5
Hauteur maxima de l'anale.	1,2
Hauteur de la caudale.	3,5
Rayons médians de la caudale.	2,2
Rayons marginaux de la caudale.	2,0
Longueur des pectorales.	3,6
Longueur des pelviennes.	1,6
Grand axe de la vésicule vitelline.	8,5
Petit axe horizontal de la vésicule vitelline.	5,0
Petit axe (saillie) de la vésicule vitelline.	4,5

7.

Proportions moyennes. — La longueur totale fait environ : 6 fois la plus grande hauteur; un peu plus de 4 fois la longueur de la tête; 2,5 fois la distance prédorsale; 1,5 fois la distance prémale; 2,5 fois le grand axe de la vésicule vitelline; et 4,2 fois le petit.

La longueur de la tête fait environ : 1,3 fois sa largeur; 2,5 fois le diamètre orbitaire; 6,2 fois l'espace préorbitaire; 3,3 fois l'espace interorbitaire.

Les rayons marginaux présents de la caudale sont un peu plus courts que les rayons médians. La longueur des pectorales fait environ 2,3 fois celle des pelviennes.

V. Phase des alevins de deux semaines. — Les alevins n'ont pas sensiblement modifié leurs dimensions depuis la phase précédente, mais plusieurs changements apportés à diverses parties de leur corps, notamment à la nageoire caudale et à la vésicule vitelline, leur font déjà perdre leur allure primitive.

La caudale ne se relie plus que par une étroite crête à la 2e dorsale et à l'anale; elle commence à revêtir son individualité, tout en se prolongeant encore par cette crête sur une assez grande longueur de la région postérieure du tronc. Son bord postérieur a perdu sa forme convexe pour devenir presque droit, ou même, chez quelques alevins, pour s'excaver légèrement.

Fig. 38. — *Écailles d'un alevin de 6 mois*, au début de leur genèse. — Grossissement : 35/1. — Voir dans le texte, p. 131 et suiv.

La nageoire anale postérieure montre les premiers linéaments de ses rayons et, continuant à s'accroître, dépasse grandement comme dimensions l'anale antérieure, qui se restreint de plus en plus.

La vésicule vitelline, tout en diminuant de taille, a perdu son aspect ovoïde primitif, en ce sens que son bout postérieur libre est devenu presque acuminé. Cette extrémité postérieure a cessé de s'étendre en arrière jusqu'à l'aplomb de l'anale antérieure; elle ne dépasse point le niveau des nageoires pelviennes (fig. 18, p. 67).

Comparaison avec la phase précédente ou d'une semaine. — Les principales modifications sont : celle de la nageoire caudale, dont l'aspect se rapproche davantage du type définitif grâce à la rectification de son bord postérieur; et celle de la vésicule vitelline, dont la résorption continue et dont les dimensions diminuent sans cesse dans le sens longitudinal.

ALEVINS DE DEUX SEMAINES.

DIMENSIONS MOYENNES.

	Millimètres.
Longueur totale	21,0
Longueur sans la caudale	18,0
Hauteur du tronc à l'aplomb antérieur de la 1re dorsale	3,6
Hauteur du tronc à l'aplomb de l'anus	2,5
Hauteur du pédoncule caudal	1,0
Longueur de la tête	5,0

Largeur de la tête sur la ligne oculo-transverse........................ 4,0

Diamètre orbitaire.................................... 2,0

Espace préorbitaire.................................... 0,8

Espace interorbitaire.................................... 1,5

Distance prédorsale.................................... 8,5

Distance préanale.................................... 13,5

Hauteur maxima de la 1ʳᵉ dorsale.................................... 1,5

Hauteur maxima de l'anale.................................... 1,2

Hauteur de la caudale.................................... 4,0

Rayons médians de la caudale.................................... 2,0

Rayons marginaux de la caudale.................................... 2,0

Longueur des pectorales.................................... 3,8

Longueur des pelviennes.................................... 1,6

Grand axe de la vésicule vitelline.................................... 7,0

Petit axe horizontal de la vésicule vitelline.................................... 5,0

Petit axe vertical (saillie) de la vésicule vitelline.................................... 4,0

Proportions moyennes. — Ces proportions diffèrent peu de celles de la phase précédente, sauf que la longueur totale fait environ 3 fois le grand axe de la vésicule vitelline, et que les rayons marginaux de la caudale égalent les médians ou les dépassent de peu.

VI. Alevins de trois à quatre semaines (22ᵉ-25ᵉ jour). — L'aspect général du corps commence à se rapprocher de celui de l'alevin libre ; la vésicule vitelline ne constitue plus qu'un appendice de dimensions relativement restreintes ; la forme du tronc et celle de la tête s'affirment dans le sens de leur allure finale ; la pigmentation tégumentaire augmente en étendue et en intensité ; les mouvements de l'individu deviennent plus actifs.

La 1ʳᵉ dorsale ne se prolonge plus vers l'avant que par une petite crête courte et basse ; elle contient au complet les ébauches de ses rayons. La 2ᵉ dorsale se rattache encore à la crête dorsale de la caudale, et n'a point son indépendance complète. Il en est de même pour l'anale postérieure, qui se relie à la crête ventrale de la caudale par une étroite bande coupée d'une échancrure profonde ; cette anale, plus haute que la 2ᵉ dorsale dont elle constitue le symétrique ventral, montre les ébauches de 6-7 rayons. La nageoire caudale contient la plupart de ses rayons médians et marginaux, et possède un bord postérieur concave, quoique faiblement arqué ; ses angles sont arrondis. L'anale antérieure, toujours présente et plus petite que la postérieure, ne renferme aucun vestige de baguettes radiales.

La tête, sans être trop effilée, est moins obtuse cependant qu'au cours des phases précédentes. La membrane branchiostège et ses rayons, les languettes operculaires, sont nettement délimitées.

Le principal caractère de l'état actuel est donné par la pigmentation, qui gagne en importance tout en conservant sa nature de fines ponctuations espacées. Ces ponctuations couvrent entièrement le tronc, sauf une part de la région ventrale comprise entre la vésicule vitelline et l'anale postérieure ; elles couvrent aussi les joues, les opercules, la lèvre supérieure, la nuque, la base de la vésicule vitelline, et s'étendent sur la 1ʳᵉ dorsale comme sur la caudale. Quelques-unes d'entre elles se rassemblent en amas encore indistincts, au nombre de 3 ou de 4, placés auprès et au-dessous de la ligne

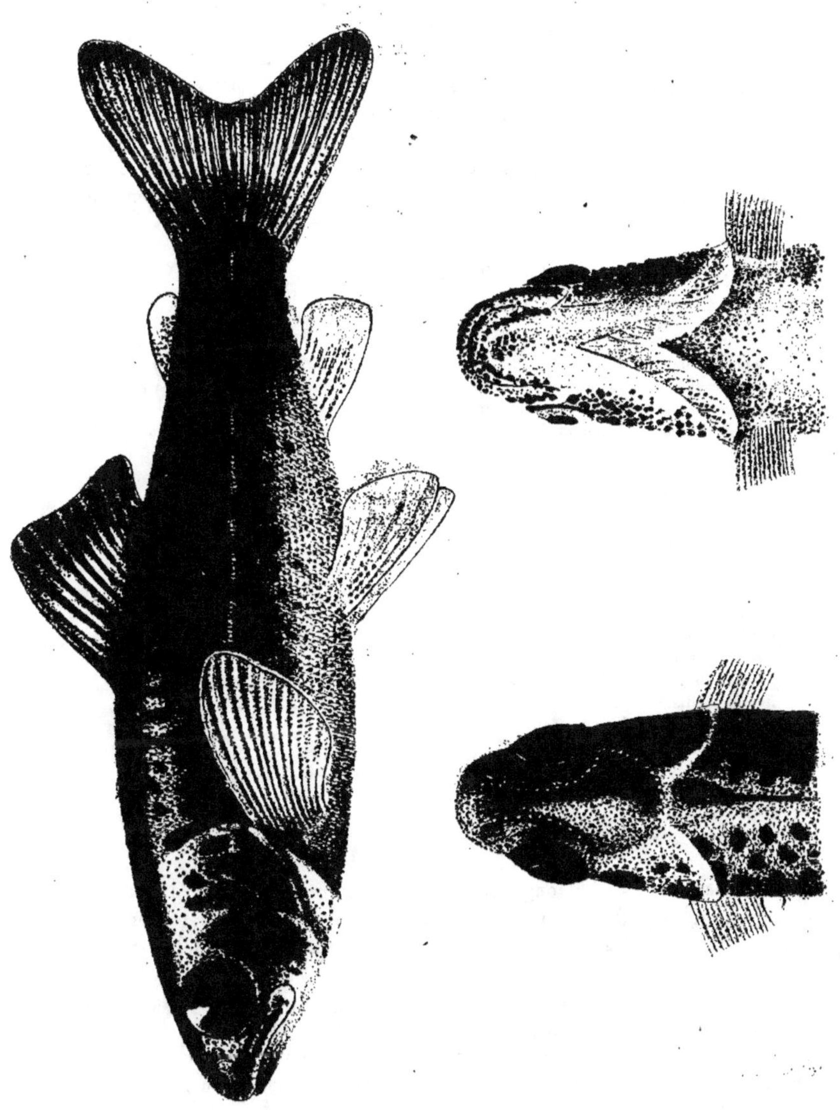

Fig. 39. — *Alevin de 8 mois.* — En haut, alevin entier vu de profil; en bas et à droite, région antérieure vue par la face ventrale; en bas et à gauche, région antérieure vue par la face dorsale. —

latérale, au niveau de la 1ʳᵉ dorsale, indications commençantes des taches qui se présenteront au cours des phases suivantes.

La vésicule vitelline, dont les dimensions sont faibles désormais, est presque globuleuse. Son extrémité postérieure, saillante, recourbée en forme de crochet mousse,
n'atteint pas ou atteint à peine le niveau des nageoires pelviennes (fig. 19, p. 68).

Comparaison avec la phase précédente ou de deux semaines. — Le corps s'est allongé,
tout en conservant les proportions relatives de ses principales parties. La 1re dorsale
s'est accrue; la caudale, l'anale postérieure, les pelviennes ont fait de même. La pigmentation a augmenté, tout en gardant son état de fines ponctuations, et commence
à présenter sur les flancs, auprès de la ligne latérale, les débuts des premières taches.
La vésicule vitelline a diminué dans toutes ses dimensions, mais surtout selon son axe
longitudinal.

ALEVINS DE TROIS-QUATRE SEMAINES.

DIMENSIONS MOYENNES.

	Millimètres.
Longueur totale	22,5
Longueur sans la caudale	19.0
Hauteur du tronc à l'aplomb antérieur de la 1re dorsale	4,0
Hauteur du tronc à l'aplomb de l'anus	3.0
Hauteur du pédoncule caudal	1,5
Longueur de la tête	5,0
Largeur de la tête sur la ligne oculo-transverse	4.0
Diamètre orbitaire	2,2
Espace préorbitaire	0.8
Espace interorbitaire	1,5
Distance prédorsale	9.5
Distance préanale	14,0
Hauteur maxima de la 1re dorsale	2,5
Hauteur maxima de l'anale	2,0
Hauteur de la caudale	4,5
Rayons médians de la caudale	3,0
Rayons marginaux de la caudale	3,0
Longueur des pectorales	4,0
Longueur des pelviennes	2,0
Grand axe de la vésicule vitelline	6,0
Petit axe horizontal de la vésicule vitelline	4,5
Petit axe vertical (saillie) de la vésicule vitelline	3,5

Proportions moyennes. — La longueur totale fait environ : 5,5 fois la plus grande
hauteur du tronc; 4,5 fois la longueur de la tête; 2,4 fois la distance prédorsale;
1,6 fois la distance préanale; 3,75 fois le grand axe de la vésicule vitelline; et 5 fois
le petit axe horizontal.

La longueur de la tête fait environ : 1,25 fois sa largeur; 2,3 fois le diamètre orbitaire; 6,2 fois l'espace préorbitaire; 3,3 fois l'espace interorbitaire.

Les rayons marginaux de la caudale égalent sensiblement les rayons médians. La
hauteur de la 1re dorsale égale les 0,6 de la hauteur du tronc à son niveau. La longueur des pectorales fait environ 2 fois celle des pelviennes.

VII. **Alevins de quatre à cinq semaines (28e-35e jour).** — Les principales particularités offertes à cet âge tiennent aux modifications : du corps dans son ensemble,

de la nageoire caudale, de l'anale postérieure, des pelviennes, enfin de la pigmentation. Les autres dispositions s'écartent moins de celles de la phase précédente.

Le corps, grâce à l'effilement de la tête et surtout du museau, commence à devenir moins massif. La tête possède sa conformation définitive; ses appareils operculaire et branchiostège ont acquis leur aspect final.

La nageoire caudale est nettement fourchue, bien que son échancrure médiane soit encore peu accentuée et que ses angles soient arrondis. L'anale postérieure et les pelviennes offrent les ébauches de tous leurs rayons.

Le système pigmentaire montre ses premières taches, précédemment ébauchées, et désormais affirmées dans leur état propre.

Ces taches consistent en amas de fines ponctuations, semblables à celles du reste du corps, mais plus nombreuses et plus serrées. Elles ont un contour irrégulier, quoique assez nettement circonscrit. Placées sur les flancs, auprès et au-dessous de la ligne latérale, elles sont au nombre de 5 de chaque côté : une, plus ou moins distincte, en arrière de la fente operculaire; et quatre, mieux marquées, situées à la file depuis l'aplomb des pectorales jusqu'à celui de l'anale postérieure.

La vésicule vitelline, toujours présente, fait encore une saillie assez volumineuse, mais entièrement placée au-devant des pelviennes et ne s'étendant pas au delà (fig. 20, p. 69).

Comparaison avec la phase précédente ou de trois semaines. — La tête s'est effilée et acuminée en avant tout en s'accroissant. Les nageoires pelviennes et anale façonnent leurs rayons. La nageoire caudale s'échancre selon son axe médian. Les premières taches pigmentaires apparaissent sur les flancs, auprès de la ligne latérale. La vésicule vitelline a diminué surtout dans le sens de sa hauteur.

ALEVINS DE QUATRE-CINQ SEMAINES.

DIMENSIONS MOYENNES.

	Millimètres.
Longueur totale	23,5
Longueur sans la caudale	20,5
Hauteur du tronc à l'aplomb de la 1ʳᵉ dorsale	4,5
Hauteur du tronc à l'aplomb de l'anus	3,0
Hauteur du pédoncule caudal	1,5
Longueur de la tête	6,0
Largeur de la tête sur la ligne oculo-transverse	4,0
Diamètre orbitaire	2,5
Espace préorbitaire	1,0
Espace interorbitaire	1,8
Distance prédorsale	10,5
Distance préanale	15,0
Hauteur maxima de la 1ʳᵉ dorsale	2,5
Hauteur maxima de l'anale postérieure	2,0
Hauteur de la caudale	4,5
Rayons médians de la caudale	3,0
Rayons marginaux de la caudale	3,2
Longueur des pectorales	4,0
Longueur des pelviennes	2,0
Grand axe de la vésicule vitelline	6,0
Petit axe horizontal de la vésicule vitelline	4,0
Petit axe vertical de de la vésicule vitelline	2,2

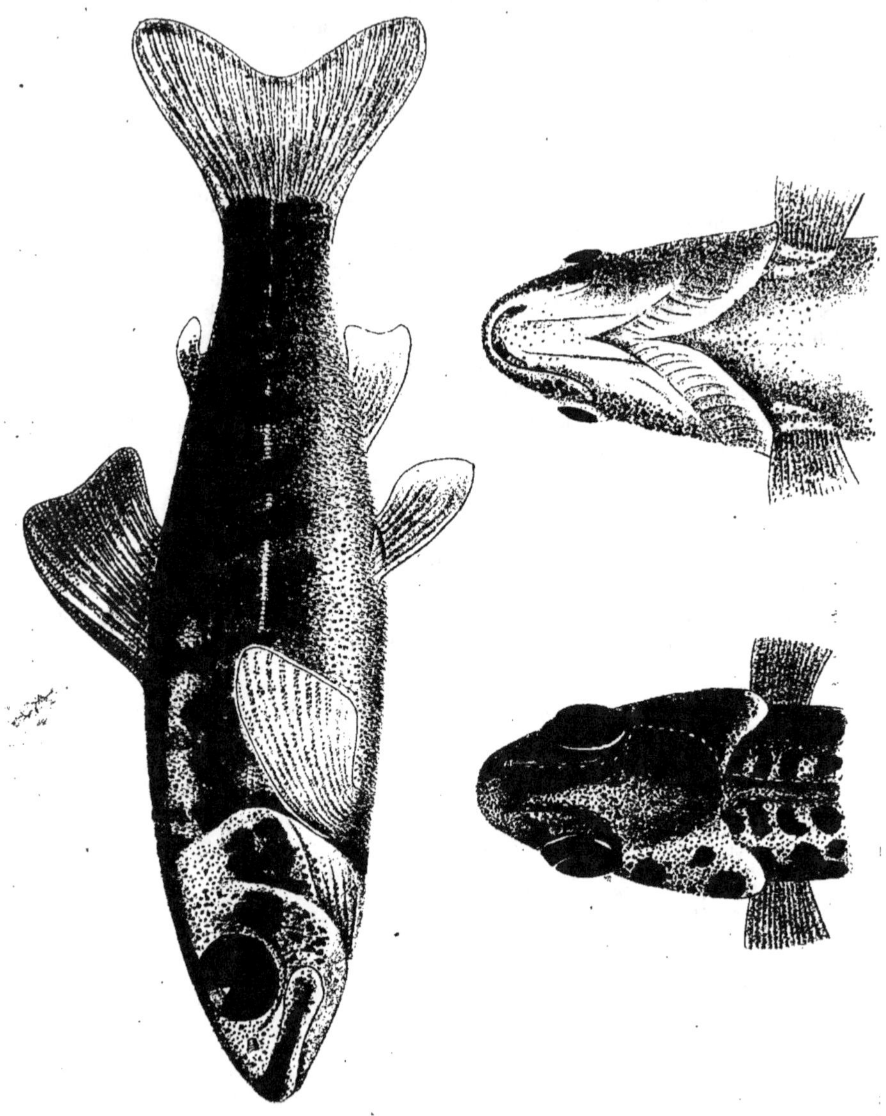

Fig. 4o. — *Alevin de 10 mois.* — En haut, alevin entier vu de profil; en bas et à droite, région antérieure vue par la face ventrale; en bas et à gauche, région antérieure vue par la face dorsale. — Grossissement : 3,5/1. — Voir dans le texte, p. 125 et suiv.

Proportions moyennes. — La longueur totale fait environ : 5,2 fois la plus grande hauteur du tronc; un peu moins de 4 fois la longueur de la tête; 2,25 fois la distance prédorsale; 1,6 fois la distance préanale; 4 fois le grand axe de la vésicule vitelline; et 6 fois le petit axe transverse horizontal.

La saillie du petit axe vertical de cette vésicule égale seulement la moitié de la hauteur du tronc au même niveau.

La longueur de la tête fait environ : 1,5 fois sa largeur; 2,4 fois le diamètre orbitaire; 6 fois l'espace préorbitaire; 3,3 fois l'espace interorbitaire.

Les rayons marginaux de la caudale sont un peu plus longs que les rayons médians. La hauteur de la 1re dorsale égale presque la moitié de celle du tronc à son niveau, et dépasse de peu celle de l'anale (postérieure). La longueur des pectorales fait environ 2 fois celle des pelviennes.

VIII. **Alevins de six semaines.** — La tête et le museau continuent à s'effiler et à préciser leurs contours définitifs. La membrane branchiostège recouvre les bases des pectorales, et s'étend jusqu'à la vésicule vitelline. La 1re nageoire dorsale montre encore quelques vestiges de sa crête antérieure. Les nageoires pectorales étendent leur sommet jusqu'à l'aplomb du bord antérieur de la 1re dorsale. Les nageoires pelviennes s'amplifient et possèdent presque tous leurs rayons.

Les principaux changements sont ceux des nageoires impaires et de la pigmentation. La 2e dorsale commence à prendre une forme arquée; prolongée en avant au moyen d'une étroite crête, elle est pourtant distincte de la 1re dorsale, et se sépare également de la caudale par une échancrure profonde. La caudale, dont le bord postérieur est nettement concave, réduit la hauteur des crêtes médianes qui la prolongeaient auparavant et l'unissaient à la 2e dorsale ainsi qu'à l'anale postérieure. Cette dernière, désormais distincte, et amplifiée depuis la phase précédente, porte tous ses rayons. Par contre, l'anale antérieure diminue toujours de hauteur relative.

La pigmentation ponctuée s'accentue sur la région dorsale du tronc, sur les joues et sur les opercules. Les lignes non ponctuées qui parcourent le sommet de la tête et la nuque depuis le début du développement post-embryonnaire continuent à se maintenir dans leur intégrité; elles représentent les ébauches des futurs pores céphaliques. Les taches latérales, mieux délimitées que dans la phase précédente, ont augmenté en nombre; leur chiffre égale habituellement six sur chacun des flancs.

La vésicule vitelline continue à se résorber. La saillie qu'elle dessine s'accentue de moins en moins. Sa forme générale se maintient cependant, malgré sa petitesse relative; son bout postérieur, plus étroit que l'antérieur, se recourbe légèrement en crochet (fig. 21, p. 71).

ALEVINS DE SIX SEMAINES.

DIMENSIONS MOYENNES.

Millimètres.

Longueur totale	24,0
Longueur sans la caudale	21,0
Hauteur du tronc à l'aplomb antérieur de la 1re dorsale	5,0

Hauteur du tronc à l'aplomb de l'anus.......................... 3,5
Hauteur du pédoncule caudal........ 1,5
Longueur de la tête.............................. 6,5
Largeur de la tête sur la ligne oculo-transverse................. 4,0
Diamètre orbitaire.............................. 2,5
Espace préorbitaire.............................. 1,0
Espace interorbitaire.............................. 2,0
Distance prédorsale..... 10,5
Distance préanale.............................. 15,0
Hauteur maxima de la 1re dorsale................ 2,5
Hauteur maxima de l'anale................ 2,5
Hauteur de la caudale.............................. 4,5
Rayons médians de la caudale.............................. 3,0
Rayons marginaux de la caudale.............................. 3,5
Longueur des pectorales.............................. 4,5
Longueur des pelviennes.............................. 2,5
Grand axe de la vésicule vitelline.............................. 6,0
Petit axe horizontal de la vésicule vitelline................ 3,0
Petit axe vertical de la vésicule vitelline.............................. 1,5

Proportions moyennes. — La longueur totale fait environ : 4 fois et 3/4 la plus grande hauteur du tronc; un peu moins de 4 fois la longueur de la tête; 2 fois 1/4 la distance prédorsale; 1,6 fois la distance préanale : 4 fois le grand axe de la vésicule vitelline; 8 fois le petit axe horizontal. La saillie du petit axe vertical égale le 1/3 environ de la hauteur du tronc à ce niveau la longueur totale de la vésicule, prise de bout en bout, égale sensiblement la longueur de la tête.

La longueur de la tête fait environ : 1 fois 1/2 sa largeur; 2 fois 1/2 le diamètre orbitaire; un peu plus de 6 fois l'espace préorbitaire; et un peu plus de 3 fois l'espace interorbitaire.

Les rayons marginaux de la caudale sont sensiblement plus longs que les médians. La hauteur de la 1re dorsale égale ou dépasse légèrement la moitié de celle du tronc à

Fig. 41. — *Écailles d'un alevin de 8 mois.* — Grossissement : 35/1. — Voir dans le texte, p. 131 et suiv.

son niveau, et dépasse de peu celle de l'anale. La longueur des pectorales fait presque 2 fois celle des pelviennes.

IX. **Alevins de sept-huit semaines.** — Les changements les plus sensibles sont ceux du renforcement de la pigmentation, du progrès de la résorption vitelline et de l'apparition des pores sensoriels céphaliques.

La pigmentation augmente et s'étend au corps presque entier. Des ponctuations apparaissent sur la face ventrale du tronc, laissée indemne jusque-là; elles y sont plus espacées qu'ailleurs, sauf au voisinage des insertions de l'anale postérieure et de la crête de la caudale, où elles se montrent plus grosses et plus serrées. Les taches des flancs augmentent en nombre et, par rapport à la phase précédente, diminuent en taille; on en compte ordinairement 6 à 9, toujours situées le long et au-dessous de la ligne latérale, ou la chevauchant quelque peu. Les joues et les opercules portent des groupes de ponctuations serrées.

Les deux bandes sus-orbitaires latérales et symétriques, qui se font remarquer depuis les premières phases par leur défaut de pigmentation, perdent leur aspect primitif continu, et se présentent comme formant deux séries symétriques de pores rangés à la file. Chacune de ces séries commence en arrière et au-dessus de l'œil, pour se porter vers le museau en contournant l'orbite et se terminer à la hauteur des fosses nasales. A ce niveau, et vers la lèvre supérieure, elles se relient l'une à l'autre par l'entremise d'une courte série transverse de 3 à 4 pores.

La vésicule vitelline se réduit de façon notable, au point de ne plus constituer qu'une boursouflure sous-pectorale. Sa forme et ses dimensions varient selon les individus; la principale cause de cette diversité est due à l'aspect du prolongement postérieur, tantôt allongé et presque cylindrique, tantôt court et obtus (fig. 22, 23, 24, p. 73 et 75).

ALEVINS DE SEPT-HUIT SEMAINES.

DIMENSIONS MOYENNES.

	Millimètres.
Longueur totale	24,5
Longueur sans la caudale	21,5
Hauteur du tronc à l'aplomb de la 1re dorsale	5,0
Hauteur du tronc à l'aplomb de l'anus	3,5
Hauteur du pédoncule caudal	2,0
Longueur de la tête	6,5
Largeur de la tête sur la ligne oculo-transverse	4,0
Diamètre orbitaire	1,0
Espace interorbitaire	2,0
Distance prédorsale	10,5
Distance préanale	15,0
Hauteur maxima de la 1re dorsale	3,0
Hauteur maxima de l'anale	2,5
Hauteur de la caudale	5,0
Rayons médians de la caudale	3,0
Rayons marginaux de la caudale	4,0
Longueur des pectorales	4,5
Longueur des pelviennes	3,0
Grand axe de la vésicule vitelline	5,5
Petit axe horizontal de la vésicule vitelline	3,5
Petit axe vertical (saillie) de la vésicule vitelline	1,5

Proportions moyennes. — Ces proportions ne diffèrent que dans une faible mesure de de celles de la phase précédente. Les principaux changements portent sur la vésicule vitelline, dont la saillie n'égale plus que le quart environ de la hauteur du tronc à son niveau.

X. Alevins de neuf semaines. — L'intérêt des alevins parvenus à cette phase, qui marque la fin du 2e mois et le début du 3e depuis l'éclosion, touche à la réduction croissante de la vésicule vitelline et de l'anale antérieure, les autres particularités étant peu différentes de celles des alevins précédents.

La vésicule vitelline, actuellement restreinte et de dimensions minimes, ne forme plus qu'une hernie assez peu saillante, située sous la face ventrale du corps, dans l'espace compris entre les bases des nageoires pectorales et celles des pelviennes.

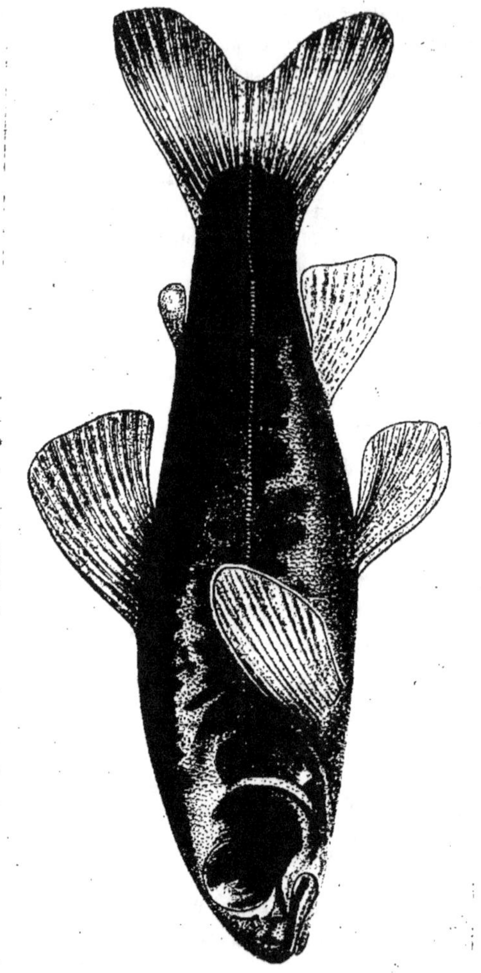

Fig. 42. — *Alevin de 13 mois*, vu de profil. — Grossissement : 2,5/1. — Voir dans le texte, p. 195 et suiv.

Conservant encore sa disposition première et son prolongement postérieur, elle paraît faite de deux parties plus ou moins distinctes, l'une postérieure et petite qui correspond à ce prolongement, l'autre, antérieure et relativement grosse, qui équivaut à la portion principale de la vésicule. Les deux, au cours des modifications qui se succèdent dans cette résorption progressive, diminuent de plus en plus dans tous les sens, et surtout dans la direction verticale, de manière à disparaître peu à peu en se confondant à mesure avec la paroi ventrale du tronc. Il s'agit en cela d'une atrophie progressive par résorption, et non d'une disparition par déhiscence. La vésicule, grâce à la diminution continue de son contenu deutolécithique, se restreint jusqu'à s'incorporer à la paroi abdominale et à se confondre avec elle, sans perdre brusquement aucune de ses parties.

La nageoire anale antérieure achève également d'exister; s'étant quelque peu accrue après l'éclosion, quoique moins que la postérieure, elle avait rapidement cessé d'augmenter et demeurait stationnaire. Aucune ébauche de rayons ne se montrait dans sa substance. A dater des présentes phases, elle s'atrophie par diminution. Son dernier vestige constitue une petite crête médiane, placée au-devant de l'anus. Cette crête ne tarde pas à s'effacer à son tour, de telle sorte qu'il ne subsistera plus aucune trace de cette formation remarquable qui prolongeait en avant de l'anus le système des nageoires impaires et le rattachait à celui des nageoires pelviennes (fig. 25, 27, 28, p. 77 et 79).

XI. **Alevins de dix et onze semaines (2 mois et demi à 3 mois).** — Les alevins de cette phase sont parvenus à la fin de la période vésiculée. Les appendices caractéristiques d'auparavant, à savoir la vésicule vitelline et l'anale antérieure, disparaissent complètement ou ne sont représentés que par des vestiges de faible importance. Cette phase se manifeste d'ordinaire du début au milieu du 3e mois qui suit l'éclosion (10 semaines ou 2 mois et demi). Il convient de noter toutefois qu'elle peut se montrer plus tôt ou plus tard, selon la température de l'eau et la robustesse des alevins : la rapidité de la résorption étant en raison directe de l'élévation thermique du milieu tant que celle-ci n'altère pas la vitalité de l'organisme. Il faut remarquer par surcroît que, dans la pratique, les phases vésiculées semblent se terminer vers la fin du 2e mois, car les vestiges réduits de la vésicule, tels qu'ils ont été décrits à l'occasion des phases précédentes, sont difficiles à discerner dans un examen rapide, autant à cause de leur petitesse que de leur translucidité (fig. 26, 27, 28, 29, p. 77, 79, 83).

Le corps, désormais privé de sa vésicule en saillie, possède sa forme définitive : museau conique en avant, grande caudale échancrée en arrière. Si la paroi propre de la vésicule s'est confondue avec celle de l'abdomen, toutefois les traces de son ancienne existence subsistent encore. Le mouvement de rétraction consécutif à la résorption, plus accentué entre les bases des pectorales, conduit en cette région au creusement d'une fente longitudinale et médiane, qui s'engage en avant sous les formations branchiostégales, et s'atténue en arrière tout en s'élargissant, pour se joindre au petit bourrelet qui représente, du côté des pelviennes, un dernier vestige bientôt effacé à son tour. L'alevin porte ainsi, dans la région où se dressait en relief sa vésicule, une sorte d'ombilic vitellin. Il convient pourtant de reconnaître que ce dernier n'équivaut point à une cicatrice de déhiscence; il est le résultat d'un étirement intérieur consécutif à la résorption du deutolécithe. Il ne tardera point, du reste, à disparaître et à laisser les téguments prendre leurs contours normaux.

La première dorsale se fait remarquer par sa grande taille, relativement plus forte qu'aux phases précédentes; cette **nageoire s'accroît beaucoup**, et surtout en hauteur, au cours de cette phase. Il en est de même pour l'anale, dans une proportion moindre cependant, et pour la caudale. Celle-ci, également plus ample par rapport à ce qu'elle était aux phases précédentes, est nettement fourchue; ses angles toutefois sont encore arrondis, et non pas acuminés. Elle possède toujours les crêtes médianes, dorsale et ventrale, qui la prolongent en avant vers l'anale et la deuxième dorsale. Celle-ci n'a point changé depuis la phase antérieure; elle garde sa forme arquée, et conserve ses dimensions minimes. Elle ne montre aucun vestige de rayons, et ressemble en cela aux crêtes antérieures de la caudale, par opposition avec la caudale proprement dite et les autres nageoires impaires, qui ont leurs rayons au complet comme nombre et comme étendue.

Les nageoires paires, munies aussi de leurs rayons, s'amplifient à l'égal des impaires. Les pectorales qui, dans les phases précédentes, n'arrivaient pas par leur sommet à l'aplomb antérieur de la première dorsale, ou y parvenaient tout juste, le dépassent maintenant et portent jusqu'à l'aplomb du premier tiers de cette nageoire. De même les pelviennes qui, rabattues en arrière, ne parvenaient pas à l'anus, y arrivent désormais et même le dépassent parfois. Cette amplification des nageoires paires et impaires s'accorde avec la mobilité plus grande et la rapidité de l'individu.

La pigmentation principale consiste toujours en points isolés, les uns très fins, d'autres plus gros, répartis en grand nombre sur le tronc presque entier, ainsi que sur une partie des dorsales et de la caudale. Les taches de la ligne latérale sont toujours présentes; elles étendent leur rangée depuis la région post-operculaire jusqu'au pédoncule caudal; leur nombre habituel est de 8 à 10; quoique irrégulières, leurs contours sont assez nettement délimités. La pigmentation ponctuée occupe aussi tout le

Fig. 43. — *Écailles d'un alevin de 13 mois.* — Grossissement : 35/1. — Voir dans le texte, p. 131 et suiv., avec les fig. 38 et 41.

dessus de la tête, sauf les lignes des pores, le museau et la lèvre supérieure. Elle s'étend en outre sur les joues en arrière et au-dessus des yeux, et sur les opercules où elle forme des amas étendus. Les pores céphaliques présents ne se limitent pas aux deux lignes sus-orbitaires réunies en avant par la ligne transversale inter-nasale; d'autres pores se montrent sur la ligne médio-dorsale du tronc, en avant de la première dorsale, où ils se disposent sur deux files longitudinales et parallèles, peu éloignées.

ALEVINS DE DIX—ONZE SEMAINES.

DIMENSIONS MOYENNES.

	Millimètres.
Longueur totale...	27,0
Longueur sans la caudale..	23,5
Hauteur du tronc à l'aplomb de la 1ʳᵉ dorsale.......................	5,0

Hauteur du tronc à l'aplomb de l'anus	3.5
Hauteur du pédoncule caudal	2,0
Longueur de la tête	7,0
Largeur de la tête sur la ligne oculo-transverse	4,5
Diamètre orbitaire	2,5
Espace préorbitaire	1.5
Espace interorbitaire	2.5
Distance prédorsale	11,0
Distance préanale	16,0
Hauteur maxima de la 1re dorsale	4,5
Hauteur maxima de l'anale	3,5
Hauteur de la caudale	6,0
Rayons médians de la caudale	3,0
Rayons marginaux de la caudale	4,5
Longueur des pectorales	5,5
Longueur des pelviennes	4,0
Grand axe de la vésicule vitelline	0,0
Petit axe horizontal de la vésicule vitelline	0,0
Petit axe vertical (saillie) de la vésicule vitelline	0,0

Proportions moyennes. — La longueur totale fait environ : 5 fois 1/2 la plus grande hauteur du tronc; un peu moins de 4 fois la longueur de la tête; 2 fois 1/2 la distance prédorsale; 1 fois 3/4 la distance préanale.

La longueur de la tête fait environ : 1 fois 1/2 sa largeur; un peu moins de 3 fois le diamètre orbitaire; un peu moins de 5 fois l'espace préorbitaire, et un peu moins de 3 fois l'espace interorbitaire.

La hauteur de la caudale dépasse de 1/3 à 1/4 la plus grande hauteur du tronc; la longueur de ses rayons marginaux dépasse de 1/2 celle des rayons médians. La hauteur de la première dorsale égale presque celle du tronc à son niveau, et dépasse de 1/3 environ celle de l'anale.

La longueur des pectorales fait à peu près 1 fois 1/2 celle des pelviennes, et mesure environ les 3/4 de celle de la tête.

XII. **Récapitulation et comparaison mutuelle des phases de la période vésiculée.** — Les alevins de *Salmo salar* L., dans cette première période de leur développement post-embryonnaire comprise entre l'éclosion et la résorption complète de leur vésicule vitelline, subissent dans leur allure générale des changements nombreux qui peuvent se grouper sous cinq titres : ceux des dimensions moyennes, ceux des proportions moyennes, ceux des dispositions des nageoires, ceux de la pigmentation tégumentaire, enfin ceux de la réduction de la vésicule. Les changements relatifs à la forme proprement dite relèvent des précédents, et se confondent avec eux.

On peut, pour simplifier l'étude comparative de cette période, la scinder en deux parts : l'une du premier mois, l'autre du deuxième et du complément variable fourni par le troisième mois, et l'exprimer au moyen de deux tableaux.

Au total, et pour se limiter aux changements des dimensions principales pendant le premier mois consécutif à l'éclosion, la longueur totale, passant de 20 à 22 mm. 5, augmente d'un huitième; la longueur de la tête, passant de 4 à 5 mm., augmente d'un quart; la largeur de la tête, passant de 3 à 4 mm., augmente d'un tiers; le diamètre orbitaire conserve à peu près ses dimensions du début; la distance prédorsale et la distance préanale ne subissent également que de faibles modifications: la première dorsale, passant de 1 mm. de hauteur à 2 mm. 5, augmente de plus du double; l'anale proprement dite, passant de 1 à 2 mm., augmente du double; la caudale, passant de 3 mm. 5 de hauteur à 4 mm. 5, augmente presque du tiers; les pectorales, passant de 3 à 4 mm., augmentent d'un tiers; les pelviennes, passant de 1 à 2 mm., augmentent du double.

TABLEAU COMPARATIF DES DIMENSIONS MOYENNES (EN MILLIMÈTRES)

DES ALEVINS VÉSICULÉS DU SAUMON

PENDANT LE 1er MOIS DU DÉVELOPPEMENT POST-EMBRYONNAIRE.

INDICATIONS DES PARTIES.	ÂGE DES ALEVINS.				
	ÉCLOSION.	DEMI-SEMAINE.	UNE SEMAINE.	DEUX SEMAINES.	TROIS-QUATRE SEMAINES.
Longueur totale.............	20,0	21,0	21,0	21,0	22,5
Longueur sans la caudale........	18,0	18,0	18,0	18,0	19,0
Hauteur du tronc à l'aplomb anté-rieur de la 1re dorsale........	3,5	3,6	3,6	3,6	4,0
Hauteur du pédoncule caudal.....	1,0	1,0	1,0	1,0	1,5
Longueur de la tête..........	4,0	4,5	5,0	5,0	5,0
Largeur de la tête sur la ligne oculo-transverse.................	3,0	3,5	3,8	4,0	4,0
Diamètre orbitaire...........	2,0	2,0	2,0	2,0	2,2
Espace préorbitaire...........	0,5	0,5	0,8	0,8	0,8
Espace interorbitaire..........	1,5	1.5	1,5	1,5	1,5
Distance prédorsale..........	8.0	8,0	8,5	8,5	9,5
Distance préanale............	13,0	13,0	13,5	13,3	14,0
Hauteur maxima de la 1re dorsale.	1,0	1,2	1,5	1,5	2,5
Hauteur maxima de l'anale......	1,0	1,2	1,2	1,2	2,0
Hauteur de la caudale..........	3,5	3,5	3,5	4,0	4,5
Rayons médians de la caudale....	2,0	2,0	2,0	2,0	3,0
Rayons marginaux de la caudale...	1,8	2,0	2,0	2,0	3,0
Longueur des pectorales.........	3,0	3,5	3,6	3,8	4,0
Longueur des pelviennes........	1,0	1,5	1,6	1,6	2,0
Grand axe de la vésicule vitelline..	12,0	10,5	8,5	7,0	6,0
Petit axe horizontal de la vésicule vitelline.................	5,0	5,0	5,0	5,0	4,5
Petit axe vertical (saillie) de la vé-sicule vitelline.............	5,0	4,5	4,5	4,0	3,5

Ces changements, étant ceux de la moyenne habituelle, offrent parfois, selon les individus, des plus-values ou des moins-values. Leurs indications générales sont pourtant fort nettes. On voit, d'après elles, que le corps proprement dit, dans ce développement d'alevins provenant de gros œufs à deutolécithe abondant, ne subit qu'une croissance modérée, et inférieure de beaucoup, pour le même laps de temps, à celui que montrent, chez d'autres poissons, les alevins issus de petits œufs moins bien fournis en vitellus nutritif. On y voit aussi que les modifications d'aspect produites par les inégalités de la croissance des parties sont, à leur tour, relativement faibles. Les plus importantes sont les suivantes : la tête augmente plus vite que le tronc, les yeux restant à peu près stationnaires de manière à paraître de moins en moins volumineux et saillants; les nageoires paires et impaires, encore assez basses et courtes tout de suite après l'éclosion, grandissent en hauteur assez rapidement, de façon à se montrer de plus en plus fortes, bien que le tronc lui-même change peu; les pièces principales et servant de repères, comme la première dorsale et l'anale, sont établies d'emblée, dès l'éclosion, à une place qui ne supporte ensuite que de minimes variations, de telle sorte que l'on peut les considérer comme ne subissant aucun déplacement prononcé.

Au sujet des proportions relatives moyennes des principales régions et parties du corps, les faits suivants sont à signaler : la longueur totale et la hauteur du tronc conservent sensiblement le même rapport, la première faisant 5 fois 1/2 à 6 fois la seconde; la longueur totale qui, à la date de l'éclosion, valait 5 fois environ la longueur de la tête, ne la vaut guère plus de 4 fois 1/2 vers la fin du premier mois; la longueur de la tête qui, à l'éclosion, mesurait 8 fois l'espace préorbitaire, ne le mesure plus que 6 à 7 fois, en raison de l'extension prise par ce dernier corrélativement à l'amplification de la tête et l'allongement du museau; la hauteur de la première dorsale, d'abord inférieure au tiers de la hauteur du tronc à son niveau, devient ensuite supérieure à la moitié de cette dernière; le sommet des pectorales, d'abord placé bien en avant de l'aplomb antérieur de la première dorsale, finit par atteindre presque ce dernier; la longueur des pelviennes, d'abord égale au tiers de celle des pectorales, devient ensuite égale à la moitié; enfin le grand axe de la vésicule vitelline, qui valait d'abord 3 fois la longueur de la tête, finit, en diminuant peu à peu, par lui devenir presque égal.

La pigmentation consiste en points espacés, d'abord rares et localisés au-dessus de la ligne latérale, sur la moitié dorsale du corps, plus abondants ensuite et gagnant les flancs, la région ventrale, les parties latérales de la tête. Quelques taches peu distinctes, en petit nombre, placées auprès et au-dessous de la ligne latérale, commencent à se montrer vers la fin du premier mois.

Les nageoires impaires débutent par être unies en un seul système appendiculaire qui constitue une crête médiane continue, comprenant à la fois les ébauches des deux dorsales, celles de la caudale et de l'anale, plus une anale antérieure située au-devant de l'anus. Dès la seconde moitié de la première semaine, la première dorsale d'abord, et l'anale peu après, commencent à se délimiter aux dépens du système commun, et à se séparer de lui; en outre, elles produisent les premiers linéaments de leurs rayons. Il en est de même pour la caudale, d'abord arrondie et convexe, puis à bord postérieur droit, où l'apparition des rayons médians précède quelque peu celle des marginaux. Vers la fin du premier mois, ces trois nageoires impaires sont entières et distinctes, ou presque, et munies de la plupart de leurs rayons. La deuxième dorsale, par contre, s'unit toujours à la caudale de façon assez étroite. L'anale antérieure est encore présente.

La vésicule vitelline, d'abord volumineuse, se restreint de plus en plus dans tous les sens, et surtout selon son axe longitudinal. Son extrémité postérieure, qui atteint au début l'aplomb de l'anale en dépassant les pelviennes, finit par reculer au niveau de ces dernières.

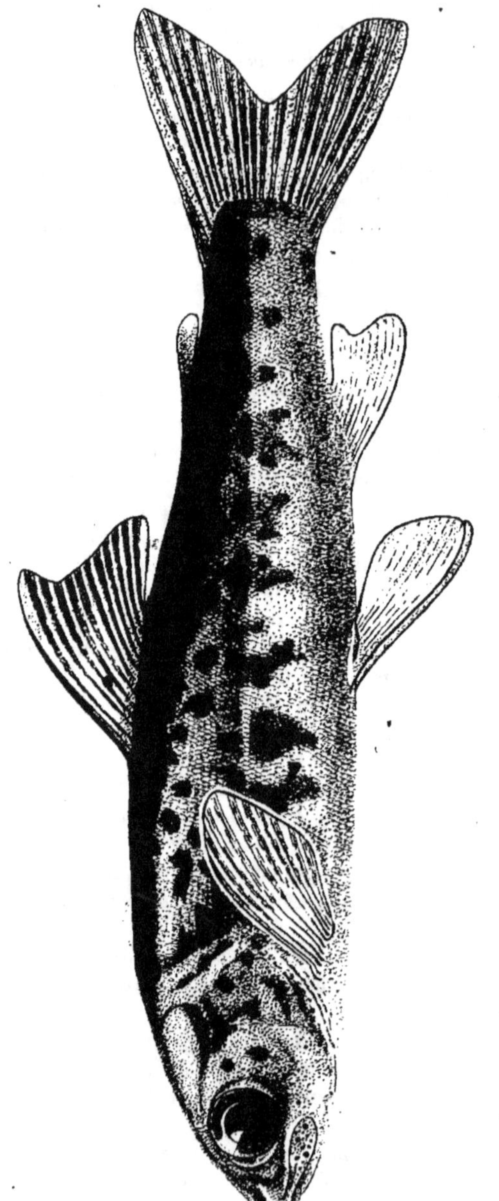

Fig. 44. — *Alevin au début de la transposition pigmentaire.* — Grossissement : 2/1.

Voir dans le texte, p. 135 et suiv., avec les figures 45, 46, 47.

8.

TABLEAU COMPARATIF DES DIMENSIONS MOYENNES (EN MILLIMÈTRES)
DES ALEVINS VÉSICULÉS DU SAUMON
DEPUIS LE DÉBUT DU 2ᵉ MOIS JUSQU'À LA RÉSORPTION COMPLÈTE.

INDICATION DES PARTIES.	ÂGE DES ALEVINS.			
	QUATRE-CINQ SEMAINES.	SIX SEMAINES.	SEPT-HUIT SEMAINES.	DIX-ONZE SEMAINES.
Longueur totale	23,5	24,0	24,5	27,0
Longueur sans la caudale	20,5	21,0	21,5	23,5
Hauteur du tronc à l'aplomb antérieur de de la 1ʳᵉ dorsale	4,5	5,0	5,0	5,0
Hauteur du pédoncule caudal	1,5	1,5	2,0	2,0
Longueur de la tête	6,0	6,5	6,5	7,0
Largeur de la tête sur la ligne oculo-transverse	4,0	4,0	4,0	4,5
Diamètre orbitaire	2,5	2,5	2,5	2,5
Espace préorbitaire	1,0	1,0	1,0	1,5
Espace interorbitaire	1,8	2,0	2,0	2,5
Distance prédorsale	10,5	10,5	10,5	11,0
Distance préanale	15,0	15,0	15,0	16,0
Hauteur maxima de la 1ʳᵉ dorsale	2,5	2,5	3,0	4,5
Hauteur maxima de l'anale	2,0	2,5	2,5	3,5
Hauteur de la caudale	4,5	4,5	5,0	6,0
Rayons médians de la caudale	3,0	3,0	3,0	3,0
Rayons marginaux de la caudale	3,2	3,5	4,0	4,5
Longueur des pectorales	4,0	4,5	4,5	5,5
Longueur des pelviennes	2,0	2,5	3,0	4,0
Grand axe de la vésicule vitelline	6,0	6,0	5,5	0,0
Petit axe horizontal de la vésicule vitelline	4,0	3,5	3,5	0,0
Petit axe vertical de la vésicule vitelline	2,2	1,5	1,5	0,0

Ce second tableau, faisant suite à son similaire du premier mois, exprime une progression de même sorte. Il est donc inutile d'insister à son égard. Il suffit de comparer désormais la phase du début ou de l'éclosion à celle de la fin de la période vésiculée, et de représenter le tout dans un tableau final.

Cette comparaison montre que, dans la moyenne et au cours de la période vésiculée entière, la longueur totale de l'individu augmente d'un tiers (20 à 27 mm.); la hauteur du tronc augmente sensiblement d'une quantité plus forte (3 à 5 mm.); la longueur de la tête est presque portée au double (4 à 7 mm.); sa largeur augmente de moitié (3 à 4 mm. 5); l'espace préorbitaire est triplé (o mm. 5 à 1 mm. 5), alors que l'orbite change à peine (2 à 2 mm. 5); la distance prédorsale (8 à 11 mm.) et la distance préanale (13 à 16 mm.), en augmentant d'un tiers ou d'un quart, demeurent dans le même rapport proportionnel avec la longueur totale du corps; la hauteur de la

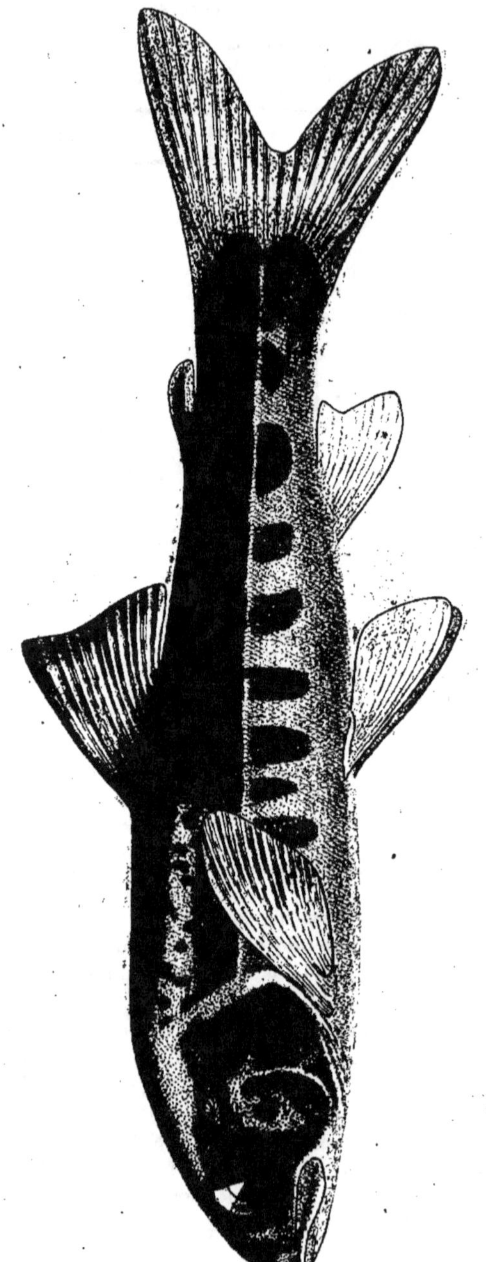

Fig. 45. — *Alevin au milieu de la transposition pigmentaire.* — Grossissement : 2/1.
Voir dans le texte, p. 135 et suiv., avec les figures 44, 46, 47.

première dorsale (1 à 4 **mm.** 5) est plus que quadruplée, et celle de l'anale (1 à 3 mm. 5) plus que triplée; la hauteur de la caudale, d'abord égale à la plus grande hauteur du tronc (3 mm. 5), finit par la dépasser (6 mm.); les rayons médians de la caudale, dont la longueur dépasse d'abord celle des marginaux (2 à 1 mm. 8) finissent par devenir plus courts (3 à 4 mm. 5), en concordance avec le changement de forme de la nageoire, d'abord ronde à bord postérieur convexe, puis fourchue; la longueur des pectorales est presque doublée (3 à 5 mm. 5), et celle des pelviennes quadruplée (1 à 4 mm.); enfin la vésicule vitelline, d'abord volumineuse (12 mm. × 5 mm. × 5 mm.), se restreint progressivement et se réduit à o.

Les nageoires impaires, basses et continues au début, ne présentant quelques rayons que dans les ébauches de la première dorsale et le milieu de la caudale, sont devenues distinctes, plus hautes et pourvues de leurs rayons au complet. L'anale antérieure, présente au moment de l'éclosion, s'est atrophiée et a disparu. La caudale se prolonge encore par deux crêtes vers l'anale et la deuxième dorsale, de manière à conserver un vestige de la continuité primitive. La deuxième dorsale, à toutes ses phases, est privée de rayons.

Les nageoires pectorales, au moment de l'éclosion, sont courtes, presque arrondies, et leur extrémité postérieure s'arrête bien en avant de l'aplomb antérieur de la première dorsale; elles ne contiennent qu'un petit nombre de rayons assez courts. A la fin de la période, elles sont ovalaires, portent tous leurs rayons, et dépassent de leur sommet l'aplomb antérieur de la première dorsale. Les modifications des pelviennes sont encore plus considérables. Très courtes au début, et privées de rayons, ces nageoires se bornent à encadrer le commencement de l'anale antérieure. A la fin de la période, l'anale antérieure ayant disparu, elles occupent seules leur région, possèdent tous leurs rayons, et sont assez longues pour dépasser en arrière le niveau de l'anus.

La pigmentation, à peine indiquée lors de l'éclosion, et représentée par quelques rares ponctuations disséminées, a pris une grande valeur et une autre allure. Elle s'est étendue, tout en devenant progressivement plus intense, a gagné les flancs, une grande partie de la région ventrale du tronc et les faces latérales de la tête. En outre, elle s'est adjoint des taches, au nombre habituel de 8 à 10 (parfois 11, 12, 13), qui se placent exclusivement au long de la ligne latérale (fig. 30, p. 85).

Tableau comparatif

DE LA PREMIÈRE PHASE (ÉCLOSION) ET DE LA DERNIÈRE PHASE (VÉSICULE RÉSORBÉE)

DE LA PÉRIODE VÉSICULÉE.

DÉSIGNATION DES PARTIES.	ÉCLOSION (1 JOUR).	VÉSICULE RÉSORBÉE (10-11 SEMAINES).
Longueur totale....................	20,0	27,0
Longueur sans la caudale..............	18,0	23,5
Hauteur du tronc à l'aplomb de la 1ʳᵉ dorsale.	3,5	5,0
Hauteur du tronc à l'aplomb de l'anus......	2,5	3,5
Hauteur du pédoncule caudal...........	1,0	2,0

DÉSIGNATION DES PARTIES.	ÉCLOSION (1 JOUR).	ÉCLOSION RÉSORBÉE (10-11 SEMAINES).
Longueur de la tête....................	4,0	7,0
Largeur de la tête sur la ligne oculo-transverse.	3,0	4,5
Diamètre orbitaire....................	2,0	2,5
Espace préorbitaire....................	0,5	1,5
Espace interorbitaire....................	1,5	2,5
Distance prédorsale....................	8,0	11,0
Distance préanale....................	13,0	16,0
Hauteur maxima de la 1ʳᵉ dorsale.........	1,0	4,5
Hauteur maxima de l'anale.............	1,0	3,5
Hauteur de la caudale....................	3,5	6,0
Rayons médians de la caudale..........	2,0	3,0
Rayons marginaux de la caudale..........	1,8	4,5
Longueur des pectorales..............	3,0	5,5
Longueur des pelviennes..............	1,0	4,0
Grand axe de la vésicule vitelline.........	12,0	0,0
Petit axe horizontal de la vésicule vitelline...	5,0	0,0
Petit axe vertical (saillie) de la vésicule vitelline....................	5,0	0,0

§ 2. — PÉRIODE NUE OU DES ALEVINS PRIVÉS D'ÉCAILLES APPARENTES.

Ces alevins ont une double caractéristique : d'une part, la vésicule vitelline n'existe plus, car elle est complètement résorbée, et le corps possède les contours qu'il ne cessera de garder par la suite; d'autre part, les téguments sont délicats, lisses, assez transparents pour laisser discerner les myomères, et manquent d'écailles apparentes.

Dans la moyenne, en ce qui concerne les eaux douces de notre pays, la résorption de la vésicule vitelline s'achève au cours du troisième mois consécutif à l'éclosion. La période des « alevins nus » commence ensuite; elle embrasse comme durée le quatrième mois, en sus d'une partie variable du troisième; elle cesse lorsque les premières écailles se montrent sur les téguments. Son début habituel se place, dans la nature, de la fin d'avril au milieu du mois de mai; son achèvement a lieu en juin.

La période des alevins nus s'intercale à celle des alevins vésiculés et à celle des alevins écailleux. Bien que brève par rapport aux deux autres, et surtout à la seconde, elle ne laisse pas d'avoir une grande importance morphogénétique, car c'est pendant qu'elle a lieu que les nageoires et la pigmentation prennent leurs dispositions définitives. Il est possible de reconnaître en elle trois phases successives, dont les âges respectifs habituels sont de 3 mois, 3 mois et demi, et 4 mois, comptés depuis l'éclosion.

1. **Alevins de trois mois.** — Ces alevins mesurent habituellement 26 à 30 millimètres de longueur totale. Leurs particularités principales touchent : aux nageoires impaires, à la pigmentation, à l'ombilic vitellin (fig. 31, p. 86).

La première nageoire dorsale, pourvue de tous ses rayons, est libre et complète. La seconde dorsale adipeuse, légèrement arquée vers l'arrière, se trouve encore contiguë à une crête médiane qui prolonge en avant la nageoire caudale; elle n'a donc pas son indépendance entière. La caudale, échancrée, à bords arrondis, porte, en sus de la crête qui la relie à la seconde dorsale, une crête symétrique ventrale qui la relie de même à l'anale, quoique de façon moins intime. La nageoire anale, comme la première dorsale et la caudale, possède tous ses rayons. Tout vestige de l'anale antérieure a disparu. Le sommet des pectorales rabattues atteint l'aplomb du premier tiers de la première dorsale. Le sommet des pelviennes dépasse l'anus.

La pigmentation tégumentaire consiste en points et en taches. Les premiers sont répandus partout, sauf dans la région gulaire et sur la face ventrale de la moitié antérieure du tronc, en avant des nageoires pelviennes. Les taches, bien marquées, de contours irréguliers, de tailles inégales et assez petites, sont encore placées, en ce qui concerne le tronc, au long de la ligne latérale; elles forment, par suite, deux rangées linéaires et symétriques situées sur les deux flancs, depuis la région operculaire jusqu'au pédoncule caudal, chacune d'elles comprenant dix à douze taches. En outre, les joues et les opercules portent trois ou quatre taches, peu distinctes parfois.

L'ombilic vitellin, moins ouvert que dans la phase précédente (ou dernière des alevins vésiculés), offre l'aspect d'une fente médiane et ventrale, placée entre les bases des pectorales et prolongée en avant sous les formations branchiostèges.

ALEVINS DE TROIS MOIS.

DIMENSIONS MOYENNES.

Millimètres.

Longueur totale	28,0
Longueur sans la caudale	23,5
Hauteur du tronc à l'aplomb antérieur de la 1re dorsale	5,0
Hauteur du pédoncule caudal	2,0
Longueur de la tête	7,0
Largeur de la tête sur la ligne oculo-transverse	4,5
Diamètre orbitaire	2,5
Espace préorbitaire	1,5
Espace interorbitaire	2,5
Distance prédorsale	11,0
Distance interdorsale	3,0
Distance préanale	17,0
Hauteur maxima de la 1re dorsale	4,5
Hauteur de l'anale	3,5
Hauteur de la caudale	7,0
Rayons médians de la caudale	4,0
Rayons marginaux de la caudale	5,5
Longueur des pectorales	6,0
Longueur des pelviennes	4,0

Proportions moyennes. — La longueur totale fait : un peu plus de 5 fois 1/2 la plus grande hauteur du tronc; 4 fois la longueur de la tête; environ 2 fois 1/2 la distance prédorsale; un peu plus d'une fois et 1/2 la distance préanale.

La longueur de la tête fait environ : une fois 1/2 sa largeur; un peu moins de 3 fois

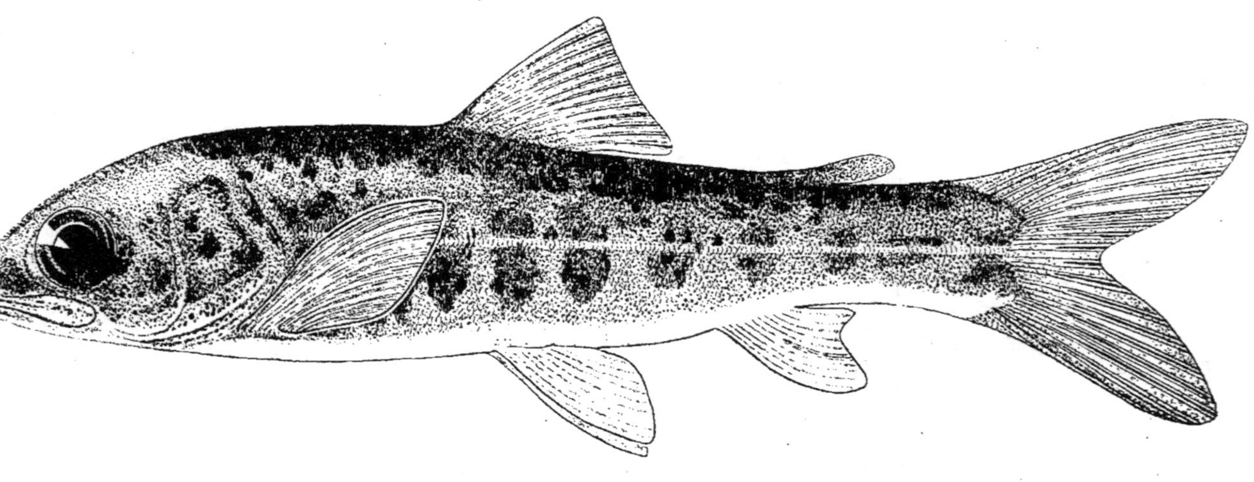

Fig. 46. — *Alevin approchant de la fin de la transposition pigmentaire.* — Grossissement : $2/1$.
Voir dans le texte, p. 135 et suiv., avec les figures 44, 45, 47.

le diamètre orbitaire; un peu moins de 5 fois l'espace préorbitaire, et un peu moins de 3 fois l'espace interorbitaire. Ce dernier espace égale le diamètre de l'orbite.

La hauteur de la caudale dépasse de près de 1/3 la plus grande hauteur du tronc. La longueur de ses rayons marginaux dépasse de près de 1/3 celle de ses rayons médians. La hauteur de la première dorsale égale presque celle du tronc à son niveau, et dépasse de près de 1/3 celle de l'anale. La longueur des pectorales fait une fois plus 1/3 celle des pelviennes, et égale presque la longueur de la tête.

II. **Alevins de trois mois et demi.** — Les dimensions de ces alevins sont à peine supérieures à celles des alevins de la phase précédente; mais plusieurs changements notables ont été opérés dans la disposition des nageoires impaires, dans la pigmentation et dans l'aspect de l'ombilic vitellin (fig. 32, p. 87).

La deuxième nageoire dorsale s'est séparée de la caudale, bien que les crêtes médianes antérieures de cette dernière soient aussi fortes que précédemment; un étroit intervalle, bien apparent toutefois, la sépare désormais de la crête caudale correspondante. Il en est de même pour la nageoire anale, entièrement libre et dégagée sur tout son pourtour.

La pigmentation se complète par l'apparition de taches sur la région dorsale du tronc, de part et d'autre de la ligne médiane. Ces nouvelles taches, relativement larges et bien marquées, de forme irrégulière, donnent à cette région une teinte gris-sombre accentuée, qui complète celle des flancs. Les myomères se laissent toujours discerner par transparence à travers les téguments.

L'ombilic vitellin se ferme de plus en plus; il s'isole de la région branchiostège, et consiste seulement en une courte fente étroite, entourée par deux bourrelets peu accentués, et placée au niveau de la part postérieure des bases des pectorales.

III. **Alevins de quatre mois.** — Les principaux changements survenus depuis la phase précédente consistent : dans l'exhaussement notable de la première dorsale; dans la séparation plus nette de la deuxième dorsale et de l'anale d'avec la caudale; dans l'atténuation des crêtes médianes antérieures de cette dernière; dans l'apparition de nouvelles taches pigmentaires sur la région dorso-latérale et antérieure du tronc; enfin dans la disparition de l'ombilic vitellin (fig. 33, p. 89).

La récapitulation des modifications éprouvées par les alevins au cours de cette période, qui s'étend en moyenne sur une durée de 4 à 6 semaines, montre que, si l'augmentation des dimensions générales est faible, en revanche la transformation portant sur les autres particularités est forte. L'individu achève de perdre tout vestige des dispositions embryonnaires primitives; il revêt progressivement un aspect très voisin de celui qui sera définitif. Les nageoires impaires s'isolent les unes des autres, s'établissent à leur place normale, et cessent d'offrir des traces de leurs connexions antérieures; elles grandissent par surcroît, et prennent une extension qui s'accorde avec l'agilité extrême de la puissance de nage des alevins. Ceux-ci sont dès lors capables de se maintenir en pleine eau à contre-courant, et de happer leur nourriture au passage. La pigmentation s'accentue, grâce à l'apparition des taches sur les flancs et dans la région dorsale. Enfin l'ombilic vitellin, creusé pendant la dernière période de la résorption de la vésicule deutolécithique, s'efface et disparaît.

Le tableau ci-joint, qui donne comparativement les proportions principales offertes

Fig. 47. — *Tableau d'ensemble des phases de la transposition pigmentaire.* — A suivre de bas en haut : état préalable, début, milieu, achèvement. — Voir dans le texte, p. 135 et suiv., avec les figures précédentes et les figures suivantes.

dans cette phase et dans la précédente, en leur ajoutant celles de la première pour avoir un ensemble complet, exprime l'état des modifications effectuées au cours de cette période. Les dimensions des parties n'ont subi les unes par rapport aux autres que des changements d'assez faible portée; l'alevin, dans sa totalité, s'est quelque peu effilé, s'est pigmenté davantage, a augmenté la hauteur de ses nageoires impaires. Lorsque la période se termine, la longueur totale fait : presque 5 fois la plus grande hauteur du tronc, un peu plus de 3 fois 1/2 la longueur de la tête, près de 2 fois 1/2 la distance prédorsale, un peu plus de 1 fois 1/2 la distance préanale. La longueur de la tête fait environ : près du double de sa largueur, un peu moins de 3 fois le diamètre orbitaire, 4 fois l'espace préorbitaire, un peu plus de 3 fois l'espace interorbitaire, ce dernier étant devenu quelque peu inférieur au diamètre orbitaire. Quant aux nageoires, la caudale, dans sa hauteur, dépasse le tronc de près de 1/3; ses rayons marginaux, s'étant allongés alors que les médians sont restés sans modification, dépassent ces derniers de 1/3; la hauteur de la première dorsale égale sensiblement celle du tronc à son niveau, et dépasse de 1/3 celle de l'anale.

TABLEAU D'ENSEMBLE DES DIMENSIONS MOYENNES (EN MILLIMÈTRES)
DES ALEVINS NUS DU SAUMON
(3ᵉ ET 4ᵉ MOIS DU DÉVELOPPEMENT POST-EMBRYONNAIRE).

INDICATION DES PARTIES.	TROIS MOIS.	TROIS MOIS ET DEMI.	QUATRE MOIS.
Longueur totale.	28,0	28,5	29,0
Longueur sans la caudale.	23,5	24,0	24,5
Hauteur du tronc à l'aplomb antérieur de la 1ʳᵉ dorsale.	5,0	6,0	6,0
Hauteur du pédoncule caudal.	2,0	2,0	2,0
Longueur de la tête.	7,0	8,0	8,0
Largeur de la tête sur la ligne oculo-transverse.	4,5	4,5	4,5
Diamètre orbitaire.	2,5	3,0	3,0
Espace préorbitaire.	1,5	1,5	2,0
Espace interorbitaire.	2,5	2,5	2,5
Distance prédorsale.	11,0	12,0	12,0
Distance interdorsale.	3,0	3,0	3,0
Distance préanale.	17,0	18,0	18,0
Hauteur maxima de la 1ʳᵉ dorsale.	4,5	5,0	6,0
Hauteur de l'anale.	3,5	3,5	4,0
Hauteur de la caudale.	7,0	8,0	8,0
Rayons médians de la caudale.	4,0	4,0	4,0
Rayons marginaux de la caudale.	5,5	5,5	6,0
Longueur des pectorales.	6,0	6,0	6,0
Longueur des pelviennes.	4,0	4,0	4,0

Les nageoires paires n'ayant subi aucun changement notable, la longueur des pectorales fait toujours 1 fois plus 1/3 celle des pelviennes, tout en se montrant inférieure d'un 1/4 environ à la longueur de la tête.

§ 3. — Période écailleuse ou des alevins couverts d'écailles apparentes.
(Fig. 34 à 43.)

I. Généralités. — Cette période est celle qui, tout en ayant la plus longue durée, présente le moins de transformations, sauf celles de la croissance générale. L'alevin,

Fig. 48. — *Petit Tacon d'un an.* — Grossissement : 1,5/1.
Voir dans le texte, p. 137 et suiv., avec les figures 49, 50, 51, 52.

lorsqu'elle commence, possède déjà ses contours normaux ; il ne les modifie point par la suite, ou les change peu ; mais, par contre, il grandit jusqu'à tripler et quadrupler ses dimensions en longueur, les diverses parties subissant un accroissement corrélatif.

Le caractère le plus net de cette période, en sus de la croissance, lui est donné par la production progressive et la présence d'un revêtement écailleux apparent. Les téguments étant ainsi couverts d'écailles, et la pigmentation prenant d'autre part une importance plus grande que par le passé, le jeune alevin perd sa transparence du début, et ne laisse plus discerner ses myomères comme précédemment.

La période écailleuse débute dans le courant du cinquième mois consécutif à l'éclosion. Dans la moyenne, pour les eaux de notre pays, cette date s'accorde avec le commencement de la saison chaude. La durée en est habituellement d'une vingtaine de mois; elle s'étend sur la seconde moitié de l'année en cours (5 à 6 mois), plus toute l'année suivante et le début de l'année consécutive. L'alevin subit alors, vers l'achèvement de cette période, les phases de la transposition pigmentaire qui doivent le conduire à l'état de Tacon de descente. Il a accompli sa croissance juvénile entière, et se trouve préparé à se rendre aux eaux marines pour s'y prêter à l'intense croissance thalassique qui le mènera à l'état de reproducteur.

Au total, et dans les conditions habituelles, une durée de deux années pleines est nécessaire à l'alevin pour passer de la phase d'éclosion à celle de Tacon, le début, c'est-à-dire l'éclosion, ayant lieu vers la fin de l'hiver où l'œuf dont il provient a été pondu, et la fin, c'est-à-dire la descente de Tacon, se produisant au début du printemps de la deuxième année consécutive. Soit un œuf pondu et fécondé à la fin de l'automne, ou au début de l'hiver 1920-1921, l'éclosion de l'alevin aura lieu au cours de la seconde moitié du même hiver (1921), et l'alevin restera en eau douce jusqu'à la fin de l'hiver 1922-1923. Il ne deviendra Tacon et ne descendra à la mer qu'au début du printemps de 1923; du moins, dans les circonstances ordinaires et la majorité des cas.

. Il est, en effet, des exceptions. Parfois, chez les alevins précoces à croissance rapide, la transposition pigmentaire et la descente ont lieu au printemps de l'année immédiatement consécutive à celle de l'éclosion; la vie potamique juvénile n'a donc eu qu'une durée d'un an. Parfois encore, mais moins fréquemment (je ne l'ai constaté qu'une fois), des alevins retardataires passent en eau douce une année de plus, et ne descendent qu'après 3 ans comptés depuis l'éclosion. Ces derniers, assez répandus dans les pays plus septentrionaux que le nôtre, le sont peu chez nous; on les rencontre de préférence dans les bassins très étendus, comme celui de la Loire, où la longueur de la descente et les obstacles dressés sur le trajet peuvent arrêter momentanément quelques-uns des sujets intéressés. Comme dans les contrées plus froides, ces alevins retardataires possèdent parfois, d'après divers observateurs, des glandes sexuelles en voie d'élaboration, et appartiennent à la sexualité mâle. Il en serait donc pour eux, malgré la privation d'une année de croissance thalassique, comme pour les Madeleineaux, la première élaboration sexuelle mâle ayant lieu, dans les deux catégories, à l'âge chronologique de 3 ans.

Étant donnée l'uniformité d'allure générale de ces alevins pendant la période entière, il sera inutile de diviser celle-ci en phases distinctes, car ces dernières n'offriraient entre elles que de faibles différences. De fait, toute la période consiste en une seule et même phase continue, dont il suffira de suivre progressivement les modifications dans quelques parties : accroissement total, agrandissement des nageoires, développement des écailles, extension de la pigmentation.

II. **Croissance des alevins.** — Au début de la présente période, qui s'accorde avec le commencement de la saison chaude, la longueur totale habituelle de l'alevin, en tenant compte du plus grand nombre et en éliminant les individus les plus précoces comme les plus tardifs, parvient à atteindre souvent et à dépasser quelquefois 3o à 4o millimètres. Elle fait 5 fois et 1/3 environ la plus grande hauteur du tronc, un peu plus de 3 fois 1/2 la longueur de la tête, 2 fois 1/2 la distance prédorsale, un peu

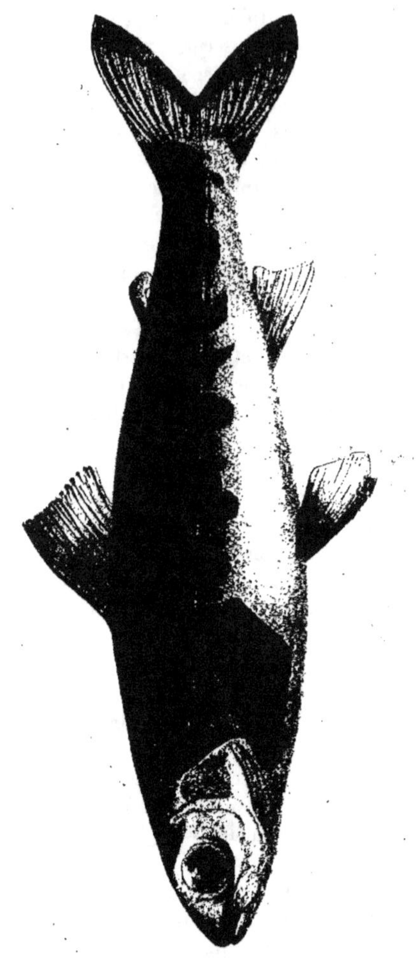

Fig. 49. — *Petit Tacon de 2 ans.* — Grossissement : 1,3/1.
Voir dans le texte, p. 137 et suiv., avec les figures 48, 5o, 51, 52.

moins de 1 fois 1/2 la distance préanale. A son tour, la longueur de la tête, comprise entre 1o et 12 millimètres, fait un peu plus du double de sa propre largeur, et près de 3 fois 1/2 le diamètre orbitaire, l'espace préorbitaire et l'espace interorbitaire, qui s'équivalent sensiblement; dans son ensemble, la tête s'est allongée, cette extension étant surtout le fait du museau et des mâchoires, disposition qui s'accorde avec la vie active et prédatrice de l'alevin.

Vers la fin de la saison chaude, en octobre, et dans le cours du huitième mois consécutif à l'éclosion, l'alevin atteint une longueur totale comprise, dans la moyenne, entre 5o et 6o millimètres. Les proportions respectives des parties se sont modifiées d'une manière évidente, la croissance s'étant trouvée plus forte en hauteur comme en épaisseur, et le petit individu ayant pris du corps à la suite de sa copieuse alimentation des mois d'été. La longueur totale fait un peu plus de 4 fois 1/2 la plus grande hauteur du tronc, près de 3 fois et 2/3 la longueur de la tête, 2 fois 1/2 la distance prédorsale, un peu plus d'une fois et demie la distance préanale. D'autre part la longueur de la tête, comprise entre 14 et 15 millimètres, fait seulement 1 fois 1/2 sa propre largeur, et près de 3 fois 1/2. comme précédemment, le diamètre orbitaire, l'espace préorbitaire et l'espace interorbitaire, ces trois dimensions se trouvant sensiblement égales; dans son ensemble, la tête a fortement gagné en épaisseur et en largeur des mâchoires, dispositions qui s'accordent, comme précédemment, avec la vie active et prédatrice de l'alevin.

Les jeunes individus entrent ensuite dans la saison hivernale, durant laquelle ils s'alimentent avec parcimonie, leurs proies habituelles, représentées par les menus animaux flottants, faisant défaut ou se trouvant en quantité beaucoup moindre, et eux-mêmes étant parfois gênés dans leur activité par l'abaissement trop accentué de la température de l'eau. De fait, dans la nature, ils se mettent à couvert et sortent peu. Ils grandissent faiblement, et certains même ne grandissent pas durant cet intervalle. A la fin de la saison froide, dans le commencement du 12e ou du 13e mois consécutifs à l'éclosion, la plupart des individus moyens mesurent 6 à 7 centimètres de longueur totale. Cette mesure fait près de 4 fois 1/2 la plus grande hauteur du tronc, près de 3 fois et 2/3 la longueur de la tête, 2 fois 1/2 la distance prédorsale, un peu plus de 1 fois 1/2 la distance préanale. Les proportions relatives des parties ne se sont donc pas modifiées de façon sensible. Quant à la tête, sa longueur, qui égale 17 ou 18 millimètres, fait presque 2 fois sa propre largeur et 3 fois plus 1/3 ses autres dimensions notables; dans l'ensemble, elle s'est plus accrue en longueur qu'en hauteur ou en épaisseur.

Si l'on compare les unes aux autres toutes les données acquises sur la croissance des alevins du Saumon depuis leur éclosion et pendant leur première année (ce qui revient à la première moitié de la période juvénile potamique), on s'aperçoit que cet accroissement, tout en s'équilibrant de partout pour ne point trop modifier l'allure générale de l'organisme, comporte toutefois certaines inégalités dans le temps et dans l'espace. Au total, cette croissance comprend trois étapes, presque égales comme durée, dont chacune embrasse 3 ou 4 mois : la première, allant de l'éclosion dans la seconde moitié de l'hiver jusqu'au début de la saison chaude, et rassemblant à la fois la période vésiculée avec la période nue; la deuxième étant celle de la saison estivale et du début de la période écailleuse; la troisième, celle de la saison froide consécutive. Chacune de ces trois étapes a son caractère spécial.

La croissance, pendant la première étape, est relativement faible; l'alevin, au cours des quatre mois qui lui sont consacrés, passe seulement d'une longueur totale moyenne de 2 centimètres à une longueur de 3 centimètres. Il semble que le principal travail morphogénétique soit celui de la résorption vitelline connexe à l'organogenèse, plutôt que celui de l'accroissement proprement dit. Du reste, pendant ce laps de temps, et sauf vers la fin, l'individu s'entretient avec son vitellus nutritif, et non avec une alimentation empruntée au milieu extérieur.

Il n'en est plus de même pour la deuxième étape, qui est celle de la saison chaude et d'une riche alimentation fournie par le milieu environnant. L'accroissement est alors considérable. La longueur totale moyenne, presque doublée, passe de 3 centimètres à près de 6 centimètres. En outre, l'individu gagne en hauteur comme en épaisseur; il acquiert en ces deux sens des dimensions relatives plus fortes qu'il n'en avait précédemment; il développe l'ampleur et la puissance de ses mâchoires. Cette époque est celle d'une croissance maxima, tout comme il en est pour la saison correspondante de l'existence en mer.

L'inverse a lieu dans la troisième étape, ou de la saison hivernale consécutive.

L'alevin continue à croître, mais en de faibles proportions, si même il ne reste pas stationnaire ou ne rétrograde point. La longueur moyenne reste comprise entre 6 et 7 centimètres, ou ne dépasse guère cette limite; le tronc perd de sa hauteur et de son épaisseur, de manière à paraître s'effiler. L'accroissement, s'il en est, passe donc par un minimum, comme dans la saison correspondante de la vie marine. La période juvénile potamique et la période thalassique subissent ainsi, toutes proportions gardées, des oscillations du même ordre, qui proviennent sans doute de causes identiques : une abondante alimentation estivale, et une alimentation médiocre ou nulle pendant l'hiver.

Il en est de même pendant la deuxième année de la période potamique. L'accroissement principal s'accomplit pendant les mois du printemps et de l'été, où la richesse alimentaire des eaux, jointe à l'élévation de température qui facilite l'assimilation, permet aux jeunes individus de grandir avec rapidité. La longueur totale moyenne passe de 7 et 8 centimètres à 13 et 14 centimètres; la hauteur et l'épaisseur gagnent aussi de façon similaire. Puis, dans la saison hivernale qui suit, et qui est la deuxième depuis l'éclosion, l'augmentation s'atténue ou s'arrête. L'alevin atteint ainsi la limite habituelle de la période juvénile et, dès le printemps consécutif, s'apprête à descendre aux eaux marines pour y subir plus en grand, dans sa croissance, des phases semblables de maximum et de minimum.

III. Modifications des nageoires. — Les nageoires pectorales, chez l'alevin au cinquième mois, possèdent en moyenne 8 millimètres de longueur; leur dimension en ce sens égale les 3/4 environ de la longueur de la tête. Les nageoires pelviennes sont un peu plus courtes; elles mesurent en moyenne 7 millimètres. Ces rapports se maintiennent ou changent peu durant la première période estivale; au huitième mois, les pectorales mesurent en moyenne 11 millimètres de longueur, et les pelviennes 9 à 10. Plus tard, les proportions se modifient, en ce sens que les pelviennes restent stationnaires, alors que les pectorales continuent à s'allonger. Chez l'alevin d'un an, les pelviennes n'ont guère plus de 10 millimètres, alors que les pectorales atteignent 14 millimètres, ou les 4/5 de la longueur de la tête. Puis, dans le courant de la deuxième année, ces dispositions nouvelles demeurent sensiblement ainsi, quant aux rapports de longueur des pectorales, des pelviennes et de la tête : la longueur des pelviennes égale environ les 3/4 de celle des pectorales, qui égale à son tour les 3/4 de celle de la tête.

Au sujet des nageoires impaires, la première dorsale et l'anale modifient peu leurs proportions respectives durant la période écailleuse, ainsi que leurs rapports de dimension avec la hauteur du tronc. La hauteur de la dorsale diffère peu de la hauteur

Fig. 5o. — *Grand Tacon de 2 ans.* — Grandeur naturelle.
Voir dans le texte, p. 137 et suiv., avec les figures 48, 49, 51, 52.

du tronc à son niveau, et l'égale presque; d'autre part, elle dépasse légèrement la hauteur de l'anale, et d'une quantité variable du 1/3 au 1/5 de son propre chiffre. Il n'en est plus entièrement de même pour la caudale. Celle-ci, dont la plus grande hauteur verticale reste inférieure de peu à la longueur de la tête, subit une inégalité accentuée dans sa croissance particulière. Au début du cinquième mois, la longueur de ses rayons médians égale les 2/3 environ de celle des plus grands rayons marginaux. Puis, et progressivement, ces divers rayons s'accroissent, mais de façon telle que les derniers l'emportent de plus en plus sur les premiers : la longueur des marginaux commence par égaler le double de celle des médians, et finit par mesurer presque le triple. Il en résulte que l'échancrure de cette nageoire se rend sans cesse mieux marquée.

IV. Développement des écailles. — Le revêtement écailleux apparent commence à se montrer dans la région antérieure et dorsale du tronc; de là, il gagne rapidement les autres parties superficielles de l'individu. Parmi les alevins que j'ai examinés, ceux de la fin de juillet et du début d'août, âgés de cinq mois par conséquent, ne portaient d'écailles apparentes qu'au voisinage et en avant de la première nageoire dorsale; en revanche, ceux de la fin d'août et du début de septembre étaient uniformément recouverts. Ce revêtement possède d'emblée les caractères de nombre et de disposition qu'il montre chez les individus plus âgés; il ne subit de ce chef aucun changement important.

Les écailles naissantes, au cinquième mois d'âge de l'individu, sont petites, et mesurent un cinquième à un sixième de millimètre dans le sens de leur plus grande dimension. Elles varient entre elles, comme taille, du simple au double, et parfois davantage. Les plus petites sont circulaires; les grandes, ovalaires avec contour asymétrique. Les premières montrent dans leur intérieur un nodule central circulaire, qu'en-tourent une ou deux lignes complètes de croissance, espacées et distinctes. Les grandes écailles ont autour de leur nodule trois ou quatre lignes, dont les deux périphériques sont souvent un peu plus étroites que les internes.

Au sixième mois d'âge de l'alevin, la plupart des écailles mesurent un cinquième à un quart de millimètre dans le sens de leur grand axe. Leur forme habituelle est celle d'un ovale asymétrique. Leur nodule central porte autour de lui 4 à 6 lignes, dont les deux plus internes, conformément à la disposition précédente désormais acquise, sont souvent un peu plus larges que les autres (fig. 38, p. 100).

Au huitième mois, c'est-à-dire à la date où cesse la période de forte croissance estivale, les écailles mesurent un quart à un tiers de millimètre. Leur forme est toujours celle d'un ovale asymétrique, bien que l'irrégularité soit moindre que précédemment; en quelques points de la périphérie se trouvent parfois des saillies peu marquées, qui rendent le contour légèrement anguleux. Le nodule central, devenu quelque peu excentrique, est entouré par 6 à 9 lignes de croissance (fig. 41, p. 107).

Au dixième mois, c'est-à-dire dans la période hivernale, ou de croissance minima, les dimensions et la conformation ne montrent pas de changement notable. Les écailles demeurent sensiblement comme elles étaient auparavant.

Chez l'alevin âgé d'un an depuis l'éclosion, la croissance reprend. Les écailles mesurent un tiers à un demi-millimètre. Parmi elles, beaucoup sont ovales, soit régulièrement, soit asymétriquement; quelques-unes, dont les saillies périphériques sont plus nettes qu'ailleurs, ont un concours presque hexagonal. Le nombre des lignes, en majorité complètes, atteint le chiffre de 10 à 14 sur mes échantillons; peut-être est-il un peu plus élevé chez les alevins entièrement sauvages. Les deux ou trois lignes externes nouvellement produites sont un peu plus étroites que les précédentes (fig. 43, p. 111).

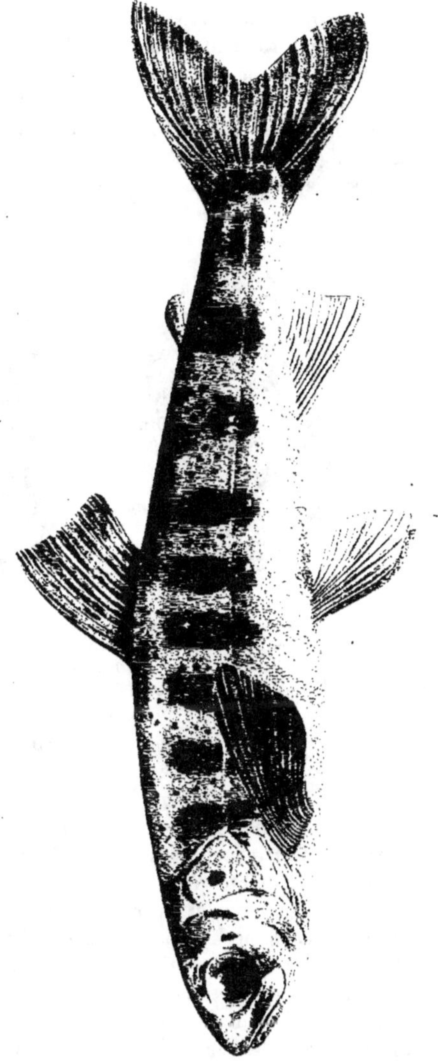

Fig. 51. — *Tacon de 3 ans.* — Grandeur naturelle.
Voir dans le texte, p. 137 et suiv., avec la figure 53.

Ensuite, au cours de la deuxième année d'alevinage, l'écaille continue à s'amplifier, mais selon un mode différent. Le contour est plus ou moins hexagonal, avec deux petits côtés antérieurs, deux petits côtés postérieurs et deux grands côtés supérieur et inférieur. Les lignes de croissance deviennent plus nombreuses et passent au chiffre de 25 à 3o; les plus internes parmi elles sont parfois un peu plus serrées que les suivantes, de manière à ne pas trop différer de celles de la première année, tout en étant déjà plus larges; les externes, par contre, sont plus espacées. De plus, si quelques-unes d'entre elles, complètes, ne présentent sur toute leur étendue aucune solution de continuité, d'autres s'interrompent plus ou moins au niveau du bout antérieur de l'écaille. Ceci établit une dissemblance entre ce bout et les autres parties de l'organe; ces dernières montrent partout des lignes entières et serrées, alors que le bout antérieur ne porte qu'un petit nombre de lignes séparées par de larges espaces où la substance de l'écaille reste homogène. L'écaille en arrive ainsi à mesurer près d'un millimètre et demi dans le sens de sa longueur, un millimètre ou un peu moins dans le sens de sa

Fig. 52.—*Écailles de Tacons de 2 ans.* — A gauche, écaille d'un Tacon de 124 millimètres de longueur totale; au milieu, écaille d'un Tacon de 13o millimètres; à droite, écaille d'un Tacon de 148 millimètres. — Grossissement : 35/1. — Voir dans le texte, p. 139 et suiv., avec les figures 38, 41, 43, 53.

largeur, à porter une trentaine de lignes de croissance, et à offrir les dispositions que l'on retrouve chez le Tacon conformément aux observations de Masterman (1912).

V. Pigmentation. — La pigmentation, au cinquième mois d'âge de l'alevin, présente déjà la plupart des particularités qui se conserveront jusqu'au moment de la phase de transposition pigmentaire. La teinte générale, sauf dans la région ventrale, est foncée. La pigmentation consiste en points et en taches. Les premiers recouvrent le corps entier, tout en étant moins nombreux et plus espacés qu'ailleurs dans la région ventrale; sur les flancs, ils affectent une disposition linéaire longitudinale plus ou moins nette; ils recouvrent aussi quelques parties de la première dorsale, des bases de la deuxième dorsale, ainsi que de l'anale. Les taches, irrégulières, se placent pour la plupart sur les flancs et les opercules; elles sont moins nombreuses dans la région dorsale, et surtout dans sa part antérieure; elles affectent parfois, mais non toujours, tantôt sur un assez grand espace, tantôt sur une superficie limitée, une disposition linéaire qui ne semble rien avoir de caractéristique ni de constant.

Ultérieurement, dès le sixième mois et pendant la période estivale, la pigmentation s'accentue. Les points demeurent comme précédemment, sauf qu'ils s'étendent aux nageoires, complètement ou peu s'en faut pour la première dorsale et pour l'anale, partiellement et dans les zones basilaires, ou sur le trajet des rayons, pour les autres. Les taches deviennent plus fortes et plus larges; elles gagnent la région dorsale et descendent quelque peu vers la région ventrale. Sauf cette dernière, et notamment sa part antérieure, le corps de l'alevin est ainsi coloré d'une teinte foncée, gris brunâtre, presque générale. Cette disposition se maintient, malgré une certaine atténuation pendant les périodes hivernales, jusqu'à la phase de la transposition pigmentaire.

Au total, pendant la longue durée de la phase écailleuse, l'alevin triple ou quadruple ses dimensions en longueur totale, les autres parties prenant une extension correspondante; il produit et établit ses écailles dans leur conformation normale; il se pigmente fortement et acquiert une teinte foncée.

Le tableau donne le relevé des principales étapes de cette croissance.

TABLEAU D'ENSEMBLE DES DIMENSIONS MOYENNES (EN MILLIMÈTRES)

DES ALEVINS ÉCAILLEUX DU SAUMON

(5ᵉ MOIS JUSQU'À LA FIN DE LA 2ᵉ ANNÉE).

INDICATION DES PARTIES.	5ᵉ MOIS.	6ᵉ MOIS.	7ᵉ MOIS.	8ᵉ MOIS.	10ᵉ MOIS.	1 AN.	2 ANS. (TACONS).
Longueur totale.........	40,0	49,0	54,0	55,0	56,5	66,0	130,0
Longueur sans la caudale..	35,0	43,0	46,0	46,5	47,5	56,0	117,0
Hauteur du tronc à l'aplomb antérieur de la 1ʳᵉ dorsale...............	7,5	9,5	11,5	12,0	12,5	15,0	25,0
Hauteur du pédoncule caudal...............	3,5	4,0	5,0	5,5	6,0	7,0	10,0
Longueur de la tête......	11,0	12,5	13,0	14,5	15,5	17,0	30,0
Diamètre orbitaire.......	3,0	4,0	4,0	4,0	4,5	5,0	7,5
Espace préorbitaire......	3,0	4,0	4,0	4,0	4,5	4,5	7,0
Distance prédorsale......	16,0	21,0	22,0	22,0	23,0	25,5	49,0
Distance interdorsale.....	4,0	6,0	7,5	7,5	7,5	11,0	26,0
Distance dorso-caudale (depuis la fin de la 1ʳᵉ dorsale)...............	11,0	14,0	15,0	15,0	16,5	19,5	44,0
Distance préanale........	24,5	31,5	34,0	35,0	35,0	40,0	80,0
Hauteur maxima de la 1ʳᵉ dorsale............	7,0	8,0	9,0	9,0	10,0	13,5	19,0
Hauteur de l'anale.......	6,5	7,0	7,5	7,5	7,5	10,0	14,0
Hauteur de la caudale. ...	10,0	10,5	13,0	15,0	15,5	19,0	27,0
Rayons médians de la caudale...............	4,0	4,0	5,5	6,5	6,5	6,5	7,0
Rayons marginaux de la caudale...............	6,0	8,0	10,5	11,5	11,5	14,0	22,0
Longueur des pectorales...	8,0	10,0	10,0	11,5	11,5	14,0	22,0
Longueur des pelviennes..	7,0	9,5	9,5	9,5	9,5	9,5	18,0

§ 4. — Période de la transposition pigmentaire.
(Fig. 44 à 47, p. 115 à 123.)

Cette période se présente avant celle de la descente à la mer, et la précède immédiatement. Elle comporte plusieurs phénomènes concomitants : diminution du pigment tégumentaire, modification de sa teinte, répartition différente.

A son début, un certain nombre de taches pigmentées du dos et des flancs s'atténuent et disparaissent, de manière à diminuer l'intensité de la coloration. Corrélativement, des taches nouvelles qui n'existaient pas auparavant font leur apparition sur les flancs, de part et d'autre de la ligne latérale. Ces taches diffèrent de leurs voisines par la taille, la forme et la teinte. Leurs dimensions sont quatre à cinq fois plus fortes, en moyenne, que celles de ces dernières. Leur contour est irrégulier; la plupart, plus longues que larges, s'étendent surtout dans le sens transversal, perpendiculairement à

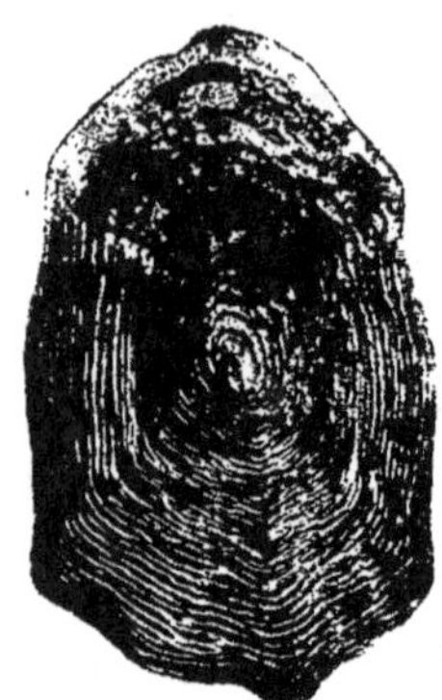 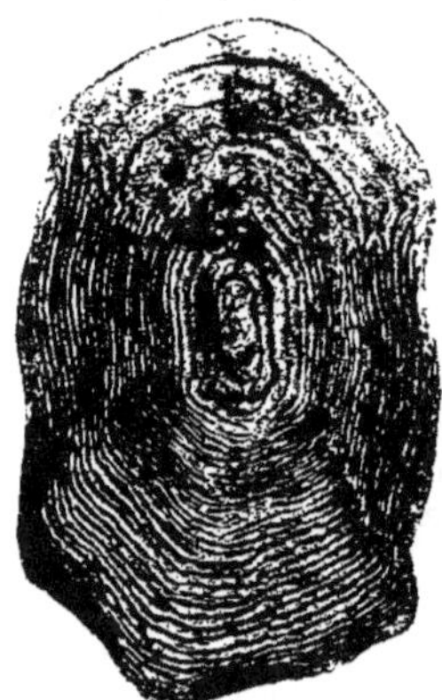

Fig. 53. — *Écailles d'un Tacon de 3 ans*, représenté par la figure 51. — Grossissement : 35/1. — Voir dans le texte, p. 139 et suiv., avec les figures 38, 41, 43, 52.

la ligne latérale, qu'elles débordent en haut comme en bas. Leur teinte est beaucoup plus claire, gris bleuâtre. Elles se forment dans les couches profondes des téguments de manière à supporter et à entourer les anciennes taches qui, placées à leur niveau, tranchent sur elles en gris brunâtre foncé. Leur nombre ordinaire est d'une dizaine (8 à 11), rangées à la file en une seule série, sur chacun des deux flancs, depuis le début du tronc jusqu'à son extrémité postérieure.

A un état plus avancé, les ponctuations pigmentaires diminuent en nombre et deviennent plus fines; elles disparaissent dans la région ventrale, qui revêt partiellement une teinte blanc nacré. Les anciennes taches des flancs et du dos continuent à se rapetisser et à s'effacer. En revanche, les nouvelles taches latérales deviennent plus apparentes, tout en conservant leur coloration bleu clair, et régularisent leur contour, qui se montre moins déchiqueté et plus net. Toujours étendues dans le sens transversal et rangées à la file en chevauchant la ligne latérale, elles laissent entre elles des intervalles où ne se trouvent guère que des ponctuations. Elles diffèrent peu les unes des autres; sauf que celles de la moitié postérieure du tronc sont souvent plus courtes transversalement et plus petites que celles de la moitié antérieure.

Ultérieurement, les ponctuations disparaissent dans toute la région ventrale, qui devient entièrement blanc nacré. Elles diminuent sur les flancs, qui éclaircit notablement l'intensité de sa coloration. Les anciennes taches des flancs et du dos deviennent plus clairsemées et moins apparentes, en ce sens qu'elles se confondent plus ou moins avec une pigmentation dorsale générale et uniforme, d'une teinte bleu d'acier. Enfin les nouvelles taches latérales, tout en se maintenant dans leur forme, dans leur situation, dans leur nombre et dans leur couleur, se rendent plus nettes et plus vives que précédemment, de manière à donner à l'individu un système de coloration fort différent de celui qui existait autrefois. L'état ultime d'un tel changement est celui qui se trouve chez l'alevin de descente ou Tacon.

En somme, l'alevin est soumis pendant cette période à un métabolisme pigmentaire qui remanie les dispositions anciennes et accomplit une transposition complète des pigments tégumentaires, en substituant un pigment gris-bleu assez clair à l'ancien pigment gris-brun plus foncé, et en établissant le premier d'une manière différente de celle du second. Le résultat en est que la coloration générale devient plus claire, bleue plutôt que brune, et que le ventre, avec une partie des flancs, privés de toute pigmentation accentuée, sont presque entièrement blancs.

Il importe de noter que cette transposition remarquable s'accomplit à une époque où l'alevin habite encore les régions à frayères, et qu'une fois effectuée cet alevin ne cherche plus à rester dans cet habitat. Devenu Tacon, et dès ce moment, il entreprend le voyage de descente qui va le conduire à la mer. Ce changement pigmentaire ayant pour résultat de lui faire revêtir sa livrée de descente, cette descente a lieu sans délai, dès que cet état nouveau se trouve réalisé.

Cette relation mérite d'être prise en considération au sujet du déterminisme possible de ce voyage. Le fait que la descente se produit à une époque constante, qu'elle intéresse en même temps tous les individus en cause et qu'elle se lie à un tel changement, autorise à présumer qu'elle est déterminée par ce dernier. Plusieurs auteurs ont admis, à l'exemple de Hoek, qu'elle pourrait être causée par l'action directe des eaux tièdes du printemps. Sans nier pareille influence, il faut observer, à l'encontre de l'hypothèse la motivant, que, pouvant se produire au premier printemps de l'alevinage, ou dans l'été consécutif, son effet est alors inexistant. Une nouvelle livrée pigmentaire est nécessaire à son accomplissement.

Selon toutes probabilités, l'alevin, en ce cas, réagit d'une manière différente aux radiations lumineuses. Auparavant, l'ancien pigment gris brunâtre foncé, répandu sur tout son corps, jouait sans doute le rôle d'un écran protecteur qui lui permettait de supporter l'effet de ces radiations et de vivre en pleine lumière. Actuellement, ce pigment ayant disparu, l'individu se trouve démuni. Il cherche des eaux plus profondes où l'influence directe de ces radiations soit amoindrie. Il se laisse donc aller à quitter les régions à frayères, où l'épaisseur d'eau est faible et la luminosité intense; il gagne progressivement les affluents principaux du bassin, puis le fleuve lui-même, enfin la mer. Sa descente serait donc le résultat d'un phototropisme négatif, qui ne l'atteignait pas autrefois, lors de son ancienne pigmentation, et dont il subit désormais l'influence. C'est ainsi, semble-t-il, qu'il conviendrait d'envisager la cause possible du phénomène

de cette descente, en raison des circonstances qui précèdent cet acte et qui l'accompagnent.

§ 5. — Période migratrice de descente, ou de l'alevin devenu Tacon.
(Fig. 48 à 53, p. 125 à 135.)

I. **Généralités**. — Les Tacons, ou alevins de descente, ont été souvent examinés et
décrits ; il est donc superflu de revenir sur ce sujet déjà connu. Du reste, leurs carac-

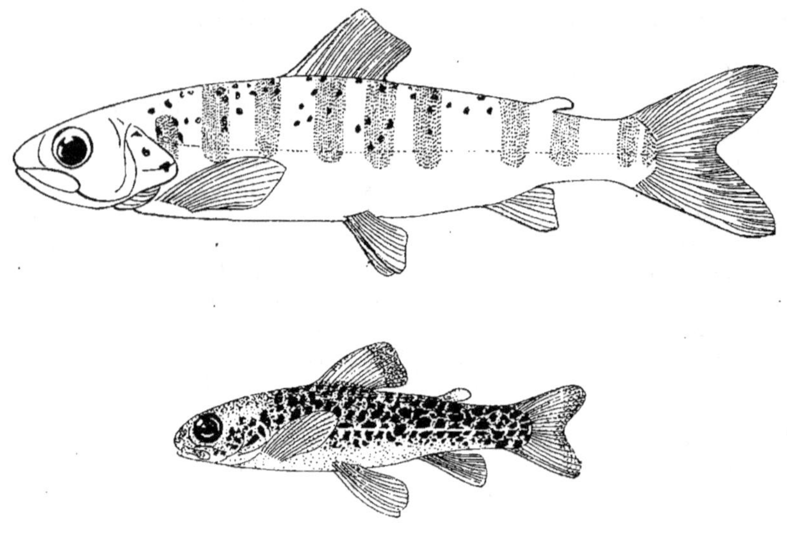

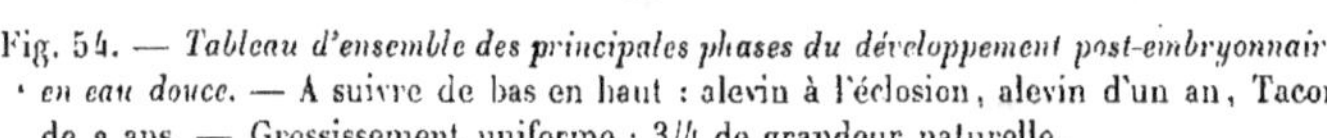

Fig. 54. — *Tableau d'ensemble des principales phases du développement post-embryonnaire
en eau douce.* — A suivre de bas en haut : alevin à l'éclosion, alevin d'un an, Tacon
de 2 ans. — Grossissement uniforme : 3/4 de grandeur naturelle.

tères principaux de morphologie extérieure diffèrent peu, sauf au sujet de la coloration,
de ceux de la période précédente et de l'achèvement de la période écailleuse. La teinte
donne ici la particularité dominante. Sauf une certaine diversité de plus ou de moins,
le corps est bleuté sur le dos, blanc sous le ventre, l'ensemble étant de nuance claire.
Ces flancs sont barrés transversalement par une dizaine de taches régulières, espacées,
placées à la file, de même teinte que le dos ; parfois, et grâce à un effacement local ou
à un dédoublement, ce chiffre descend à huit et neuf, ou monte à onze et douze. En
outre, quelques taches de dimensions minimes, plus ou moins nombreuses selon les
individus, mais assez rares, sont semées sur le dos, la région operculaire et les flancs

au-dessus de la ligne latérale. Les Tacons de grande taille portent parfois, au surplus, quelques taches de couleur claire, plus ou moins nettes, dans le voisinage de la ligne latérale.

Ces alevins, tout en se ressemblant d'autre part, diffèrent entre eux par les dimensions. Les plus fréquents, qui ont l'âge de deux ans depuis l'éclosion, mesurent habituellement 125 à 150 millimètres de longueur totale. Il en est pourtant de plus petits, dont les dimensions comme longueur totale n'atteignent point 100 millimètres; j'en ai observé un, notamment, qui mesurait 88 millimètres et dont les écailles attestaient une année d'âge. Par opposition, j'en ai observé un autre, plus grand que la moyenne, mesurant 166 millimètres, dont les écailles marquaient probablement trois années. Malgré ces différences, les proportions relatives des parties sont semblables ou peu dissemblables, de manière à laisser aux Tacons, quelle que soit leur taille, leur allure générale identique.

Le tableau donne le relevé des dimensions totales et particulières pour les deux catégories extrêmes des Tacons habituels (petits ou grands alevins âgés de deux ans) et pour les deux alevins exceptionnels mentionnés ci-dessus.

TABLEAU D'ENSEMBLE DES DIMENSIONS MOYENNES (EN MILLIMÈTRES) DES ALEVINS DE SAUMON À L'ÉPOQUE DE LA DESCENTE À LA MER. — PHASE PRÉPARATOIRE OU DE TRANSPOSITION PIGMENTAIRE, ET PHASE DÉFINITIVE OU DE TACON.

INDICATION DES PARTIES.	TACON DE 1 AN.	PETIT TACON DE 2 ANS.	GRAND TACON DE 2 ANS.	TACON DE 3 ANS.
Longueur totale	88,0	130,0	148,0	166,0
Longueur sans la caudale	73,0	117,0	127,0	145,0
Hauteur du tronc à l'aplomb antérieur de la 1re dorsale	16,0	25,0	28,0	30,0
Hauteur du pédoncule caudal	8,5	10,0	12,0	13,0
Longueur de la tête	23,0	30,0	32,0	37,0
Diamètre orbitaire	6,0	7,5	8,0	8,5
Espace préorbitaire	5,5	7,0	8,0	8,0
Distance prédorsale	36,0	49,0	55,0	63,0
Distance interdorsale	12,5	26,0	29,0	32,0
Distance dorso-caudale (depuis la fin de la 1re dorsale)	28,0	44,0	45,0	54,0
Distance préanale	53,0	80,0	91,0	99,0
Hauteur de la 1re dorsale	13,5	19,0	19,0	25,0
Hauteur de l'anale	11,0	14,0	15,0	22,0
Hauteur de la caudale	21,0	27,0	35,0	37,0
Rayons médians de la caudale	6,5	7,0	9,0	13,0
Rayons marginaux de la caudale	18,0	22,0	26,0	31,0
Longueur des pectorales	17,0	22,0	24,0	32,0
Longueur des pelviennes	13,0	15,0	18,0	22,0

II. **Écailles des Tacons.** — Les écailles des Tacons ont été étudiées à diverses reprises, notamment par Masterman (1912), qui leur a consacré un examen détaillé. L'exposé suivant donne à leur sujet plusieurs notions complémentaires.

La figure 52 (à gauche) montre une écaille d'un petit Tacon mesurant 124 millimètres de longueur totale. Le contour est assez nettement hexagonal; l'axe longitudinal fait presque le double de l'axe transversal. Les lignes de croissance, au nombre d'une trentaine, forment deux groupes : l'un intérieur, comprenant une vingtaine de lignes assez serrées; l'autre extérieur, constitué par dix lignes plus espacées, produites sans doute au cours de la deuxième année. Dans le groupe intérieur, une série interne se compose de douze lignes où les complètes dominent, et une série externe où, par contre, les lignes en croissant sont les plus fréquentes. Ce dernier cas est aussi celui du groupe extérieur, dont trois lignes seulement sont complètes; les autres, notamment les trois marginales, étant incomplètes ou en croissant.

L'écaille de la figure 52 (au milieu) appartient à un Tacon un peu plus fort, mesurant 130 millimètres de longueur totale. Le contour ressemble au précédent, sauf que l'axe longitudinal est relativement plus court. Une même ressemblance générale se retrouve dans la disposition des lignes. La série interne du groupe intérieur comprend quatorze lignes, dont neuf sont complètes. La série externe du même groupe renferme onze lignes, toutes incomplètes et en croissant. Le groupe extérieur est formé de sept lignes relativement espacées, dont quatre sont complètes et annulaires.

L'écaille de la figure 52 (à droite) a été prise sur un Tacon de belle taille, mesurant 148 millimètres de longueur. Le contour hexagonal en est fort net. En revanche, et sauf pour les plus extérieures, les lignes de croissance montrent, dans leur largeur respective, moins de dissemblances que les précédentes, bien que la répartition des lignes complètes et incomplètes présente des dispositions peu différentes.

Les écailles de la figure 53 ont été prélevées sur un Tacon de grandes dimensions, mesurant 166 millimètres de longueur totale. Elles diffèrent des précédentes en ce que le groupe extérieur, au lieu de former avec ses lignes espacées la bordure marginale, se trouve entouré par un groupe complémentaire, absent ailleurs, formé de sept à huit lignes étroites et serrées, toutes en croissant sauf une. Les dimensions inaccoutumées de cet alevin, et la présence de ce groupe complémentaire sur le bord même de ses écailles, autorisent à présumer qu'il a sans doute passé en eau douce une année de plus que ses congénères. Sa croissance pendant cette année de supplément n'ayant pas été aussi forte proportionnellement que celle des deux années normales, les lignes des écailles, peu nombreuses, offrent une disposition qui rappelle celle des périodes hivernales. Telle est, semble-t-il, l'interprétation que l'on peut donner d'une telle structure.

DEUXIÈME PARTIE.

ÉTUDE ÉCONOMIQUE DU SAUMON DANS NOTRE PAYS.

PÊCHE ET REPEUPLEMENT.

§ 1. — MISE AU POINT PRÉLIMINAIRE.

1. **Nécessité du repeuplement.** — La nécessité qui nous est imposée de tirer parti de nos ressources naturelles, sans en omettre une seule, oblige à étudier avec soin, du côté économique, chacun des êtres capables de contribuer à la conservation et à l'augmentation de ces richesses vivantes. A cet égard, dans le domaine des eaux, le Saumon se présente au premier rang. Sa grande taille, l'excellence de sa chair, l'estime où on le tient à juste raison, la facilité de sa capture, constituent en sa faveur autant de titres décernés d'unanime consentement.

Or ce poisson si digne d'intérêt diminue de plus en plus dans tous les bassins fluviaux qu'il a l'habitude de fréquenter; il y devient sans cesse plus rare. Il abondait autrefois, et cette abondance a partout disparu. Une telle décadence n'a pas eu lieu avec brusquerie, ni de manière égale, comme il en eût été si sa cause relevait d'une perturbation offerte par la mer où les Saumons accomplissent uniformément leur vie de croissance; elle s'est effectuée peu à peu, progressivement, de façon inégale selon les bassins, montrant par là que cette cause appartient au domaine fluvial, et qu'elle existe en tout lieu, quoique sous des allures différentes. C'est pendant le XIXe siècle que cette déchéance s'est opérée. Malgré sa lenteur au cours d'une aussi longue durée, elle a conduit avec constance à son résultat présent : au début du XXe siècle, nos rivières à Saumons ne contiennent plus qu'une faible quantité de la population nombreuse qui les parcourait jadis, ou même sont entièrement désertées, et cette diminution continue à s'aggraver.

Les preuves de l'ancienne abondance, maintenue jusqu'à la fin du XVIIIe siècle et au commencement du siècle suivant, sont aisées à relever dans les archives et les statistiques des diverses provinces de notre pays. Un certain nombre de villes portent un Saumon dans leurs armes, attestant ainsi d'une antique richesse disparue aujourd'hui. Les règlements de plusieurs confréries des pêcheurs d'autrefois, dans des régions où le Saumon n'existe plus, à moins qu'il ne s'y montre encore avec parcimonie, mentionnent des clauses de métier ou de redevance qui ne sont compatibles qu'avec une pêche fructueuse. Pour en donner un seul exemple, cette pêche du Saumon, quelques années avant la Révolution de 1789, était affermée, dans la province de Bretagne, au prix annuel de 200,000 livres. A cette époque, le Saumon se vendait à bas prix; il donnait à toutes les classes sociales, pendant l'année presque entière, un aliment de grande capacité nutritive. Actuellement, malgré les hauts cours du marché, toute la production saumonière de la Bretagne ne parvient sûrement pas à représenter un rendement annuel d'une vingtaine ou d'une trentaine de mille francs. Si l'on tient compte des valeurs relatives de l'ancienne livre et du franc, si l'on tient compte en outre de la différence des prix marchands pour un même poids de Saumon, du xviii° siècle à nos jours, on doit juger de la perte subie par les seules rivières bretonnes. On peut l'évaluer annuellement à plusieurs millions de francs. Que l'on étende ce calcul aux autres régions de notre pays, et l'on aura ainsi la notion de ce que nous perdons par l'effet d'une telle diminution de cette part de la richesse de nos eaux.

Certains cas particuliers sont capables de donner à cette notion une force encore plus grande, en la précisant pour un de ses détails. Ces exemples isolés montrent en petit ce qui est en plus grand de tout l'ensemble. Tel est celui du Trieux, fleuve côtier du département des Côtes-du-Nord. En 1842, la production en Saumons de la zone maritime de ce cours d'eau s'élevait, pour l'année, à 82,000 francs; en 1865, elle n'était plus que de 50,000 francs; elle tombait à 17,000 en 1873, à 10,000 francs en 1888. Ces chiffres, et surtout le premier, attestent d'une production abondante, car le prix marchand du Saumon était alors moins élevé qu'il ne l'est aujourd'hui. En 1911, le Trieux a fourni seulement 270 pièces qui, aux tarifs des ventes d'autrefois, auraient à peine donné un rendement d'un millier de francs. Ce cas spécial, dans sa petitesse, offre l'image de ce qui s'est accompli partout.

Il y a donc nécessité urgente, dans un intérêt national, et pour sauvegarder cet élément de nos ressources naturelles, à porter remède à une pareille décadence. Il serait utile de redonner à nos rivières une part tout au moins de leur ancienne abondance, et de les empêcher de tomber à une ruine complète, inéluctable. Il faut les repeupler en Saumons, dans la mesure de ce qui est possible selon les conditions d'à présent et celles de l'avenir. L'étude économique de ce repeuplement, de sa méthode comme de sa portée, s'impose à l'esprit comme une obligation dont on ne saurait s'abstraire.

Cette étude, pour être fondée avec sûreté et pour aboutir, doit se baser sur la connaissance directe de la biologie de l'espèce en cause, et découler d'elle conformément aux lois de la nature. Il ne convient jamais, en pareille occurrence, d'appliquer à tous les êtres utiles une règle générale et uniforme. Chacun a sa règle spéciale, qu'il faut connaître d'abord, afin de savoir s'en servir pour la lui retourner avec efficacité.

La seule méthode générale consiste à préconiser l'examen préliminaire des conditions particulières de vie propres à chaque espèce, afin d'aider la nature, d'utiliser ses moyens, et de ne pas la contrarier. Il faut s'aviser des exigences naturelles, les employer à leurs fins, et ne pas chercher à les enfreindre.

Je me suis déjà livré à cette étude en 1911 et 1912 pour une région de notre pays, et j'ai publié à son sujet deux rapports, consacrés l'un au département du Finistère, l'autre à toute la Bretagne. Les méthodes que je préconisais alors ont toujours leur valeur, en leur apportant toutefois quelques modifications, dont les unes résultent de la connaissance plus approfondie qui a été acquise récemment sur la biologie du Saumon dans nos eaux, dont les autres découlent des changements apportés, ou en voie d'exécution, au régime de la plupart des rivières de notre pays. Sur le premier point, on sait aujourd'hui en quoi consiste exactement la migration saumonière. Sur le second, on doit prévoir que la construction des grands barrages qui, destinés à fournir la force hydraulique, découpent les bassins en biefs successifs où le Saumon ne pourrait s'introduire par ses seuls moyens, acquerra dorénavant une importance toujours plus grande. Il est indispensable, par conséquent, de prendre garde à ces circonstances nouvelles, et de conduire l'étude économique en se pliant à ces exigences actuelles qui n'existaient pas autrefois, ou qui, du moins, étaient loin d'avoir une portée considérable. La question du repeuplement de nos rivières à Saumons ne doit pas être examinée en soi seule, ni pour des cours d'eau laissés à l'état de nature, mais elle doit l'être par rapport aux nécessités économiques de notre époque, qui conduisent à modifier le régime des fleuves et astreignent ainsi les espèces aquatiques à des obligations inconnues auparavant.

II. Données fondamentales du repeuplement. — Les données biologiques devant servir de base à la présente étude économique sont exposées en leur entier dans la première partie de ce travail. Il suffira donc de mentionner la substance des principales d'entre elles, et d'en noter les points saillants par rapport à la question traitée, afin de ne rien omettre, comme de tout placer à son plan selon son importance.

Parmi ces données, la première, et la plus essentielle, est celle de la croissance en mer. La valeur prépondérante du sujet dépend d'elle. Le Saumon allant dans les eaux marines, poussé par une nécessité naturelle pour y accomplir son accroissement et s'y alimenter, n'emprunte à cet égard rien aux eaux douces. Il va produire en mer une chair qu'il ramène de lui-même dans les rivières, où une autre nécessité naturelle l'oblige à revenir afin d'y pondre. Les cours d'eau ne sont pour lui, sauf dans sa prime jeunesse, qu'un support momentané; il ne leur demande aucun aliment, et leur pénurie possible à cet égard ne l'affecte en aucune sorte, puisque la mer seule renferme ce qui lui convient. Il possède par conséquent, du point de vue économique, un avantage incontestable, celui de ne rien coûter pour son alimentation, et de ne réclamer de notre effort que les moyens de se multiplier. D'autre part, sa grande taille, sa chair excellente augmentent l'importance de cet avantage, et lui donnent une incontestable plus-value parmi les espèces de nos eaux douces.

Cet avantage, pourtant, n'est point spécial au Saumon. D'autres poissons de notre pays, pourvus d'habitudes semblables, le possèdent aussi, comme les Aloses et les Esturgeons. Il appartient en somme à toutes les espèces migratrices potamotoques ayant vie de croissance en mer et ponte dans les rivières. Les individus éclos dans ces dernières sont tenus d'accomplir des migrations, et des allées et venues de la mer aux eaux douces. Le Saumon, en cela, ne diffère point des autres, qui peuvent fournir et qui fournissent effectivement les mêmes bénéfices économiques que lui. Mais il a sur ceux-ci une prépondérance indéniable, due à plusieurs causes dépendant de sa biologie particulière, et faisant de lui, parmi les migrateurs potamotoques de nos fleuves, le poisson de choix : la rapidité de sa croissance marine, qui lui permet d'augmenter en poids de 2 à 4 kilogrammes au moins par année; son séjour en mer au delà des zones littorales, qui le fait bénéficier à notre avantage des ressources alimentaires du large, perdues sans lui; la valeur nutritive de sa chair, compacte, riche en matières grasses, et capable de se prêter aisément à toutes les manipulations d'ordre alimentaire sans laisser de trop nombreux déchets.

Plusieurs autres notions complémentaires, s'ajoutant à cette donnée principale, contribuent à préciser les points sur lesquels l'attention doit se porter. L'exposé suivant les mentionne selon leur ordre, en notant à chaque fois leur portée particulière.

1° La vie du Saumon comprend obligatoirement, dans la nature, trois périodes successives : la première, d'alevinage en eau douce, consécutive à l'éclosion ; la deuxième, de croissance en mer ; la troisième, de retour et de séjour en eau douce pour y pondre les œufs destinés à fournir les alevins qui recommenceront le cycle. Chez une minorité d'individus, ces deux dernières périodes sont capables de se manifester à deux ou trois reprises en alternance. Chacune de ces phases de l'existence nécessite, pour s'accomplir, un milieu approprié où l'être doit se rendre ; il se déplace à cet effet, et il accomplit des migrations. On ne constate dans nos rivières, sauf à l'état d'exception et par accident, aucune infraction à cette règle biologique qui constitue le statut normal du Saumon.

2° Le plus important de ces déplacements, à l'égard de la pêche et de son rendement économique, est celui du retour aux eaux douces pour la ponte, après la période de croissance en mer. Les individus qui reviennent diffèrent entre eux par l'âge, et corrélativement par les dimensions et le poids, selon la durée qu'ils ont affectée à la précédente période, et qui varie d'une à plusieurs années. Mais ils se ressemblent pourtant, malgré cette diversité, du fait qu'ils sont en état de réplétion physiologique ; leurs tissus sont chargés de matériaux de réserve. Cet état précède et accompagne le début de l'élaboration sexuelle.

Les Saumons ainsi disposés retournent directement de la mer aux eaux douces ; ils s'introduisent dans les embouchures des fleuves pour remonter ces derniers sans retard ; l'estuaire constitue pour eux, dans chaque bassin hydrographique, un passage commun que tous doivent traverser. Leur venue ne s'effectue point par bandes, ni dans un laps de temps relativement court ; elle est plutôt individuelle, et se répartit sur l'année presque entière, sauf une interruption pendant les mois de la saison chaude. Toutefois elle n'est point irrégulière, et se soumet à un rythme assez constant quant à l'âge et au poids des individus qui se succèdent au passage de l'estuaire. Après l'interruption estivale, les premiers arrivés sont de forte taille, et comptent plusieurs étés de croissance marine (Grands Saumons d'hiver) ; ceux qui surviennent ensuite ont des dimensions moindres, et comptent seulement 2 ou 3 étés de croissance en mer (Moyens et Petits Saumons, de printemps, et d'été) ; enfin les derniers qui se présentent à l'estuaire vers la fin du printemps et le début de l'été ont une taille plus restreinte encore, et n'ont accordé à leur période de croissance qu'un peu plus d'une année (Madeleineaux). La série de ces êtres, accédant aux eaux douces en venant de la mer, s'établit conformément à ce rythme dans tous les estuaires des bassins hydrographiques de notre pays.

3° Les individus qui reviennent ainsi de la mer et franchissent les estuaires pour s'introduire dans les eaux douces continentales sont tous appelés à pondre. Ils remontent les fleuves à contre-courant, afin de parvenir sur les frayères dont la plupart sont situées au voisinage des têtes des bassins hydrographiques, et loin de la mer par conséquent. Aussi la migration de ponte, chez le Saumon, embrasse-t-elle l'étendue presque entière des bassins en cause. Ce déplacement s'opère par degrés successifs, selon l'état des eaux, et se coupe de repos plus ou moins longs. Sa durée est grande depuis l'entrée en estuaire jusqu'à l'arrivée sur la frayère pour la ponte ; elle varie, selon l'époque de l'entrée, de 3 et 4 mois pour les Madeleineaux, jusqu'à 12 et 14 mois pour les plus hâtifs des Saumons d'hiver. Pendant qu'elle a lieu, l'élaboration sexuelle progresse chez l'individu pour aboutir à la maturation et à la fécondation; les matériaux de réserve accumulés dans les tissus sont consommés à cet effet.

Comme l'individu ne s'alimente point en eau douce, ou comme il ne s'alimente que d'une manière accidentelle et toujours insuffisante, il perd avec continuité de son poids et de ses qualités de chair; son état de réplétion physiologique fait place à un état contraire, ou de déplétion. La conséquence d'un tel renversement à l'égard de la pêche et de la valeur économique du Saumon est que cette valeur se trouve à son degré le plus élevé lors de l'entrée en estuaire, et qu'elle diminue de plus en plus à mesure que l'individu prolonge son séjour en rivière tout en s'éloignant de l'embouchure. Donc les captures les plus avantageuses, toujours du point de vue économique, sont celles que l'on fait dans les parties basses des bassins hydrographiques, soit dans les estuaires eux-mêmes, soit à proximité de ces derniers.

4° Les Saumons ne remontent pas indifféremment toutes les rivières de chaque bassin hydrographique où ils s'introduisent. Ils ne fréquentent que certaines d'entre elles, à l'exclusion des autres. Ce choix s'exerce dès les confluents; il est constant, en ce sens qu'il se maintient d'année en année pour chaque lieu, montrant par là que sa cause appartient non pas aux poissons, mais aux rivières elles-mêmes.

L'étude prouve que la raison de ce choix doit s'attribuer aux différences naturelles établies entre les affluents sous le rapport de la proportion d'oxygène dissous dans leurs eaux. Cette proportion varie souvent, avec constance, ainsi que la température habituelle, d'une rivière-à l'autre. Les Saumons pénètrent exclusivement dans les cours d'eau dont le taux d'oxygénation est le plus élevé et la température la plus basse. Parvenus aux confluents où les qualités différentielles du milieu se trouvent en présence, ils se portent, selon les exigences de leur branchiotropisme, dans les eaux qui conviennent à ces dernières et s'écartent des autres.

Cette particularité restreint, en tout bassin hydrographique, dans les seules circonstances naturelles et sans tenir compte des obstacles artificiels, l'étendue des zones parcourues par les Saumons migrateurs. Elle limite ces dernières à un espace parfois petit, relativement à la superficie totale du bassin entier. Cette restriction est assez impérieuse, étant donnée sa cause, pour ne souffrir aucune dérogation; il est donc nécessaire d'en tenir compte dans les tentatives de repeuplement.

Une remarque du même ordre s'adresse, par surcroît, aux bassins fluviaux qui dépendent de la Méditerranée. Ceux-ci sont privés naturellement, du fait de la mer où la vie de croissance est impossible, de toute migration de Saumons. L'exclusion de l'espèce est ici d'une telle sorte qu'elle rend également inutiles les tentatives similaires.

5° Les Saumons poussent leur montée en rivière jusqu'au voisinage des têtes de bassin, où ils établissent la plupart de leurs frayères. Le branchiotropisme représente chez eux l'action directrice qui les conduit vers les régions les plus riches en oxygène dissous. La ponte s'effectue dans les lieux et à l'époque où ce taux d'aération touche à son maximum.

Les individus accomplissent le trajet à contre-courant, et franchissent par leurs seuls moyens les chutes dont la hauteur ne dépasse pas deux ou trois mètres. Au delà de cette limite, si nulle correction d'autre part ne lui est apportée, ils ne peuvent continuer leur route. Dans les circonstances naturelles, la correction ordinaire est celle que procurent les crues, qui noient les barrages et rendent franchissables des chutes au pied desquelles, aux basses eaux, les Saumons sont obligés de s'arrêter. Si ce dernier état vient à se prolonger sans être corrigé, la maturation sexuelle n'a pas lieu ou s'opère mal, et les migrateurs sont perdus pour la reproduction effective.

6° Au cas de conditions favorables, les migrateurs, parvenus aux têtes de bassin des rivières choisies, y terminent leur maturation sexuelle; ils y effectuent leur reproduction. La ponte s'accomplit ordinairement pendant la seconde moitié de l'automne et le début de l'hiver.

Ces reproducteurs appartiennent indifféremment à toutes les catégories des migrateurs ayant effectué la montée. Bien qu'ils diffèrent entre eux au sujet des dates de leur entrée en rivière et des durées de leur séjour en eau douce, ils offrent ce caractère commun d'avoir perdu leur état de réplétion physiologique, d'avoir subi une diminution marquée en volume comme poids et, par conséquent, d'avoir interrompu leur croissance. Assez souvent, ces phénomènes s'inscrivent sur les écailles, qui en gardent la marque.

7° La majorité des Saumons ne fraie qu'une fois. L'accomplissement de l'acte reproducteur est souvent suivi d'une telle déchéance vitale, que l'individu, peu après, dépérit et meurt; sa capacité de résistance organique est insuffisante, en ce cas, pour lui permettre de lutter contre les circonstances défavorables de la descente.

La minorité capable de survie est celle qui réussit à retourner à la mer. Les individus qui la composent font dans les eaux marines, après leur retour, un séjour comprenant au moins une période estivale de forte croissance; après quoi, ainsi remis en état de réplétion physiologique, ils sont capables, si les circonstances s'y prêtent, de retourner dans les eaux douces pour y pondre à nouveau. Cette fraie nouvelle ne peut guère avoir lieu, d'habitude, que deux ans au moins après la fraie ancienne. Ces individus à montées successives constituent une exception, loin de représenter la règle normale, comme on le croyait jadis et comme beaucoup l'admettent encore.

Il est à remarquer que la possibilité de survie et de remontes complémentaires paraît d'autant plus grande, que l'individu est plus jeune lors de la première fraie. Les petits mâles précoces (Madeleineaux) et les femelles de printemps ou d'été ont en cela avantage sur les autres. Par contre, chez les grands reproducteurs, les chances de survie sont moindres ou nulles. Le degré de résistance serait en raison inverse des âges.

8° La fraie ayant lieu vers la fin de l'automne et le début de l'hiver, l'incubation s'effectue dans les conditions naturelles pendant la majeure partie de cette dernière saison. Bien que sa durée varie selon la température, les éclosions s'accomplissent, pour le plus grand nombre, au cours de la seconde moitié de l'hiver, laissant au printemps les phases de la résorption vitelline et du début de la vie active chez les alevins. Depuis cette date, la majorité des jeunes individus demeure en eaux douces pendant une période de deux années complètes. Une minorité d'alevins précoces borne toutefois son séjour à une année; une minorité encore plus restreinte d'individus retardataires le prolonge pendant trois années.

Le lieu habituel de ce séjour est placé sur les zones de ponte, auprès des têtes de bassins. Les alevins trouvent dans ces eaux, relativement froides et riches en oxygène dissous, les conditions de milieu qui favorisent leur croissance. Ils se nourrissent de menus animaux tenus en suspension dans l'eau, petits Crustacés principalement ou larves diverses, et les poursuivent avec avidité. Leur croissance principale s'effectue pendant la saison estivale, lorsque cette alimentation est copieuse; elle est moindre ou même nulle pendant la saison hivernale, où les individus restent souvent inactifs quand la température s'abaisse par trop.

La descente à la mer s'accomplit au printemps, par troupes, dans un laps de temps relativement court, qui embrasse en moyenne quatre à cinq semaines. Elle comporte le parcours entier du bassin fluvial, depuis la zone de ponte et d'alevinage jusqu'à l'embouchure. Elle est prompte cependant, car le courant la favorise, et les individus ne s'arrêtent point. Ces derniers ont revêtu une livrée spéciale, différente de celle qu'ils portaient auparavant, et qu'ils ont modifiée pendant les phases de leur transposition pigmentaire. Leur aspect particulier les a fait désigner par des noms variés, dont les plus répandus dans notre pays sont ceux de Tacons et de Tocans. Les Tacons ne sont autres que les jeunes Saumons qui vont à la mer pour y grandir; de leur nombre et de leur préservation pendant la descente dépend le nombre des grands Saumons qui reviendront plus tard.

9° La croissance des Saumons dans les eaux marines a lieu au large, dans des régions inaccessibles aux engins actuels de la pêche maritime, de telle sorte que la capture de ce poisson est strictement réservée à la pêche fluviale depuis l'embouchure. L'espèce est bathypélagique et, selon toutes présomptions, se comporte dans l'océan comme la Truite des lacs dans les nappes lacustres.

Cette croissance est rapide; on peut l'évaluer annuellement, en poids, à 2, 3 ou 4 kilogrammes. Elle est saisonnière, en ce sens que, dans le cours de l'année, elle passe par une période maxima qui correspond à la saison estivale et à une alimentation copieuse, et par une période minima qui correspond à la saison hivernale et à une alimentation restreinte ou nulle. L'individu subit ainsi, pendant la croissance marine, et en les majorant, des phases semblables à celles de son existence juvénile en eau douce. Son statut vital est constant.

La période de maximum, où l'assimilation est considérable, aboutit pour l'organisme à un état de réplétion physiologique qui précède et prépare celui de l'élaboration sexuelle. L'individu soumis à cette influence devient sensible au branchiotropisme, lorsque les conditions différentielles du milieu le permettent; il se conduit conformément à leur action, retourne aux eaux continentales plus riches en oxygène dissous, et, comme conséquence du métabolisme ainsi inauguré, il élabore ses produits sexuels pour se trouver prêt à frayer.

Les individus mâles sont les plus précoces. Leur aptitude à l'élaboration sexuelle se manifeste dès la période estivale de l'année consécutive à celle de leur descente à la mer. Ceux d'entre eux qui se trouvent alors à portée d'une zone d'appel d'eaux continentales retournent en rivière au cours de cette période (Madeleineaux), et sont aptes à participer à la fraie prochaine. Les autres demeurent plus longtemps dans les eaux marines, où leur retour se subordonne à l'intensité variable de l'appel opéré par le déversement des eaux continentales. Les fortes crues d'automne appellent les grands individus des deux sexes, établis au large le plus loin et le plus profondément, dont l'état de réplétion physiologique est le plus accentué. Puis le retour continue, en intéressant des individus de taille moindre au fur et à mesure qu'ils se trouvent dans le même état. Il s'arrête dans notre pays à l'époque des basses eaux d'été, où l'appel ne peut s'exercer temporairement, autant à cause du faible volume des eaux continentales que de leur pénurie en oxygène dissous et de leur température élevée.

Ces divers individus représentent des catégories d'âges et de sexes, et non pas des races différentes. Tous sont capables de participer à la fraie et de donner des produits susceptibles de se développer. Corrélativement, tous les produits d'une fraie quelconque sont capables de donner, à leur tour, des Tacons qui, parvenus aux eaux marines, deviendront, selon les conditions de la région où ils iront s'établir pour leur vie de croissance, des individus aptes au retour et à la montée.

III. **Division du sujet.** — La conduite économique qu'il est nécessaire d'observer à l'égard du Saumon dans nos eaux doit s'inspirer des considérations précédentes, et se diriger selon leurs indications. L'espèce étant partout en décroissance, il faut rechercher d'abord, conformément à leur esprit, les causes d'un tel dépeuplement. Ces dernières connues, précisées, évaluées d'après leur degré d'importance, il sera désormais possible d'établir les moyens de lutter contre elles, et de fonder la règle de la conduite économique rationnelle qu'il convient de tenir.

Cette étude fait l'objet des paragraphes suivants, où seront examinées successivement les causes du dépeuplement, soit dans la montée des reproducteurs, soit pendant la ponte sur les frayères, soit dans la descente des Tacons à la mer. Après quoi, un paragraphe consécutif discutera les notions ainsi obtenues, pour aboutir à un projet de méthode rationnelle de repeuplement, qui sera exposé dans un dernier paragraphe terminant le chapitre.

§ 2. — Dépeuplement et ses causes pendant la montée.

Les principales causes sont au nombre de quatre : la pêche intensive dans les estuaires, les arrêts dus aux barrages, les pollutions des eaux, enfin le braconnage. Chacune d'elles mérite un examen détaillé.

I. **La question des estuaires.** — Les estuaires des bassins fluviaux représentent, pour les Saumons venant de la mer, les lieux d'accès aux eaux douces. Ces poissons migrateurs, qui doivent ultérieurement se disséminer dans divers affluents du bassin, sont obligés au préalable de s'engager tous dans ce couloir unique, et de le parcourir en entier. Les estuaires appartiennent à la zone maritime; le droit de pêche dans leurs eaux est le privilège des inscrits. Ceux-ci capturent le Saumon au moyen de leurs engins habituels, filets fixes et sennes; les facilités de prise, dues à l'état de l'estuaire, leur procurent une commodité dont ils sont portés à abuser en donnant à leur pêche la plus grande extension possible. En fait, ils arrêtent dans les parties les plus basses du fleuve une grande partie des Saumons qui remontent, et qui sont ainsi perdus pour la reproduction comme pour le peuplement naturel.

Ce prélèvement opéré par la pêche en zone maritime est plus considérable dans les petits fleuves côtiers que dans les grands cours d'eau, où la largeur du lit laisse aux poissons un espace suffisant pour passer. Mais il monte partout à un taux élevé, supérieur à celui de la zone fluviale pourtant plus étendue. L'Aulne, dans le Finistère, fournit ici un document précieux, en raison du soin avec lequel les statistiques sont tenues. Sa zone maritime principale, quant à la capture du Saumon, de Châteaulin jusqu'en aval de Port-Launay, s'étend sur 6 à 8 kilomètres d'une part; d'autre part, la région de pêche de sa zone fluviale, en amont de Châteaulin, et jusqu'aux points extrêmes où le Saumon est capable de parvenir, comprend un espace de 60 kilomètres environ, soit dix fois plus grand que le précédent. Il semble donc qu'un rendement équitable, et justement équilibré, devrait donner dix fois plus de Saumons à la seconde qu'à la première. Or il n'en est pas ainsi. Pendant deux années d'avant la guerre, en 1910 et 1911, la production totale de l'Aulne fut de 200 Saumons pour l'une, et de 368 pour l'autre. Dans le premier cas, sur les 200 pièces, 56 ont été prises dans la zone maritime et 144 dans la fluviale; quant au second, sur les 368 poissons, 141 relèvent de la zone maritime et 227 de la fluviale. Ainsi la pêche en estuaire, au lieu de se limiter au dixième du rendement total, a prélevé le quart de la production en 1910, et plus du tiers en 1911. Cet exemple de l'Aulne est celui des autres fleuves côtiers; la pêche au Saumon, dans leur zone maritime, y est plus destructrice qu'ailleurs.

Les pêcheurs en estuaire appartiennent à plusieurs catégories. Les uns sont vraiment des inscrits qui se consacrent en hiver à la pêche du Saumon. La plupart sont des retraités de l'inscription maritime, ou des propriétaires de barques seulement munis d'un rôle de plaisance, qui, soit par impossibilité d'un travail plus actif, soit pour occuper leurs loisirs, se livrent à cette pêche avec constance. L'estime où l'on tient ce poisson, les hauts prix de sa vente, incitent à en capturer le plus possible. Les administrations et les corps élus ont été sollicités par eux, à plusieurs reprises, de faire accroître l'étendue de la zone maritime, et de confondre, partout où elles ne le sont pas, les limites de l'Inscription maritime et de la salure des eaux. Le résultat de cette extension consisterait à supprimer la zone mixte comprise entre ces deux limites, et, en l'incorporant au domaine maritime, à autoriser en elle les engins et les époques de pêche qui y sont actuellement interdits comme en eau douce. On a même demandé la construction d'échelles à Saumons sur les barrages inférieurs de plusieurs fleuves côtiers, comme si cette opération était capable par elle seule de ramener un peuplement qui va toujours en diminuant.

L'extension du domaine maritime ne procurerait aucun résultat notable, ni de longue durée. Le nombre des Saumons est si restreint aujourd'hui, que l'état actuel des choses permet de capturer tout ce qui peut l'être. En somme, l'estuaire étant lieu de passage obligatoire, où la capacité de prise est plus considérable qu'ailleurs, toute pêche excessive opérée en lui, si nulle correction effectuée en amont ne rétablit l'équilibre, enlève à la ponte normale les reproducteurs nécessaires et contribue au dépeuplement.

II. **La question des barrages et des échelles.** — Les barrages découpent le cours d'eau en biefs successifs et superposés, que le Saumon est obligé de traverser les uns après les autres. Chacun de ces ouvrages forme un obstacle, d'autant moins aisé à franchir que les eaux seront plus basses et les déversoirs plus élevés. Ces obstacles, lorsqu'ils sont infranchissables aux Saumons, les empêchent de monter à leur frayères. et, arrêtant ainsi la ponte, deviennent des causes efficientes de dépeuplement.

Les anciens barrages n'étaient pas très nuisibles. Peu élevés, construits en plan incliné, ils pouvaient s'opposer à la montée pendant les périodes de basses eaux, mais non en crue ni en eaux moyennes; ils se couvraient alors d'une lame d'eau suffisante pour le passage, et le courant sur leur plan incliné n'était pas assez violent pour arrêter l'élan des Saumons. Tel n'est pas le cas des barrages actuels, plus élevés et verticaux. Souvent leur déversoir reste à sec pendant une partie de l'année, toute l'eau de la rivière étant captée pour alimenter l'usine. En outre, la hauteur de chute et la charge de l'eau tombant selon la verticale, soit du déversoir, soit de la crête du barrage, opposent aux Saumons l'obstacle infranchissable mentionné ci-dessus. La montée reproductrice se trouve arrêtée complètement, sauf parfois dans les cas de crues exceptionnelles et pour les barrages de hauteur moyenne qui peuvent être noyés sous la lame d'eau.

Les canaux de décharge des usines alimentées par le réservoir du barrage contribuent à augmenter le préjudice. La majeure partie de l'eau, sinon sa totalité, étant utilisée par l'usine, passe dans ces canaux au détriment du lit normal de la rivière. Les Saumons qui remontent s'engagent toujours dans ces canaux, dont le courant est rapide, dont l'eau brassée avec l'air est plus riche en oxygène dissous. Ayant pénétré en eux, ils les suivent jusqu'aux chambres des roues et des turbines, sans chercher à dépasser cette limite ni à revenir en aval. Ceux qui ne sont pas pris par le braconnage dans ces circonstances, et qui se trouvent ainsi immobilisés, ne peuvent se reproduire ni repeupler.

Les barrages eux-mêmes sont construits parfois de façon défectueuse. Certains, crevassés, laissent échapper par leurs interstices l'eau de retenue; aussi leur déversoir reste-t-il à sec, alors que le cube d'eau serait suffisant pour le recouvrir. Ailleurs, des grilles, destinées à retenir les impuretés charriées par le courant, sont disposées de manière à empêcher le Saumon de passer et à former une sorte de piège. Quelquefois des ouvrages complémentaires sont ajoutés au déversoir pour exhausser le niveau de retenue en dépassant la limite légale. Des vannes, dont l'accès devrait être aisé, se trouvent établies dans des conditions qui rendent leur manœuvre difficile. Il en est de même des barrages abandonnés, qui conservent leurs vannes fermées et qui, sans utilité pour personne, s'opposent à la montée. Toutes ces dispositions variées, soit isolées, soit assemblées sur un même parcours fluvial, contribuent à gêner la migration des reproducteurs, et constituent autant de causes de dépeuplement. Si certains barrages peuvent être considérés comme inoffensifs, d'autres, en revanche, constituent des obstacles complets et constants. Comme les uns et les autres peuvent se succéder sur une même rivière, l'innocuité des premiers sera sans effet, si les seconds, situés plus en aval, empêchent les poissons d'aller plus haut. En somme, l'établissement de grands barrages verticaux constitue une cause radicale de dépeuplement, par interruption de la montée reproductrice.

Une méthode, souvent préconisée pour remédier à de tels défauts, est celle qui consiste à annexer aux barrages des échelles à Saumons. Toute échelle est constituée par un plan incliné qui débute en amont sur la crête du barrage, qui descend vers l'aval en avant du pied de ce barrage, souvent à une certaine distance de lui, et qui charrie ou doit charrier un cube d'eau suffisant pour permettre à la montée de s'accomplir. Elle assure ainsi, ou doit assurer, la continuité du cours d'eau malgré l'interruption faite par le barrage, et elle donne à la rivière un profil en long peu différent de celui qu'elle aurait si cette interruption n'existait pas. Les modèles de ces ouvrages sont nombreux. L'un des plus anciens et des plus répandus, souvent le plus économique et le plus avantageux, est celui que l'on peut désigner par l'expression «Échelles à courant direct». Il s'agit en son cas de rigoles, souvent fixes, parfois mobiles, construites en maçonnerie, en métal ou en bois, que l'on adjoint au barrage dé manière à y faire passer une partie de l'eau retenue. Les unes sont droites, les autres obliques. Ces dernières, surajoutées à un barrage en pente d'ancien modèle, et construites de manière à collecter une quantité suffisante d'eau, montrent souvent une efficacité réelle, ayant l'avantage de rassembler en elles toute l'eau qui se déverse par-dessus la crête. Ces échelles offrent encore cette supériorité que les migrateurs les parcourent volontiers, car ils recherchent de préférence un débit continu et direct.

Un autre modèle est celui des «Échelles à gradins». Celles-ci se composent de petits bassins rangés à la file en contre-bas les uns des autres, comme serait un escalier à marches creuses, et constamment baignés par de l'eau courante. Elles ne rendent pas les services que l'on attend d'elles. Les migrateurs sautent volontiers, lorsqu'ils le peuvent, les obstacles dressés devant eux, mais en une seule fois et non par bonds successifs. Même dans une échelle bien installée et suffisamment alimentée, ils se jettent d'abord dans le bassin inférieur, puis se portent de côté, ou bien retournent en aval, mais sont incapables de suivre d'eux-mêmes, sauf par hasard, une direction déterminée vers l'amont.

La continuité entière du courant qui suit l'échelle étant de toute nécessité, on a voulu, en d'autres modèles, atténuer les différences de niveau au moyen de cloisons transversales et alternantes qui forcent l'eau à serpenter. Telles sont les «Echelles à chicanes». Relativement larges, elles portent dans leur intérieur des cloisons incomplètes, attachées alternativement aux deux parois : l'eau descendante est ainsi obligée d'allonger son parcours en passant successivement dans toutes les chambres ainsi limitées. Ici encore, les résultats sont inférieurs à ceux que l'on espérait. Les migrateurs, dans une remonte opposée à un courant violent, ne peuvent suivre les flexuosités de ces échelles, car leur force prépondérante de progression s'exerce suivant une ligne droite; en conséquence, la plupart de ces appareils ne rendent aucun des services que l'on espérait d'eux,

D'autres modèles, plus perfectionnés et plus modernes, se basent sur un principe nouveau. Puisque la montée se fait plus aisément en ligne droite, et puisque l'obstacle, dans les grands barrages, est celui d'un courant rendu trop violent par une forte hauteur de charge, le meilleur résultat sera obtenu avec une rigole rectiligne, dans laquelle on diminuera, par un procédé quelconque, la vitesse de ce courant : tel est le principes des «Échelles à courant ralenti». Les types de ces appareils sont variés. Dans l'un, celui de Mac-Donald, le ralentissement du courant est obtenu par l'injection dans sa masse de jets d'eau amenés par des tubulures. Dans un autre, celui de Caméré, le ralentissement est donné par l'envoi sous pression de veines jaillissantes formant cloisons transversales liquides, qui coupent le courant et diminuent sa vitesse. Dans un troisième, celui de Denil, l'effet cherché est produit par des amortisseurs, constitués par des saillies placées dans la rigole de manière à engendrer des courants secondaires tourbillonnaires, qui diminuent la poussée du courant principal.

Les résultats avantageux des échelles sont, dans plusieurs cas, hors de conteste. L'Aulne canalisé, dans le Finistère, en offre un exemple. Cette rivière comporte des biefs et des barrages auxquels sont annexées des écluses qui ne s'ouvrent que pour les besoins de la navigation. La plupart de ces barrages étant difficiles à franchir par les Saumons, l'Administration des Ponts et Chaussées leur a adjoint des échelles du type Caméré. Commencée en 1903, cette œuvre d'amélioration s'est effectuée progressivement, sur la base de deux échelles par année. Une augmentation sensible du rendement de la pêche s'en est suivie de façon presque immédiate. En 1903 et en 1904, le chiffre annuel des captures se maintient encore à une centaine, comme dans les années précédentes les plus proches; mais il monte à 120 dès 1905, à 193 en 1906, à 274 en 1907, à près de 300 en 1908. Après une chute en 1910, où il tombe à 200, proportion double pourtant de celle de 1903 et de 1904, elle remonte à 368 en 1911. La progression a donc été constante. De plus, l'amélioration de l'Aulne s'est étendue à l'Elorn, qui dépend aussi de la rade de Brest; le port de Landerneau, n'ayant donné que 31 Saumons en 1907, en fournit 34 en 1908, 64 en 1909, 96 en 1910, 101 en 1911.

Mais cet avantage est rare, car il ne se produit que dans les cas, trop peu nombreux, où ces échelles sont capables de fonctionner d'une manière satisfaisante. Partout ailleurs, ces appareils se montrent inutiles, ou même nuisibles.

Placés assez souvent sur les côtés du barrage, et non dans l'axe du courant principal, ils restent à sec en période d'étiage, ou ne charrient qu'une quantité d'eau trop faible; en temps de crues, noyés sous une épaisse lame d'eau, ils n'ont aucune utilisation réelle, et on leur attribue, trop souvent à tort, la montée de quelques migrateurs rendue possible par la crue elle-même. Ordinairement le remous formé à leurs pieds attire les Saumons; mais si la montée ne peut se faire par leur moyen à cause de l'insuffisance du cube d'eau, ainsi qu'il en est souvent, cet appel les transforme en autant de pièges connus des braconniers. Enfin, dans les barrages très élevés des usines hydro-électriques, la différence du niveau est telle et la hauteur de charge si considérable, qu'il est difficile de prévoir la possibilité d'une amélioration permettant la montée. Aussi convient-il de ne pas accorder aux échelles une importance que la réalité leur enlève; elles n'ont d'utilité que dans des cas restreints, et encore à la condition d'être bien construites, de ne pas supporter une charge trop forte, et de charrier toujours une quantité d'eau suffisante. En somme, dans la pratique, elles offrent peu d'avantages; il faut prévoir leur construction dans le but d'aider éventuellement à la montée des reproducteurs et à la descente des alevins, mais sans attendre d'elles un résultat constant ni définitif.

III. **La question de la pollution des eaux.** — La pollution des eaux courantes constitue une nouvelle cause de dépeuplement. Pour agir de façon indirecte, elle n'en exerce pas moins une action efficace et défavorable. Elle a pour effet d'établir dans la rivière une zone dont les eaux, par leurs propriétés, gênent la vitalité du poisson, le détournent dans sa progression de montée, et l'entraînent à redescendre vers l'aval. Les migrateurs, ainsi arrêtés dans leur course, ne peuvent parvenir sur les frayères, et sont perdus pour la reproduction : d'où motif de dépeuplement. Toute région ainsi disposée représente à leur égard une zone d'interdiction qui arrête le passage. Il suffit d'une seule de ces zones sur le parcours d'une rivière, bien que les eaux en amont se maintiennent pures et favorables, pour aboutir à un résultat déficient, puisque les migrateurs sont incapables de la traverser et d'aller plus haut. L'obstacle, pour être d'une autre sorte que celui d'un barrage, n'en est pas moins aussi infranchissable.

La cause profonde, en ce cas, est surtout du fait de la gêne respiratoire. L'alimentation ni la progression n'entrent en jeu, puisque le Saumon, dans les eaux douces, ne s'alimente point, et puisque le courant de la rivière n'est point changé. Mais, étant exigeant au sujet de ses besoins respiratoires, et fort sensible de ce côté, l'individu se trouve affecté par tout ce qui diminue la proportion de l'oxygène dissous, ou qui introduit dans l'eau soit des substances toxiques capables de passer dans le sang au niveau des branchies, soit des déchets susceptibles de pénétrer dans la chambre branchiale et d'entraver la respiration.

Ces circonstances sont de notre époque. Elles n'existaient pas autrefois, ou s'y montraient moins pressantes. Les zones d'interdiction de cette catégorie faisaient défaut, et le Saumon, dans sa rivière, avait libre parcours. Les progrès de l'industrie moderne, les besoins des grandes agglomérations urbaines, ont peu à peu créé de telles zones qui deviennent de plus en plus nombreuses, de plus en plus étendues, et qui finalement entrent pour une part importante dans le phénomène actuel du dépeuplement.

La production de ces zones reconnaît deux motifs principaux : le jet à la rivière des sous-produits industriels, et le tout à l'égout des grandes villes. Sur le premier point, si les matières déversées prêtent à une grande diversité selon les régions et leurs industries dominantes, le résultat, celui du détournement des migrateurs, demeure uniforme et constant. Qu'il s'agisse de produits toxiques, ou de substances se décomposant dans l'eau et absorbant de l'oxygène par leur réduction, ou de matières tenues en suspension, l'effet produit reste le même, d'autant plus grand que les eaux sont plus basses, les dilutions plus faibles et la température plus élevée. On doit remarquer à ce propos que nulle interdiction semblable n'est occasionnée par les sédiments terreux en suspension dans les rivières en crue ; leur finesse, leur innocuité n'amènent aucun trouble dans la progression de montée, qui peut s'amoindrir de façon momentanée, mais non souffrir d'un détournement complet.

Les matières organiques entraînées à la rivière par fortes quantités, au voisinage des grandes agglomérations urbaines, donnent également lieu à un détournement définitif. Elles agissent non point tant d'elles-mêmes et par leur action directe, que par la réduction qu'elles subissent dans l'eau, et qui nécessite le concours de l'oxygène dissous. La proportion de ce dernier diminuant alors d'une quantité proportionnelle, et une récupération suffisante ne pouvant se faire qu'après un assez long parcours, les Saumons, mis en présence d'une eau dont la qualité respiratoire ne leur convient pas, ne cherchent point à y pénétrer, malgré toutes dispositions convenables d'autre part, et restent en aval sans tenter de franchir cette zone. Les exigences de leur respiration les maintiennent sur place, dans un lieu où la reproduction ne saurait s'accomplir avec efficacité. Les eaux polluées des grandes villes jouent donc leur rôle dans le fait du dépeuplement.

IV. **La question du braconnage.** — La question du braconnage à l'égard du Saumon se confond avec celle du braconnage général, et ne mériterait aucune mention particulière si elle n'était plus pressante au sujet de ce poisson, comme des autres espèces migratrices potamotoques, qu'à celui des espèces sédentaires. Ces dernières, en effet, qui habitent à demeure et avec constance des régions déterminées, les parcourent en tous sens et peuvent se réfugier dans des zones inaccessibles ou peu accessibles à la pêche. Tel n'est pas le cas des migrateurs, qui suivent un itinéraire fixe, ne s'en écartent point, et s'offrent ainsi avec beaucoup plus de facilité aux engins des pêcheurs, d'autant mieux que leur impulsion migratrice les empêche souvent d'éviter les pièges tendus. Or toute pêche trop active à leur détriment enlève au peuplement normal des reproducteurs qui lui font défaut. Ce peuplement, si le prélèvement opéré par la pêche est trop fort, deviendra incapable d'équilibrer les pertes naturelles; la reproduction en surnombre, indispensable à la nature pour conserver son effectif moyen malgré les pertes, sera insuffisante. Par suite, le braconnage, qui détruit en sus de la pêche normale et dépasse souvent la mesure en ce sens, devient-il cause de dépeuplement plus efficace pour les espèces migratrices que pour les sédentaires.

Le Saumon n'y fait point exception : au contraire. Comme son impulsion migratrice le porte à rechercher des courants rapides et des eaux aérées, de préférence à toutes autres régions, il fournit lui-même les moyens de le capturer. Le pied des barrages auprès des déversoirs et des échelles, les canaux de décharge des usines qui utilisent ces barrages, constituent autant de lieux où il se rend volontiers, où il s'arrête lorsqu'il ne peut pousser plus avant, sans trop chercher à redescendre. Il offre ainsi à la pêche toute facilité, car ces lieux représentent à son encontre autant de pièges que les riverains sont portés à exploiter. La sorte de braconnage qui en résulte, si elle n'a pas une trop grande portée dans les larges rivières où les barrages sont souvent partiels, devient plus destructrice dans les petits fleuves côtiers, où elle suffit parfois pour enrayer la montée et pour annihiler le repeuplement naturel en empêchant la reproduction sur les frayères.

§ 3. — Le dépeuplement et ses causes pendant la ponte.

L'accomplissement de l'acte reproducteur sur les frayères et la situation de celles-ci peuvent donner lieu, en certains cas, à des risques de dépeuplement.

L'un de ces derniers est dû à l'action nocive de l'eau sur les spermatozoïdes du Saumon; ces éléments, après leur émission par le mâle, meurent en peu de minutes s'ils ne réussissent pas à s'unir rapidement à un ovule, et sont perdus dès lors pour la fécondation. Le fait a souvent lieu dans la nature, où l'union des deux éléments sexuels s'effectue en milieu aqueux et malgré toutes circonstances habituelles tendant à resserrer le contact : de là, du reste, la supériorité en ce sens de la fécondation artificielle à sec, où ne se produit aucune interposition. Partant, et dans les conditions naturelles, la fraie n'est capable d'une réussite assez complète qu'au cas d'un nombre de mâles supérieur à celui des femelles, et d'un chiffre total assez élevé de reproducteurs. S'il n'en est pas ainsi, l'opération de la ponte court le risque d'être insuffisante et de donner une quantité d'alevins trop faible pour assurer le maintien du peuplement normal dans les rivières du bassin.

Cette fraie incomplète par pénurie de reproducteurs devient à son tour cause de dépeuplement, en aggravant les conséquences déjà acquises d'autre part.

Un autre risque provient des facilités offertes à la pêche par les individus en fraie. Ceux-ci, entièrement absorbés par l'acte qui les rassemble, et par ses préparatifs, moins sensibles qu'auparavant aux impressions du dehors, se laissent approcher plus aisément, et capturer ou assommer sur la frayère même. D'autant mieux que l'emplacement ordinaire de cette dernière, dans des rivières assez étroites et sous une faible profondeur d'eau, permet plus commodément la venue du pêcheur. Cette sorte de

pêche a beau être interdite, ses facilités sont telles, que, même en dehors des braconniers professionnels, les riverains ou les passants qui assistent à la fraie sont incités
à profiter d'un tel avantage, malgré que la chair du poisson à cette époque soit de
qualité inférieure. De là résulte une cause supplémentaire de dépeuplement qui
s'ajoute aux précédentes, et peut contribuer à augmenter le déficit du bassin fluvial.

§ 4. — Le dépeuplement et ses causes pendant la descente.

Les Saumons de descente appartiennent à deux catégories : les uns sont des Charognards, ou reproducteurs venant de frayer; les autres sont des Tacons, ou alevins se
rendant à la mer pour y effectuer leur vie de croissance. Les premiers descendent après
la ponte, au cours de l'hiver, et notamment dans sa première moitié; les seconds
descendent au printemps, en avril et au début de mai. Hors ces cas et ces époques,
aucune autre descente n'a lieu du fait des Saumons, sauf les retours partiels et
temporaires des migrateurs de montée, en temps de basses eaux, pour chercher
quelques gîtes profonds.

Aucun dépeuplement réel ne saurait être causé par la destruction et la perte des
Charognards. Contrairement à l'opinion habituelle, ces individus ne sont point destinés
à retourner tous aux eaux marines pour en revenir plus tard et frayer de nouveau :
ceci, parmi eux, n'est le propre que d'une minorité. La majorité des reproducteurs,
dans la nature, achève son existence avec la première fraie; les pontes ultérieures, et
le repeuplement par suite, se trouvent assurés normalement par la venue des individus qui effectuent leur vie de croissance dans la mer, et qui se renouvellent avec constance grâce à l'appoint annuel des alevins de descente. Les migrations périodiques
et répétées sont inutiles au peuplement ordinaire. Par conséquent, il devient superflu
de veiller instamment à la conservation des Charognards, car leur valeur éventuelle
à ce sujet, dans les circonstances naturelles, est de faible portée.

Il n'en est plus de même pour les Tacons. Ceux-ci ont la charge d'assurer le renouvellement des individus en voie de croissance marine, et de combler annuellement les
vides causés soit par les pertes normales, soit par le départ des reproducteurs allant
aux eaux douces pour pondre. De leur nombre dépend celui de ces derniers. Si l'un
diminue, l'autre diminue aussi. Tout fléchissement du premier, c'est-à-dire toute diminution de la quantité des alevins de descente, devient donc cause de dépeuplement.

Or les faits de cette sorte, c'est-à-dire les prélèvements opérés par la pêche pendant la descente, ont souvent une grande importance nocive, en raison de l'état des
Tacons. Ces individus, qui sont déjà d'assez belle taille et ont assez bonne chair pour
mériter l'estime où on les tient du côté alimentaire, descendent les rivières en grand
nombre, et mordent facilement aux appâts. On peut les pêcher sans trop de peine, par
grandes quantités. De plus, leur nature réelle de jeunes Saumoneaux, longtemps ignorée, est encore méconnue ou mise en doute par bien des personnes se figurant qu'il
s'agit, en leur cas, d'une espèce déterminée et distincte des autres poissons de nos eaux
douces. Aussi, malgré des interdictions légales, qui n'existent pas partout ou dont on
ne tient pas toujours compte, la pêche aux Tacons est-elle, dans la saison, pratiquée
avec intensité. Cette opération est dommageable au premier chef, car elle a pour résultat, en diminuant l'effectif de la descente, de diminuer celui de la montée ultérieure
des reproducteurs après leur vie de croissance. Elle l'était moins jadis lorsque les Sau-

mons remontaient en nombre la plupart de nos rivières; le prélèvement effectué par cette pêche n'avait point une trop forte valeur proportionnelle. Il n'en est plus de même dans les conditions déficitaires d'aujourd'hui. où ce prélèvement devient une cause efficiente et importante de dépeuplement.

La destruction opérée par la pêche n'est point la seule. Les grands barrages modernes à turbines ont aussi leur rôle. Les appareils à roues hydrauliques ne gênent pas trop, dans leur descente, ceux des Tacons qui se sont laissés entraîner vers l'usine; ils passent entre les palettes et, sauf accidents, ne subissent pas de trop graves dommages. Il n'en est plus de même pour les turbines, dont les interstices ne livrent pas aussi bien passage au corps des alevins; ceux-ci, entraînés par le courant et pris dans le mécanisme, sont hachés et broyés. Leur perte, par suite, est certaine si la chambre des turbines n'est point close d'un grillage suffisant pour leur en interdire l'entrée.

§ 5. — LES CONDITIONS NÉCESSAIRES AU REPEUPLEMENT.

Ces conditions sont celles de tout cas similaire : d'une part, régler la pêche de façon qu'elle soit profitable sans qu'elle devienne dommageable; d'autre part, favoriser la reproduction et l'alevinage de manière à porter à son degré extrême la capacité de peuplement des eaux, et à l'y maintenir avec constance.

I. **Réglementation de la pêche.** — La réglementation de la pêche aura pour objet d'éviter tout prélèvement excessif ou nuisible, afin de conserver, dans la mesure du possible et en tous lieux, la moyenne du peuplement normal. Par suite, et dans ce but, elle devra s'opposer aux causes de perte, soit pour les écarter, soit pour en atténuer les effets.

En ce qui concerne la pêche dans les estuaires, il conviendrait de placer ces derniers sous un régime semblable à celui des zones fluviales, afin de coordonner et d'uniformiser les mesures prises. Le bassin hydrographique entier. depuis l'embouchure du fleuve jusqu'aux sources des différents affluents, devrait suivre une même règle, conforme à son unité. Les périodes d'autorisation et celles de prohibition, les engins tolérés et les engins interdits, les lieux où la pêche est permise et ceux où elle est défendue, mériteraient de faire l'objet de réglementations communes et conduisant à un résultat identique.

Au sujet des barrages, le moyen le plus rationnel en apparence pour permettre le libre parcours des Saumons semble consister à annexer une échelle à chacun de ces ouvrages, lorsque le passage normal n'est pas possible. Mais les circonstances s'y prêtent rarement, du moins quant à l'effet utile. Ou l'eau fait défaut une partie de l'année, rendant l'échelle inutilisée; ou les conditions de lieu et d'époque, ayant conduit à placer l'échelle dans un angle du barrage auprès de la berge, l'ont converti en un piège à Saumons; ou encore la construction défectueuse de l'appareil empêche d'en obtenir le parti désiré. En outre, les échelles de type perfectionné coûtent cher et nécessitent un entretien continu. Il paraît donc difficile d'en placer partout où il en faudrait, d'autant mieux que l'édification de tous ces ouvrages, se subordonnant à un classement des barrages établi par décret rendu en Conseil d'État, ne peut avoir lieu qu'après cette mesure prise.

On ne saurait, comme on le fait souvent, accorder à la construction d'échelles une sorte de vertu générale, capable de remédier au dépeuplement par elle seule, et de permettre au repeuplement de s'effectuer. Une échelle n'est profitable qu'à la condition de prolonger vraiment le lit de la rivière, en offrant avec continuité à la montée des Saumons toutes dispositions nécessaires et favorables. Elle est inutile de toute autre façon, ou même nuisible.

Il est important, par contre, d'améliorer autant que possible, en dehors de leur action, le passage des Saumons. Il suffit souvent de mesures prises par les administrations locales, de concert avec les usagers et les divers ayants droit, pour aboutir au résultat désiré; le tout consistant à observer constamment les dispositions qui permettent d'assurer la circulation des Saumons et d'empêcher, au moyen de vannes et de grillages, toute pénétration de leur part dans les canaux de service des usines. Chaque barrage possède en cela sa qualité propre, et nécessite une étude particulière, dont le programme spécial doit s'inspirer d'une méthode générale tendant à procurer aux Saumons la possibilité de franchir l'obstacle, tout en lui interdisant l'entrée dans les conduites d'amenée et de décharge.

Les autres mesures utiles d'une réglementation rationnelle de la pêche ont déjà été prises ou préconisées; il suffira souvent de veiller à leur observation pour remédier aux inconvénients du braconnage, de la pollution des eaux, des pêches illicites, ou tout au moins pour en atténuer la plus grande part. J'ai déjà donné en 1912, dans mon rapport relatif à la Bretagne, la liste de ces mesures; je n'ai qu'à la reprendre ici, sous une forme plus générale, car elle serait également opérante pour ailleurs.

·A. *Circulation et pêche du Saumon dans les estuaires.* — 1° Interdire, dans le domaine maritime, la pêche du Saumon dans les régions étroites des estuaires;

2° Interdire, dans le domaine maritime, la pêche du Saumon au voisinage des ouvrages;

3° Interdire les pêches à la serpillière, surtout d'avril à juin, pour éviter la capture des Tacons mélangés à d'autres alevins de poissons;

4° Entente entre administrations pour avoir les mêmes dates d'ouverture et de fermeture de la pêche dans le domaine maritime et dans le domaine fluvial, et pour obéir à une même réglementation.

B. *Circulation et pêche du Saumon dans les rivières.* — 5° Supprimer et interdire les ouvrages complémentaires ajoutés sans autorisation aux barrages;

6° Modifier, le cas échéant, les crêtes des déversoirs pour localiser la lame d'eau recouvrante en augmentant son épaisseur, et pour permettre ainsi le passage du poisson;

7° Limiter à la période d'arrosage l'établissement et le maintien des barrages temporaires d'irrigation;

8° Prendre toutes dispositions convenables pour empêcher en tout temps, au voisinage des barrages, la pénétration des Saumons dans les canaux de service des usines, et pour observer le niveau légal de retenue.

9° Observation rigoureuse de toute réglementation concernant la pollution des eaux;

10° Remettre, toutes les fois que la chose sera possible, le cours de la rivière en son état naturel;

11° Lever en permanence à toute hauteur, ou démonter et enlever les vannes des barrages qui ont cessé d'être utilisées;

12° Prendre toutes dispositions convenables pour régler à 1 centimètre l'écartement des verges dans les grilles annexées aux chambres des turbines, afin d'éviter la perte des Tacons à leur descente;

13° Entente des départements d'un même bassin hydrographique, ou d'une même province naturelle, pour établir une réglementation identique.

14° Surveillance de la pêche et répression du braconnage poursuivies avec continuité et méthode dans un but majeur d'intérêt public.

II. **Défaut du repeuplement naturel.** — Il ne suffit point, en un cas d'importance comme celui du Saumon, d'établir les mesures propres à annihiler ou à atténuer les causes du dépeuplement ; il faut prévoir en outre si elles seront efficaces, c'est-à-dire si elles permettront d'arrêter la diminution croissante du poisson et de ramener une augmentation progressive. Ceci constitue une autre face de la question, qu'il convient maintenant d'examiner et de discuter.

Les mesures précédemment indiquées représentent, dans leur ensemble, les diverses modalités d'une seule et même méthode, qui est celle de la sauvegarde et de la conservation du peuplement naturel : l'usage de cette méthode consistant essentiellement à surveiller et à favoriser cette sorte de peuplement. Pour cela, les causes de déperdition étant reconnues, on s'attache à prévenir leurs effets et à se défendre contre leur action ; puis, ce résultat se trouvant acquis, on laisse la nature agir d'elle même, par ses propres ressources, pour ramener l'ancienne abondance. Tous les efforts sont dirigés vers cette lutte, et l'on ne fait rien en dehors d'eux. On estime que la capacité reproductrice du Saumon sera suffisante pour engendrer le nombre d'alevins nécessaire, si l'on a pris le soin de favoriser la migration reproductrice et d'empêcher une perte excessive des migrateurs.

On peut présumer de cette méthode naturelle qu'elle serait efficace si les cours d'eau, à leur tour, étaient maintenus dans leur état naturel, ou dans un état aussi voisin que possible de ce dernier. Son effet eût été certain dans les circonstances d'autrefois, telles qu'elles se présentaient encore voici peu d'années. Toutes les fois qu'on l'a employée, même dans des conditions restreintes d'espace et de temps, on en a obtenu de bons résultats. Mais il est manifeste, par contre, qu'elle devient insuffisante dans les circonstances actuelles. Les grandes agglomérations urbaines qui polluent les eaux et créent des zones permanentes d'interdiction aux migrateurs, les barrages élevés qui traversent en entier le lit de la rivière et retiennent souvent toute son eau, constituent autant d'obstacles auxquels ont ne peut rien opposer de formel. Il faut donc remédier à leurs défauts en utilisant des moyens pris en dehors de la conduite naturelle et habituelle des choses.

Tous ces défauts se ramènent à un seul, qui est celui de l'arrêt de la montée : les reproducteurs, ne pouvant parvenir sur les frayères, sont perdus pour la ponte, et leurs alevins possibles manquent à la propagation de l'espèce. En conséquence, le seul moyen de pallier à cette carence consiste à la réparer directement, en plaçant dans la rivière les alevins qui ne peuvent y naître naturellement. C'est la méthode dite « artificielle », qui engage à procéder par des immersions d'alevins obtenus dans des laboratoires de pisci-facture ; Coste, le premier, en a préconisé l'emploi général pour remédier au dépeuplement des eaux déficientes. A son instigation, cette méthode a été employée dans tous les pays. Les États-Unis notamment, depuis une quarantaine d'années, en ont tiré un bénéfice considérable quant à l'amélioration de la pêche dans leurs eaux. Elle permet aux rivières à Saumons de l'Amérique septentrionale de garder un peuplement convenable, malgré les demandes considérables d'une puissante industrie de conserves. Plus près de notre pays, elle permet aux pêcheries néerlandaises de l'estuaire du Rhin, grâce à des immersions massives effectuées dans les parties hautes du fleuve, de ne point trop s'apercevoir de la diminution croissante du Saumon qui se manifeste partout ailleurs dans l'Europe occidentale, et d'avoir avec constance, à notre époque, une production moyenne satisfaisante.

Or on ne constate chez nous rien de tel, bien que de pareilles immersions, depuis Coste, soient toujours mises en pratique ; malgré leur usage, le dépeuplement continue et ne cesse de s'accentuer. Les raisons en sont multiples. L'une d'elles n'a rien à voir avec la méthode artificielle ; elle touche à la non-observation des règles naturelles et conser-vatrices du peuplement, qui laisse se perdre l'amélioration obtenue, s'il en est. Mais les autres portent sur la méthode elle-même, et sur l'emploi qu'on en a fait à l'encontre des exigences biologiques. Au lieu d'observer ces dernières avec soin, et de ne pas tenter de les enfreindre, on a souvent procédé d'une manière opposée. On a parfois immergé des jeunes alevins de Saumons, à leur première année, dans des eaux stagnantes ou en pleine rivière ; on a effectué des immersions trop faibles, avec une quantité d'alevins trop restreinte ; on a essayé d'acclimater des espèces américaines, sans étudier au pré-alable leurs habitudes ni leurs besoins ; on a voulu repeupler des rivières quelconques, sans examiner si les qualités de leurs eaux étaient ou non propices à cette opération. Le bilan de ces tentatives, malgré leur multiplicité, a été nul dans la plupart des cas, ou insuffisant.

A examiner aujourd'hui ce résultat, en le considérant selon les connaissances acquises sur la biologie du Saumon, on se rend compte qu'il ne pouvait être différent, car la pratique usitée s'était trop écartée des exigences naturelles. Les pays où le résultat a été favorable sont ceux où l'on s'est conformé à ces dernières. Il n'en a pas été ainsi chez nous parce que l'on s'en était éloigné, et il faut, pour aboutir, revenir à leur ob-servation. Les procédés de repeuplement par immersion d'alevins sont vraiment suscep-tibles de remédier, dans notre pays, aux manques de la ponte naturelle, comme ils le font ailleurs, mais à la condition d'opérer conformément aux nécessités de cette dernière. Ils permettront en bien des cas, si l'on observe leur règle, de pallier aux inconvénients causés par l'aménagement industriel de la majorité de nos cours d'eau, et de garder à ces derniers, en certaines de leurs parties, un peuplement avantageux. Il faut donc les employer, mais de façon rationnelle, et en évitant d'égarer ou de disperser les efforts.

§ 6. — La méthode rationnelle du repeuplement.

I. Division des opérations. — On doit se représenter d'abord, pour établir convenablement une telle méthode, l'état général de tout bassin fluvial vis-à-vis de la migration du Saumon. On peut reconnaître, dans chacun d'eux deux régions distinctes et d'attributions différentes : celle des parties basses, composées de l'estuaire et des zones avoisinantes ; celle des parties hautes, faites des zones situées plus en amont jusqu'aux têtes du bassin.

La première région sert de passage aux migrateurs, et c'est là son attribution principale. D'une part, les reproducteurs la remontent en venant de la mer, et la parcourent en entier afin de parvenir dans la seconde; d'autre part, les Tacons et les Charognards la suivent en sens inverse, lorsqu'ils descendent des zones d'amont pour se rendre à la mer. Le parcours de montée a lieu pendant l'année presque entière, sauf l'interruption estivale; le parcours de descente ne s'effectue qu'au printemps pendant une période limitée en ce qui concerne les Tacons, et pendant l'hiver pour les Charognards.

La seconde région, ou des parties hautes, a pour attribution principale, par contre, d'offrir aux migrateurs un séjour prolongé, afin de leur permettre d'effectuer leur élaboration sexuelle, et de frayer dans les zones les plus élevées ou les mieux pourvues d'une eau pure et aérée. En outre, elle donne aux Tacons, depuis leur éclosion et pendant toute leur croissance, l'habitat qui leur est nécessaire, et dont ils partiront, le moment venu, pour descendre à la mer. Elle est donc fréquentée en permanence soit par les reproducteurs aux diverses phases de leur élaboration, soit par les alevins aux diverses phases de leur développement. Son peuplement spécial y affecte une allure presque sédentaire, contrairement à la première région, où les Saumons soit reproducteurs, soit alevins ne font que passer.

L'opposition entre les deux régions va plus loin encore, car elle porte en outre sur les qualités de chair des sujets qui, en l'espèce, présentent l'intérêt prédominant : les reproducteurs de montée, que l'on pêche pour la consommation. Ces individus, dans les parties basses, arrivent récemment des eaux marines; leur chair, par suite, contient encore tous ses matériaux de réserve, et n'a subi aucune déperdition. Par contre, dans les parties hautes, où le séjour se prolonge, où l'alimentation est insuffisante, même nulle, ils usent progressivement ces matériaux et perdent en poids comme en qualité d'une façon proportionnelle à la durée de ce séjour; leur chair devient flasque et molle. Le degré ultime, en l'occurrence, est offert par les Charognards émaciés après la ponte, dont la chair, peu abondante du reste par rapport à la longueur du corps, est presque de nulle valeur.

La méthode rationnelle du repeuplement ne doit pas se limiter à ses propres moyens. Il lui faut se préoccuper de la fin où elle tend, qui consiste à procurer à la pêche le plus grand nombre possible de sujets en bon état. Elle est donc obligée de tenir compte de cette division naturelle du bassin en deux régions, non seulement parce que ses opérations spéciales auront plus de chances de réussite dans l'une que dans l'autre, mais encore parce que les résultats obtenus par le repeuplement seront meilleurs dans celle-là que dans celle-ci. Elle devra strictement se conformer aux exigences de l'intérêt général, qui consistent à pouvoir pêcher les meilleurs Saumons en plus grande quantité dans le meilleur endroit, et qui astreignent, par suite, à affecter à chaque lieu son rôle approprié sans lui demander davantage. La conduite d'autrefois, et de l'époque d'abondance où l'on pouvait pêcher partout, et qui a fini par aboutir au dépeuplement actuel, n'est plus à suivre aujourd'hui, si l'on veut réparer les pertes subies.

La méthode porte donc sur deux sortes de sujets : d'une part, les opérations du repeuplement ; d'autre part, la limitation de celles de la pêche, toutes deux se complétant pour aboutir à un même but et fournir à la consommation, avec constance, un rendement élevé et conforme aux nécessités générales de l'intérêt public.

II. **Opérations de la pêche.** — Les principales conditions à observer, dans ce but, et à l'égard de la pêche elle-même, sont les suivantes :

Limiter l'exercice de la pêche du Saumon aux parties basses du bassin fluvial, et l'interdire en tout temps dans les parties hautes. A cet effet, établir dans chaque bassin la démarcation entre l'une et l'autre de ces deux régions.

L'exercice de la pêche étant ainsi borné à la région basse, celle-ci devra comprendre cette région entière, depuis l'embouchure géographique du fleuve jusqu'à la ligne de démarcation. Toutes mesures relatives à cet exercice seront uniformes, quel que soit d'autre part le régime spécial des diverses zones de la région.

Les lieux de pêche ne seront pas indéterminés, mais établis seulement en des points (pêcheries) où les captures pourront être nombreuses sans arrêter complètement la montée vers les autres pêcheries d'amont. Les engins de pêche seront l'objet de mesures prises dans le même but.

Toute pêche autre que celle des cas précédents ne devra point être tolérée.

Le repeuplement étant effectué dans la région d'amont, la période d'interdiction de la pêche dans la région basse pourra être abrégée, afin de tirer profit, pour la consommation, de la montée des grands reproducteurs d'hiver.

Les barrages seront disposés et réglés de manière à permettre la descente des Tacons et à ne pas lui créer d'obstacles. Toute pêche de Tacons, par n'importe quel moyen, sera interdite.

III. **Opérations de la ponte et de l'alevinage.** — La seconde région des bassins, celle des parties hautes, étant naturellement affectée, en raison de ses dispositions, à la ponte et à l'alevinage du Saumon, il convient de lui maintenir cette affectation à titre complet et exclusif. Il devient inutile de lui tolérer avec la première région une sorte de double emploi, en lui laissant la faculté de pêche, ou en étendant à l'autre celle de s'occuper des alevins ; le résultat serait désavantageux. Chacune des deux régions possède sa capacité spéciale, pour laquelle se disposent tous ses moyens ; il faut donc observer cette condition naturelle, et ne pas chercher à l'enfreindre en confondant ce qui est normalement distinct.

Mais si la seconde région est seule affectée à la reproduction et au développement des alevins, il est nécessaire de lui permettre de remplir vraiment cette fonction. Le peuplement naturel étant déficitaire, et ne pouvant lui procurer la quantité utile de reproducteurs, il faudra recourir avec constance au peuplement artificiel, et organiser ce dernier de manière à lui faire rendre le maximum d'effets en observant toujours les conditions établies par la nature. Cette région gardera donc son affectation normale, et tirera parti de toutes ses ressources naturelles en ce sens, mais avec ce changement que la ponte et l'alevinage seront effectués artificiellement.

Les opérations à pratiquer sont connues. Elles comportent successivement plusieurs manipulations : d'abord la capture de reproducteurs en nombre suffisant, et leur garde éventuelle en stabulation jusqu'à l'époque de la ponte ; ensuite la fécondation artificielle ; en dernier lieu, l'incubation des œufs fécondés, l'alevinage et l'immersion des alevins en des régions appropriées où ils pourront grandir pour devenir des Tacons de descente. La diversité de ces opérations, les exigences spéciales de plusieurs d'entre elles empêchent de les grouper toutes en quelques lieux. Ici encore, et dans un but de meilleure réussite, il importe de diviser le travail.

La fécondation artificielle et ses manipulations préliminaires auront lieu plus commodément dans un petit nombre de localités favorables, où l'on pourra soit grouper des reproducteurs en stabulation, soit rassembler des œufs provenant de reproducteurs libres et capturés sur place à cet effet. Ce cas n'est plus celui de l'alevinage ni des immersions, qu'il faut effectuer dans un grand nombre de localités disséminées afin d'éviter tout rassemblement d'alevins en quantité supérieure à la capacité d'alimentation des divers lieux choisis. Les stations établies pour les opérations du repeuplement artificiel seront donc de deux sortes : les *Stations de ponte*, dont le travail principal sera celui de la fécondation artificielle ; les *Stations d'alevinage*, dont le travail prépondérant sera celui de l'immersion d'alevins en bon état, dans des localités choisies d'avance comme étant favorables au développement ultérieur jusqu'à la descente.

Les Stations de ponte consisteront en laboratoires bien outillés, et possédant l'installation nécessaire à la fécondation artificielle comme à l'incubation des œufs-fécondés. Leur emplacement sera choisi de façon à leur permettre d'avoir aisément des œufs obtenus sur place par des pêcheurs, ou de conserver en stabulation des reproducteurs capturés par avance. Un exemple du premier type est offert par l'Établissement d'Huningue, dont l'approvisionnement en œufs fécondés est assuré par les pêcheurs locaux, expressément autorisés à cet effet au moment de la ponte. Des exemples du second sont donnés par la plupart des autres établissements de notre pays, qui font capturer des Saumons en automne, les conservent en bassins flottants jusqu'à la maturation sexuelle, et procèdent alors à la fécondation.

Quelle que soit la sorte de cette utilisation préalable, le but principal de la station de ponte est d'obtenir des œufs fécondés, puis de leur faire subir un début d'incubation, jusqu'à l'apparition des taches oculaires, c'est-à-dire jusqu'à l'époque que le langage des pisciculteurs désigne par l'expression « œufs embryonnés ». Cette incubation préparatoire sera utile au triage des produits de la fécondation. Les œufs non imprégnés auront été décelés et rejetés, de manière à ne laisser dans les incubateurs que les œufs robustes et vraiment capables de continuer à se développer. Ce résultat étant atteint, le rôle de la station de ponte sera terminé, sauf en ce qui concerne éventuellement l'alevinage de localités voisines. Il lui suffira, pour achever, d'envoyer ces œufs embryonnés aux stations d'alevinage qui dépendent d'elle.

L'utilisation des stations de ponte se trouvant ainsi établie et limitée à la fécondation artificielle suivie d'un début d'incubation, il est inutile que le nombre de ces établissements, pour notre pays, soit élevé. Trois ou quatre suffiront : un dans le Nord-Est, un deuxième dans le Sud-Ouest, et un ou deux dans l'Ouest et le Nord-Ouest. Il y a avantage à rassembler, dans un local bien aménagé et complètement outillé, tout ce qui est nécessaire à ces opérations, plutôt qu'à l'éparpiller ; d'autant mieux que les conditions d'emplacement, pour une installation aussi spécialisée, ne sont pas communes et ne se rencontrent point en beaucoup d'endroits.

Chaque station, à cet effet, formera donc un établissement important, étendu, capable de se procurer sans difficultés et de mettre en incubation un nombre d'œufs considérable. Chacune sera, en ce qui la concerne, une station reproductrice de grand rendement, qui disséminera ses produits dans les stations secondaires ou d'alevinage, chargées d'achever le travail de peuplement.

Le rôle de ces dernières consistera à recevoir les œufs embryonnés provenant des stations précédentes, à en achever l'incubation, à élever les alevins jusqu'à la phase consécutive à la résorption de la vésicule, puis à les immerger dans les localités propices à leur développement ultérieur en liberté. Leur période de fonctionnement s'étendra du milieu de l'hiver au début de l'été. Elles recevront les œufs embryonnés dans le courant de janvier, les mettront à incuber jusqu'à l'éclosion vers la fin de février ou le début de mars, puis conserveront les alevins jusqu'à l'époque, en juin, où ils seront assez agiles et vigoureux pour pouvoir être immergés sans dommages.

Ces Stations d'alevinage, en raison de leur rôle, n'auront strictement que l'outillage indispensable. Une seule salle, avec son installation d'incubateurs rangés en batterie sur les bassins à alevins, suffira à la plupart d'entre elles ; à la rigueur, un hangar démontable pourrait convenir. Chacune ne traitera qu'un chiffre d'alevins suffisant, sans plus, pour l'immersion dans les localités voisines, à la condition toutefois que cette immersion soit massive et forte afin de pallier aux pertes ultérieures possibles.

L'affectation spéciale de ces stations exige qu'elles soient nombreuses. Il y a donc nécessité de faciliter cette multiplicité, en rendant modiques les frais de l'aménagement et ceux de l'exploitation. Il convient que ces établissements soient créés auprès de toutes les régions où se trouvent, dans le voisinage des têtes de bassins, les principaux groupes d'emplacements de frayères. Ceux-ci n'étant plus fréquentés régulièrement par des migrateurs pour la ponte naturelle, mais conservant toutefois leurs qualités essentielles quant à l'entretien et à la nourriture des alevins, l'immersion artificielle y sera substituée à la fraie naturelle d'autrefois, de manière à conduire aux mêmes résultats. Les anciennes frayères, bien que privées de leurs reproducteurs arrêtés et pêchés dans les parties basses du bassin, recevront toujours leur contingent d'alevins, et l'entretiendront comme jadis jusqu'à l'époque de la descente à la mer.

Cette mise en pratique du repeuplement artificiel, avec immersions dans les parties hautes des rivières et sur les emplacements des bonnes frayères, offre par surcroît des avantages notables par rapport au peuplement naturel. Les reproducteurs, dans ce dernier, pondent sous l'eau, qui constitue leur milieu obligatoire ; la laitance des individus mâles étant rapidement tuée par le contact de l'eau, il en résulte que la fécondation ne donne pas toujours tous ses effets ; une quantité souvent considérable des œufs pondus par les femelles reste incapable de développement. Il n'en est pas de même dans la fécondation artificielle, effectuée à sec ; tous les œufs normaux sont imprégnés et susceptibles d'évoluer. Il faudra donc au peuplement artificiel, pour parfaire un chiffre déterminé d'alevins, une proportion moindre de reproducteurs que celle qui était indispensable au peuplement naturel. Mais cette facilité ne produira son plein effet qu'à la condition de donner aux alevins, dès leur immersion, toutes les circonstances favorables à leur alimentation et à leur croissance. Ceci ne pouvant se réaliser que dans les régions à frayères, on devra exclure, pour les emplacements des stations d'alevinage et les lieux d'immersion, les localités trop éloignées de ces frayères du côté de l'aval.

Une conséquence dernière de ces diverses dispositions consistera à rendre possible la descente sans entraves des Tacons. Comme il s'agit d'une progression dans le sens du courant, et comme ce voyage s'effectue à date fixe une fois par an, il ne sera pas trop malaisé de disposer les barrages pour faciliter le passage, et permettre aux Tacons de parvenir à la mer.

IV. **Conclusions**. — En résumé, la méthode rationnelle du repeuplement de nos rivières en Saumons doit comporter, pour être efficace, des immersions régulières et massives d'alevins dans les régions appropriées. Il lui faut, en somme, se modeler d'après la biologie du Saumon, et suivre ses directives, tout en substituant la fécondation artificielle et la piscifacture à la ponte naturelle devenue déficiente.

Le Saumon étant un poisson migrateur, qui partage son existence entre les eaux marines du large où il grandit et les eaux courantes des têtes de bassins fluviaux où il se reproduit, ces deux particularités majeures de son existence doivent se prendre tout d'abord en considération. On installera les pêcheries, centres de rendement, dans les régions basses des bassins; les individus sont tenus d'y passer en arrivant de la mer où ils ont fait leur chair, et cette dernière possède alors en entier les qualités de volume et de succulence qu'elle est destinée à perdre par la prolongation du séjour en eaux douces. On aménagera les centres de repeuplement dans les régions hautes, où se trouvent normalement les frayères naturelles, où sont rassemblées toutes les circonstances favorables au développement des alevins. Le travail de l'exploitation économique du Saumon sera ainsi scindé en deux parts, conformément aux obligations biologiques elles-mêmes, et dans le but d'obtenir d'elles le meilleur parti.

Ce principe de la division du travail conduira, en outre, à établir deux catégories parmi les centres de repeuplement. L'une sera celle des grandes Stations de ponte, peu nombreuses, bien outillées, situées et disposées de manière à pouvoir capturer des reproducteurs, à procéder par leur moyen aux opérations de la fécondation artificielle, et à préparer ainsi une forte quantité d'œufs embryonnés. L'autre sera celle des petites Stations d'alevinage, nombreuses, placées auprès des principales localités à frayères naturelles, installées simplement pour ne servir qu'à l'incubation des œufs envoyés par les stations de ponte et à l'immersion en ces localités des alevins ainsi obtenus. Chacun des établissements de la première sorte aura sous sa dépendance une certaine quantité de ceux de la seconde, et répartira entre ces derniers la totalité des œufs embryonnés qu'il aura préparés.

Cette méthode de repeuplement est assez souple et assez précise à la fois pour autoriser à croire qu'elle donnera toute satisfaction, si on l'applique, comme elle a fait en d'autres contrées. Son emploi ne nécessitera point de grandes dépenses, car notre pays possède déjà la plupart des stations nécessaires, parmi lesquelles il suffira de choisir celles qu'il convient d'utiliser. Il ne soulèvera pas davantage de trop fortes difficultés d'ordre pratique ou technique, car l'état de notre réglementation permet de prévoir ces dernières et de les résoudre pour une grande part. La tâche ultérieure, qui n'appartient plus au naturaliste, consistera à faire l'application de cette méthode aux rivières à Saumons. Cette tâche relève du pouvoir administratif. Il a toute capacité de l'accomplir, afin de restituer au pays cette importante part, presque perdue aujourd'hui, des ressources alimentaires produites par notre domaine fluvial.

INDEX BIBLIOGRAPHIQUE

DES TRAVAUX CITÉS

ET DES PRINCIPAUX MÉMOIRES SCIENTIFIQUES CONSACRÉS AU SAUMON.

BARFURTH. — Biologische Untersuchungen über die Bachforelle; *Arch. f. Mik. Anat.*, XXVII, 1886.

BARTON (J. K.). — Notes on the digestive tract of Salmon and sea Tront Kelts from River Tweed, January to May 1901; *Ann. Rep. Fish. Board Scotland*, XX, 1903.

—— The digestive tract in Kelts; *Journ. Anat. and Phys. norm. and pathol.*, XVI, 1903.

BEAN (T. H.). — Report on the Salmon and Salmon rivers of Alaska, with Notes on the conditions, methods, and needs of the Salmon Fisheries; *Bull. U. S. Fish. Comm.*, IX, 1891.

BOULENGER (G. A.). — On the occurrence of *Salmo macrostigma* in Sardinia; *Ann. Mag. Nat. Hist.*, VIII, 1901.

—— *The Field*, III, 1908.

—— Sur certaines catégories à établir parmi les Poissons habitant les eaux douces; *Comptes rendus Acad. Sc.*, CLXV, 1917.

—— Sur l'origine marine du genre *Salmo*; *Comptes rendus Acad. Sc.*, CLXV, 1917.

BOUNHIOL. — Sur la biologie de l'Alose finte (*Alosa finta* Cuv.) des côtes d'Algérie; *Soc. Biol.*, 1917, n° 10.

BOURGUIN. — Le Saumon dans les rivières de la Hollande (traduction d'un mémoire de Hoek en 1891); *Annales des Ponts et Chaussées*, Paris, 1893.

BROCCHI (P.). — Le Saumon ordinaire (*Salmo salar*), observations sur ses mœurs; *Bull. Soc. centr. Aquicult.*, IV, Paris, 1892.

BUREAU (L.). — Le Saumon de la Loire; *Bull. Soc. Sc. nat. de l'Ouest de la France*, I, 1891.

CALDERWOOD (W. L.). — Observations on the migratory movements of Salmonidæ during the spawning season; *Proc. Roy. Soc. Edinburgh*, XXII, 1898.

—— A contribution to the life-history of the Salmon, as observed by means of marking adult fish; *Ann. Rep. Fish. Board Scotland*, XX, 1903.

—— Note on the smolt to grilse stage of the Salmon, with exhibition of a marked fish recaptured; *Proc. Roy. Soc. Edinburgh*, XXVI, 1906.

—— The life of the Salmon; London, 1907.

—— Salmon research in 1913; *Sea netting Results...*, Fish. Scotland Salmon Fish., 1913, 1914.

CLIGNY (A.). — Migrations marines de la Truite commune; *Comptes rendus Acad. Sc.*, CXLV, 1907.

—— La Truite de mer; *Ann. St. aquicole de Boulogne-sur-Mer*, II, 1912.

COSTE (J.). — Instructions pratiques sur la pisciculture; 1re éd. 1855, 2e éd. 1858.

—— Voyage d'exploration sur le littoral de la France et de l'Italie; 2e éd., suivie de nouveaux documents sur les pêches fluviales et marines, Paris, 1861.

COUMES. — Rapport sur la pisciculture et la pêche fluviatiles en Angleterre, en Écosse et en Irlande, considérées au double point de vue des procédés de production tant naturelle qu'artificielle, et de la législation qui protège le peuplement des cours d'eau; Strasbourg, 1863.

CUNNINGHAM (J. T.). — Salmonidæ, *Encyclopædia Britannia*, 9e éd., London, 1886.

—— The eggs and larvæ of Telesteans; *Trans. Roy. Soc. Edinburg*, XXXIII, 1888.

DAHL (K.). — Orret og Unglaks samt lovgivningens forhold til dem; Christiania, 1902.

—— A study on Trout and young Salmon; *Nyt Mag. f. Naturvidensk.*, XLII, 1905.

Dahl (K.). — Nyere Oplysninger om Unglaks og dens Opholdssteder; *Norsk Fiskeritidende*, XXV, Bergen, 1906.

Dannevig (A.). — Undersøkelser over orret og laks i Nidelvens nedre løp 1911-1913; *Nyt. Mag. f. Naturvidensk*, LII, 1914.

Day (F.). — Migration of the Salmonidæ; *The Naturalist*, London, 1886.

Espaile (P. C.). — Notes on the scales of Salmon caught in the Wye in 1908, 1909, 1910; *The Salmon and Trout Mag.*, II, 1911.

—— Intensive study of the scales of three specimens of *Salmo salar*; *Mem. Proc. Manchester Litt. Phil. Soc.*, LVI, 1912.

—— Rapports à M. Paulze d'Ivoy; *Bull. Soc. Centr. Aq. et Pêche*, XXIV (1912), XXVI (1914.)

—— The scientific Results of the Salmon scale research at Manchester University; *Mem. Proc. Manchester Litt. Phil. Soc.*, LVII, 1913.

Fage (L.). — Essais d'acclimatation du Saumon dans le bassin de la Méditerranée; *Bull. Mus. océan.*, n° 225, 1912.

Fatou. — Note sur la question du Saumon dans la circonscription de l'Inspection des Eaux et Forêts de Lorient; *Journal officiel, Annexes*, 2 décembre 1912.

Fox (C.). — On the coefficients of absorption of the atmospheric gases in distilled water and sea water; *Cons. perm. int. expl. mer, Publ. circonst.*, n° 41, 1907.

Franz (V.). — Phototaxis und Wanderung; *Int. Rev. Hydrob.*, III, 1910.

—— Weitere Phototaxisstudien; *Int. Rev. Hydrob., Biol. suppl.*, III, 1911.

—— Ueber Ortsgedächtniss bei Fischen und seine Bedeutung für die Fischwanderungen; *Arch. Hydrob.*, VII, 1912.

Fraser. — Ichthyological Notes; *Trans. Canad. Inst.*, Toronto, XI, 1915.

Gilbert (C.). — Age at maturity of the Pacific coast Salmon of the genus *Oncorhynchus*; *Bull. Bur. Fish.*, XXXIII, 1913.

Gratianoff (V.). — Les migrations des poissons (en russe); *Ochotniko Enciklopedia*, Moscou, 1908.

Greene (C.). — An experimental determination of the speed of migration of Salmon in the Columbia River; *Journ. Exper. Zool.*, IX, 1910.

—— The migration of Salmon in the Columbia River; *Bull. Bur. Fish.*, XXIX, 1909.

—— Anatomy and histology of the alimentary tract in the king Salmon; *Bull. Bur. Fish.*, XXXII, 1912.

—— The Fat-absorbing Function of the alimentary tract of the king Salmon; *Bull. Bur. Fish.*, XXXIII, 1913.

Guitel. — Voir *Marion*.

Hampel (O). — Ueber das Wachstum des Huchens (*Salmo hucho* L.); *Int. Rev. Hydrob.*, III, 1910.

Harvie-Brown (G.). — Notes on Salmonidæ; *Ann. Scottish Nat. Hist.*, 1901 et 1902.

Henneguy (L.). — Rapport préliminaire sur les modifications à apporter à la réglementation de la pêche du Saumon, adressé en 1895 au Ministre de la Marine; *Mémorial du Poitou*, 2 mars 1901.

Hillas (B.). — Record of Salmon marking experiments in Ireland 1902-1905; *Rep. Fish. Ireland, Scientific Investigations*, VII, 1906.

Hoek (P. P. C.). — De zalm op onze rivieren, Voordracht gekonden te Rotterdam op 1 Dec. 1891; Rotterdam, 1891 (traduction française par Bourguin en 1893).

—— Rapport over statistische en biologische onderzoekingen ingelsted met schup van in Nederland gewangen Salmen; *Versl. st. Nederl. Zoewisch. Ov. 1893*, s' Gravenhage, 1894.

—— Recherches statistiques et biologiques sur le Saumon des Pays-Bas; *Bull. Soc. Centr. Aq. Pêche*, 1896.

—— Over den Leeftjid van den Zalm af te leiden mit de structur der schubben; *Versl. Vergad. Nat. Afdel. koningl. Akad. Vet.*, XVIII, 1909.

—— Propagation and protection of the Rhine Salmon; *Bull. Bur. Fish.*, XXX, 1910.

Hofer. — Voir *Vogt*.

Hutton (J.). — The scales of Salmon; *The Field*, 1910.

—— Salmon scale examination at Manchester University; *The Salmon and Trout Magazine*, 1911.

—— Wye Salmon, *The Salmon and Trout Magazine*, 1913.

Johansen (A.). — Om Gudenaa-Laksens Vækst; *Dansk Fiskeritidende*, 1913.

Johnston (W.). — Salmon scales and their lessons; *The Field*, 1904.

—— The scales of Salmon; *Ann. Rep. Fish. Board Scotland*, XXIII-XXV-XXVI, 1905-1907-1908.

Juday et Wagner. — Dissolved oxygen as a factor in the distribution of fishes; *Trans. Wisconsin Acad. Sc.*, XVI, 1908.

Kunstler (J.). — Recherches sur la reproduction du Saumon de la Dordogne, *Comptes rendus Congr. Int. Zool.*, Paris, 1889.

—— La reproduction du Saumon; *Rev. scient.*, 1889.

—— Observations sur le Saumon de Norvège; *Comptes rendus Acad. Sc.*, CXI, 1909.

Legendre. — Recherches physico-chimiques sur l'eau de la côte à Concarneau; *Bull. Mus. océan.*, n° 144, 1909.

Loeb (J.). — La Dynamique des phénomènes de la vie, Paris, 1908 (*Bibl. scient. intern.*).

Mac Intosh et Prince. — On the development and life-histories of the Teleostean food and other fishes; *Trans. R. Soc. Edinburgh*, XXXV, 1890.

Mac Intosh (W. C.). — General remarks on some points in the life-history of the Salmon, and a contrast of its oviposition with that of a few other types of Teleosteans; *The Zoologist*, 1914.

Mac Murrich (J.). — The life-history of the Pacific Salmon; *Trans. Canad. Inst.*, Toronto, IX, 1911.

—— The life-cycles of the Pacific coast Salmon belonging to the genus *Oncorhynchus*, as revaled by their scale and otoliths marking; *Trans. R. Soc. Canada*, VI, 1912.

—— Some further observations on the life-history of the Pacific coast Salmon; *Trans. R. Soc. Canada*, VII, 1913.

—— Salmon fisheries of British Columbia; *Fourth Ann. Rep. Comm. Conserv. Canada*, Ottawa, 1913.

Malloch (P.). — The life history and habits of the Salmon, sea Trout, and other freshwater fishes; London, 1912.

Marion et Guitel. — Dispersion du *Salmo quinnat* sur les côtes méditerranéennes du Sud-Ouest de la France; *Comptes rendus Acad. Sc.*, CX, 1890.

Masterman (A.). — Report on investigations upon the Salmon with special reference to age determination by study of scales; *Fish. Invest.*, I, *Board of Agric. and Fish.*, London, 1913.

Meek (A.). — The migrations of Fish; London, 1916.

Menzies (J.). — The infrequency of spawning in the Salmon; *Ann. Rep. Fish. Board Scotland, Salmon Rep.*, 1912.

—— Scales of Salmon; *Ibid.*, 1913.

—— Further notes on the percentage of previously spawned Salmon; *Ibid.*, 1914.

Miescher-Rüsch. — Ueber das Leben des Rheinlachses im Süsswasser; *Arch. f. Anat.*, 1881.

Milne (J.). — Pacific Salmon, an attempt to evolve something of their history from an examination of their scales; *Proc. Zool. Soc.*, 1913.

Moreau (E.). — Manuel d'Ichthyologie française, Paris, 1892.

Moser (J.). — The Salmon and Salmon fisheries of Alaska; *Bull. U. S. Fish. Comm.*, XVIII, 1899.

Murisier. — Truite de rivière, truite de lac et truite de mer; *Proc.-verb. Soc. vaudoise Sc. nat.*, 1918.

Paton (N.). — Report of investigations on the life-history of the Salmon in fresh-water; *Rep. Scott. Fish. Board*, Edinburgh, 1898.

Paton (N.). — October Salmon in the sea; *Proc. Roy. Soc.*, Edinburgh, XXIV, 1903.

Prince. — Voir *Mac Intosh*.

RAVERET-WATTEL (C.). — Rapport sur la situation de la pisciculture à l'étranger; *Bull. Soc. Acclim.*, 1881-1883.

—— Les poissons migrateurs et les échelles à Saumons; *Ibid.*, 1884.

—— L'élevage et la multiplication du Saumon en eau close; *Ibid.*, 1890.

—— La Pisciculture; Paris, 1904-1907.

REGAN (C.). — The freshwater Fishes of the British Isles; London, 1911.

RÖMER (F.). — Die Wanderungen der Fische; *Ber. Senck. Gesellsch.*, XL, Frankfurt-a.-M., 1909.

ROULE (L.). — 1° Rapport à M. le Préfet du Finistère sur le dépeuplement en Saumons des cours d'eau du département, et sur les moyens de repeupler ces derniers (Juillet 1911);
2° Rapport à M. le Ministre de l'Agriculture sur le dépeuplement en Saumons des cours d'eau de la Bretagne, et sur les moyens de repeupler ces derniers (Novembre 1912); *Journal officiel*, *Annexes*, 20 décembre 1912.

—— Remarques concernant la biologie du Saumon d'Europe (*Salmo salar* L.); *Comptes rendus Soc. Biol.*, LXXII, 1912.

—— Contribution à l'étude de la biologie du Saumon; *Comptes rendus Acad. Sc.*, CLVI, 1913.

—— Sur l'influence exercée par la fonction reproductrice sur les migrations des Saumons de printemps et d'été; *Ibid.*, CLVII, 1913.

—— Sur l'influence exercée sur la migration de montée du Saumon (*Salmo salar* L.) par la proportion d'oxygène dissous dans l'eau des fleuves; *Ibid.*, CLVIII, 1914.

—— Sur les conditions biologiques de la migration de montée du Saumon; *Comptes rendus Soc. Biol.*, LXXVI, 1914.

—— Sur les migrations des Poissons de la famille des Mugilidés; *Comptes rendus Acad. Sc.*, CLXI, 1915.

—— Sur de nouvelles recherches concernant la migration de montée des Saumons; *Ibid.*, CLXI, 1915.

—— Les migrations erratiques des Poissons du genre *Mugil*; *Comptes rendus Soc. Biol.*, LXXVIII, 1915.

—— Observations comparatives sur la proportion d'oxygène dissous dans les eaux d'un étang littoral et dans les eaux marines littorales, et sur ses conséquences quant à la biologie des espèces migratrices de Poissons; *Ibid.*, LXXIX, 1916.

—— La biologie migratrice des Poissons du genre *Mugil* dans l'étang de Thau; *Ibid.*, LXXIX, 1916.

—— Nouvelles observations concernant la migration de ponte des Poissons du genre *Mugil*; *Ibid.*, LXXIX, 1916.

—— Sur la migration de ponte de la Truite des lacs (*Salmo fario lacustris* L.); *Comptes rendus Ac. Sc.*, CLXIII, 1916.

—— Remarques concernant la biologie de la migration de ponte des Aloses; *Comptes rendus Soc. Biol.*, LXXX, 1917.

—— Sur les rapports de parenté du Saumon (*Salmo salar* L.) et des Truites d'Europe; *Comptes rendus Acad. Sc.*, CLXV, 1917.

—— Sur l'état des Saumons reproducteurs pendant leur migration de ponte; *Ibid.*, CLXVII, 1918.

—— Documents pour servir à l'histoire du Saumon (*Salmo salar* L.) dans les eaux douces de notre pays; *Bull. Mus. Hist. Nat.*, 1918, 1919, 1920.

SANDMAN (J.). — Infangad markt Lax; *Fisk. Tidsk. Finl.*, Helsingfors, 1906-1909.

SMITT. — Kritisk Forteking ofver de i Riksmuseum befintliga Salmonider; *Kongl. Sv. Vet. Akad. Handl.*, XXI, 1886.

—— A History of Scandinavian Fishes; 2e éd., Stockholm, 1895.

SOLDATOFF (W.). — Recherches sur la biologie des Salmonides de l'Amour (en russe); *Publ. Minist. Agric.*, Saint-Pétersbourg, 1912.

SUPINO (F.). — Sviluppo Larvale e biologia dei pesci delle nostre acque dolci (*Salmo lacustris* et *fario*); *Atti Soc. Ital. Sc. nat.*, Milan, XLIX, 1910.

Tosh (J.). — Report on certain Salmon Fishery Investigations on the River Tweed; *Ann. Rep. Fish. Board Scotl.*

Turnbull (H.). — The Scales of Salmon; *The Field*, 1910.

Violette (A.). — La question du Saumon; *Bull. Soc. Centr. Aq. Pêche*, 1902.

Vogt (C.). — Embryologie des Salmones; Neuchâtel, 1842.

Vogt et Hofer. — Die Susswasserfische von Mitteleuropa; Leipzig, 1909.

Wagner (K.). — Beiträge zur Entstehung des jugendlichen Farbkleides der Forelle (*Salmo fario*); *Intern. Rev. Hydrob.*, IV, 1911.

Ward (F.). Marvels of Fish-Life; London, 1911.

Weigelt (C.). — L'assainissement et le repeuplement des rivières (trad. française de Ch. Julin); *Mém. cour. Acad. Belgique*, LXIV, 1903.

Willis-Bund (J.). — Severn Salmon; *Salmon and Trout Mag.*, III, 1912.

TABLE DES FIGURES.

Pages.

Fig. 1. — Écailles avec une seule zone complète de principale croissance en mer. 5
Fig. 2. — Écaille avec une seule zone complète de principale croissance en mer............ 7
Fig. 3. — Écailles avec deux zones de principale croissance en mer...................... 1
Fig. 4. — Écaille avec deux zones de principale croissance en mer...................... 13
Fig. 5. — Écailles avec trois zones de principale croissance en mer sans marque de ponte. 15
Fig. 6. — Écaille avec trois zones de principale croissance en mer et une marque de ponte.... 17
Fig. 7. — Écaille avec trois zones de principale croissance en mer et deux marques de ponte... 19
Fig. 8. — Écaille avec quatre zones de principale croissance en mer et une marque de ponte... 21
Fig. 9. — Écaille avec quatre zones de principale croissance en mer et deux marques de ponte.. 23
Fig. 10. — Écaille d'un Madeleineau charognard.................................. 27
Fig. 11. — Écailles de Charognards mâles....................................... 29
Fig. 12. — Écailles de Charognards femelles..................................... 33
Fig. 13. — Carte de pêche et de ponte du Saumon dans notre pays au début du xxᵉ siècle...... 55
Fig. 14. — Alevin à l'éclosion (1ᵉʳ jour).. 59
Fig. 15. — Alevin à l'éclosion dont la vésicule vitelline a été enlevée.................... 61
Fig. 16. — Alevin au 4ᵉ jour... 63
Fig. 17. — Alevin d'une semaine.. 65
Fig. 18. — Alevin de 2 semaines.. 67
Fig. 19. — Alevin de 3-4 semaines.. 68
Fig. 20. — Alevin de 5 semaines.. 69
Fig. 21. — Alevin de 6 semaines.. 71
Fig. 22 et 23. — Alevins de 7 et 8 semaines..................................... 73
Fig. 24. — Alevin de 7 semaines.. 75
Fig. 25 et 26. — Alevins de 9 et 10 semaines.................................... 77
Fig. 27 et 28. — Alevins de 9 et 10 semaines.................................... 79
Fig. 29. — Alevin de 11 semaines... 83
Fig. 30. — Tableau diagrammatique d'ensemble des principales phases de la période vési-
culée.. 85
Fig. 31. — Alevin de 3 mois... 86
Fig. 32. — Alevin de 3 mois et demi... 87
Fig. 33. — Alevin de 4 mois... 89
Fig. 34 et 35. — Alevins de 5 et de 6 mois...................................... 93
Fig. 36. — Région antérieure d'un alevin de 6 mois............................... 95
Fig. 37. — Alevin de 7 mois... 98
Fig. 38. — Écailles d'un alevin de 6 mois....................................... 100
Fig. 39. — Alevin de 8 mois... 102
Fig. 40. — Alevin de 10 mois.. 105
Fig. 41. — Écailles d'un alevin de 8 mois....................................... 107
Fig. 42. — Alevin de 13 mois.. 109
Fig. 43. — Écailles d'un alevin de 13 mois...................................... 111
Fig. 44. — Alevin au début de la transposition pigmentaire......................... 115
Fig. 45. — Alevin au milieu de la transposition pigmentaire........................ 117
Fig. 46. — Alevin approchant de la fin de la transposition pigmentaire................. 121
Fig. 47. — Tableau d'ensemble des phases de la transposition pigmentaire.............. 123
Fig. 48. — Petit Tacon d'un an... 125
Fig. 49. — Petit Tacon de 2 ans.. 127
Fig. 50. — Grand Tacon de 2 ans... 130

		Pages.
Fig. 51. — Tacon de 3 ans	....	132
Fig. 52. — Écailles de Tacons de 2 ans	....	133
Fig. 53. — Écailles d'un Tacon de 3 ans	....	135
Fig. 54. — Tableau d'ensemble des principales phases du développement post-embryonnaire en eau douce	....	137

Nota. — Photographies d'écailles par M. Cintract ; dessins d'alevins par M. Angel, Mesdames de la Roche, Gagé, Groseille.

TABLE DES MATIÈRES.

PREMIÈRE PARTIE.

LES MIGRATIONS, LE DÉVELOPPEMENT ET LA CROISSANCE DU SAUMON DANS LES EAUX DOUCES DE FRANCE.

AVANT-PROPOS ET DIVISION DU SUJET.

Pages.

I. Études actuelles sur le Saumon...................................... 1
II. Études sur le Saumon en France.................................... 1
III. Division du sujet en trois chapitres............................... 2

CHAPITRE PREMIER.

LES CARACTÈRES MORPHOLOGIQUES DES SAUMONS MIGRATEURS.

§ 1. — *Mise au point préliminaire :*

I. Migration du Saumon en général...................................... 3
II. Saumons migrateurs et leurs divers types........................... 4
III. Opinions récentes sur la migration du Saumon..................... 5
IV. Écailles des Saumons et leur lecture.............................. 6
V. Établissement des formules d'écailles............................. 8
VI. Les deux âges du Saumon.. 9

§ 2. — *Les reproducteurs en migration de montée et leurs écailles :*

I. Écailles avec une seule zone de principale croissance en mer (âge épidosique d'un été).. 10
II. Écailles avec deux zones de principale croissance en mer (âge épidosique de deux étés).. 12
III. Écailles avec trois zones de principale croissance en mer (âge épidosique de trois étés).. 14
    1° Premier type, à formule $p + 3Tt$................................. 14
    2° Deuxième type, à formule $p + 2Tt + P + Tt$...................... 16
    3° Troisième type, à formule $p + Tt + P + Tt + P + Tt$............. 16
IV. Écailles avec quatre zones de principale croissance en mer (âge épidosique de quatre étés).. 17
    1° Type à formule $p + 3Tt + P + Tt$............................... 17
    2° Type à formule $p + 2Tt + P + Tt + P + Tt$...................... 18
V. Les catégories des Saumons migrateurs de montée.................... 20

§ 3. — *L'élaboration sexuelle et la reproduction :*

I. L'élaboration sexuelle... 22
II. La participation à l'acte reproducteur............................ 25
II. Particularités de la reproduction du Saumon...................... 27

§ 4. — *Le cycle migrateur du Saumon dans notre pays :*

I. Le cycle migrateur principal et ses caractères fondamentaux........ 28
    1° Première vie potamique (alevinage)............................. 29
    2° Vie thalassique (principale croissance)........................ 30
    3° Deuxième vie potamique (reproduction).......................... 31
II. Caractères particuliers du cycle migrateur....................... 32
    1° Différences des migrations de montée........................... 32
    2° Migrations à montées complémentaires........................... 34
    3° Diversité des régions à Saumons d'un même bassin............... 34
    4° L'interruption estivale de la montée........................... 35

CHAPITRE II.

LA BIOLOGIE DES SAUMONS MIGRATEURS.

§ 1. — *Mise au point préliminaire :*

    I.   Opinions diverses sur la biologie migratrice du Saumon...................... 36
    II.   Méthode suivie et division du sujet............................... 37

§ 2. — *L'influence du taux d'oxygénation sur l'entrée en rivière :*

    I.   Euryhalinité du Saumon.................................... 38
    II.   Diversité des cours d'eau au sujet de la migration..................... 39
    III. Les fleuves côtiers bretons et le dosage de l'oxygène dissous.............. 41
    IV. Dosages d'oxygène dissous dans l'Aven et le Loc..................... 42
    V.   Dosages d'oxygène dissous dans la Laïta et la Vilaine.................. 43
    VI. Influence du taux d'oxygénation.............................. 44

§ 3. — *L'influence du taux d'oxygénation sur la montée en rivière :*

    I.   Dosages d'oxygène dissous dans l'estuaire et les frayères de l'Aven.............. 46
    II.   Dosages d'oxygène dissous dans l'Adour et les Gaves réunis.............. 48
    III. Dosages d'oxygène dissous dans le Gave de Pau et le Gave d'Oloron.............. 52

§. 4. — *Les régions de ponte du Saumon dans notre pays :*

    I.   Carte de pêche et de ponte du Saumon........................... 53
    II.   Zone du Nord-Est....................................... 54
    III. Zone du Nord-Ouest..................................... 56
    IV. Zone de l'Ouest.. 56

§ 5. — *L'absence du Saumon sur le versant méditerranéen :*

    I.   Discussion préliminaire.................................... 57
    II.   Preuves de l'absence du Saumon............................... 58
    III. Causes possibles de l'absence du Saumon.......................... 60

§ 6. — *La migration du Saumon dans son ensemble :*

    I.   Caractères généraux de la biologie migratrice du Saumon................. 63
    II.   Étude biologique comparative des autres Poissons migrateurs.............. 66
        1° Les Truites des lacs................................... 66
        2° Les Aloses...................................... 67
        3° Les Muges ou Mulets................................. 70
    III. Les tropismes migrateurs.................................. 72
        1° Le branchiotropisme du Saumon........................... 73
        2° L'action du branchiotropisme............................ 74
        3° Les tropismes des Salmonidés............................ 75
        4° Les tropismes en général............................... 76
    IV. Les particularités biologiques de la migration du Saumon................. 78
        1° Les zones d'appel en mer............................... 78
        2° La possibilité de l'existence en mer de *Saumons stériles*.............. 79
    V.   Le statut biologique fondamental du Saumon........................ 80
        1° Opinions sur l'origine de la migration du Saumon................. 80
        2° La migration du Saumon considérée comme secondaire par rapport à l'éthologie
           des Truites..................................... 82
        3° Discussion de l'opinion précédente......................... 84
        4° Le Saumon considéré comme forme dérivée de la Truite.............. 87

CHAPITRE III.

DÉVELOPPEMENT POST-EMBRYONNAIRE, CROISSANCE EN EAU DOUCE ET MIGRATION DE DESCENTE À LA MER.

Mise au point préliminaire 91

§ 1. — *Période vésiculée :*

    I.   Généralités 93
    II.   Phase de l'éclosion 94
    III. Phase des alevins d'une demi-semaine 96
    IV. Phase des alevins d'une semaine 97
    V.   Phase des alevins de deux semaines 100
    VI. Alevins de trois à quatre semaines 101
    VII. Alevins de quatre à cinq semaines 103
    VIII. Alevins de six semaines 106
    IX. Alevins de sept à huit semaines 107
    X.   Alevins de neuf semaines 108
    XI. Alevins de dix à onze semaines 110
    XII. Récapitulation et comparaison 112

§ 2. — *Période nue, ou des alevins privés d'écailles apparentes :*

    I.   Alevins de trois mois 119
    II.   Alevins de trois mois et demi 122
    III. Alevins de quatre mois 123

§ 3. — *Période écailleuse, ou des alevins couverts d'écailles apparentes :*

    I.   Généralités 125
    II.   Croissance des alevins 126
    III. Modifications des nageoires 129
    IV. Développement des écailles 131
    V.   Pigmentation 133

§ 4. — *Période de la transposition pigmentaire :* 135

§ 5. — *Période migratrice de descente, ou de l'alevin devenu Tacon :*

    I.   Généralités 137
    II.   Écailles des Tacons 139

DEUXIÈME PARTIE.

ÉTUDE ÉCONOMIQUE DU SAUMON DANS NOTRE PAYS
(PÊCHE ET REPEUPLEMENT).

§ 1. — *Mise au point préliminaire :*

    I.   Nécessité du repeuplement 141
    II.   Données fondamentales du repeuplement 143
    III. Division du sujet 148

§ 2. — *Dépeuplement et ses causes pendant la montée :*

    I.   La question des estuaires 148
    II.   La question des barrages et des échelles 149
    III. La question de la pollution des eaux 152
    IV. La question du braconnage 153

§ 3 — *Le dépeuplement et ses causes pendant la ponte* 154

§ 4. — *Le dépeuplement et ses causes pendant la descente* 155

§ 5. — *Les conditions nécessaires au repeuplement :*

    I. Réglementation de la pêche 156
    II. Défauts du repeuplement naturel 158

§ 6. — *La méthode rationnelle du repeuplement :*

    I. Division des opérations 160
    II. Opérations de la pêche 161
    III. Opérations de la ponte et de l'alevinage 161
    IV. Conclusions 164

INDEX BIBLIOGRAPHIQUE des auteurs cités et des principaux mémoires scientifiques consacrés au Saumon 167

TABLE DES FIGURES 173